AF356291

ESSAI

SUR LES

MOYENS DE CONDUIRE, D'ÉLEVER

ET

DE DISTRIBUER LES EAUX.

IMPRIMERIE DE LACHEVARDIERE,
RUE DU COLOMBIER, N. 30, A PARIS.

ESSAI

SUR LES MOYENS DE CONDUIRE, D'ÉLEVER

ET DE

DISTRIBUER LES EAUX,

PAR

M. GENIEYS,

INGÉNIEUR AU CORPS ROYAL DES PONTS ET CHAUSSÉES,

ATTACHÉ AU SERVICE DE LA DISTRIBUTION DES EAUX

DANS PARIS.

A PARIS,

CHEZ CARILIAN-GŒURY, ÉDITEUR,

LIBRAIRE DES CORPS ROYAUX DES PONTS ET CHAUSSÉES ET DES MINES,

QUAI DES AUGUSTINS, N. 41.

1829.

INTRODUCTION HISTORIQUE.

L'art de conduire les eaux remonte à l'origine des sociétés. Il a dû se perfectionner à mesure que les progrès de la civilisation ont fait mieux sentir les avantages que procure la jouissance facile d'eaux salubres et abondantes.

On a beaucoup parlé des travaux entrepris en Égypte, dans la plus haute antiquité, pour corriger les irrégularités des crues du Nil, encaisser ses eaux et diriger leur cours. L'Asie a aussi ses traditions, mais elles n'excitent pas cet intérêt universel qui fait si bien accueillir les souvenirs des peuples qui se mêlent à nos origines. Nous nous contenterons de présenter ici la description des monuments hydrauliques des Romains. Aucun peuple ne les égala dans ce genre d'établissements publics, et leurs restes sont assez nombreux en France pour qu'on puisse avoir souvent l'occasion de les étudier.

Appius Clodius fit construire le premier aqueduc dont il est fait mention dans l'histoire romaine (an 312 avant J.-C.).

Après l'eau *Appia*, qui porte son nom, on conduisit successivement à Rome l'*Anio vieux* (an 273 av. J.-C.), l'eau *Marcia* (an 146 av. J.-C.), l'eau *Tepula* (an 127 av. J.-C.), l'eau *Julia* (an 35 av. J.-C.), et l'eau *Vierge* (an 22 av. J.-C.).

L'agrandissement de Rome exigeant encore une plus grande quantité d'eau, Agrippa, gendre d'Auguste, rendit son édilité célèbre par les soins qu'il prit de réparer les anciens aqueducs, d'en construire de nouveaux, et de multiplier les fontaines jaillissantes dans la ville.

On fait remonter à cette époque (an 17 av. J.-C.) la construction de l'aqueduc de Nîmes, et on l'attribue également à Agrippa, qui gouverna pendant quelque temps une partie de la Gaule, devenue colonie romaine.

Caligula commença la construction de deux autres aqueducs (an 35 de l'ère vulgaire). L'empereur Claude les acheva, dans la suite, avec beaucoup de magnificence, et les consacra aux usages publics (an 49). Ils amenaient les eaux *Claudia* et du *nouvel Anio*. C'est aussi sous le règne de cet empereur que l'on place la construction des aqueducs de Lyon et de Metz.

Frontin, qui fut nommé par Nerva surintendant des eaux de Rome (an 98), a donné la description des neuf aqueducs qui existaient à Rome de son temps. Il indique pour chacun d'eux le lieu de la source d'où il tire ses eaux, sa distance de Rome, la longueur des aqueducs tant en canaux souterrains qu'au-dessus de terre, la quantité d'eau qu'ils fournissent, et comment elle était distribuée.

Pour avoir une idée de la magnificence de ces ouvrages et de leur importance, il suffira de dire que la longueur totale des aqueducs était de 41 myriamètres, qui répondent à 107 lieues de poste. Les trois quarts de cette longueur étaient en conduits souterrains voûtés, et pour le surplus hors de terre, huit lieues étaient en arcades qui avaient jusqu'à 32 mètres de hauteur.

C'est surtout près de Rome qu'on voyait ces aqueducs s'élever pour arriver au sommet des monts renfermés dans l'enceinte de la ville. Le premier aqueduc ne portait les eaux d'*Appia* qu'à 8^m,37 au-dessus du sol du quai le long du Tibre, tandis que le dernier construit les portait à 47^m,52 au-dessus du même niveau. Aussi se terminait-il par un rang d'arcades de 9,639 mètres de longueur.

Le volume d'eau fournie par ces aqueducs était de 785,000 mètres cubes en 24 heures, équivalant à 40,900 pouces de fontainier, ou six fois plus que l'on ne se propose d'en distribuer dans Paris. Et encore Frontin déclare-t-il dans son Commentaire qu'on aurait pu le doubler en recueillant toutes les eaux interceptées par la fraude, ou qui se perdaient par négligence.

La plus grande partie de ces eaux était destinée aux usages publics. Elles coulaient nuit et jour par les fontaines, elles se rendaient ensuite par des canaux souterrains dans les thermes et dans les naumachies, où elles arrivaient en assez grande abondance pour qu'on pût y simuler des combats de vaisseaux ; ce genre de spectacle plaisait beaucoup aux Romains, et l'on ne craignait pas de faire de grandes dépenses pour en faire jouir le peuple. Auguste fit construire un aqueduc de 32,925 mètres de longueur pour faire conduire à Rome l'eau *Alsietina*, qu'il destinait à sa naumachie. L'empereur Claude transforma le lac Fucin en naumachie, en faisant placer tout autour des siéges pour les spectateurs. Les provinces imitèrent en ceci la capitale de l'empire : on a reconnu des restes de naumachies à Metz et à Saintes.

Toutes les eaux de Rome n'étaient pas également limpides, également salubres, ce qui détermina à les classer suivant les usages auxquels on les destinait. L'eau *Marcia* fut placée au premier rang et réservée tout en tière pour la boisson. Le *vieil Anio* au contraire fut destiné à l'arrosement des jardins et aux besoins les plus ordinaires de l'économie domestique.

On ne négligeait rien pour la conservation des aqueducs, qu'on regardait comme un des principaux témoignages de la grandeur du peuple romain.

Frontin rapporte dans son Commentaire les sénatus-consultes qui formaient la jurisprudence des Romains sur la conservation et l'administration des aqueducs et des eaux, et Poleni a recueilli les lois ou constitutions impériales rendues depuis Frontin, jusques et compris celles de l'empereur Justinien.

En voici les principales dispositions :

a.

Sous la République, le soin des eaux était confié aux censeurs et aux édiles.

Sous l'empire, les administrateurs des eaux étaient nommés par l'empereur, et confirmés par le sénat.

Ils étaient tenus de veiller à ce que les fontaines publiques coulassent très exactement pendant le jour et la nuit pour l'usage du peuple.

Celui qui désirait jouir de l'eau publique devait en obtenir la permission du prince.

L'administrateur désignait le *calice* ou tuyau de jauge qui convenait à la quantité accordée, et l'orifice du tuyau de plomb qu'on y adaptait devait être le même que celui du calice jusqu'à 16 mètres de distance.

Aucun particulier ne pouvait tirer de l'eau des canaux publics; il fallait que le tuyau de concession partît du château-d'eau.

Le droit de concession d'eau ne pouvait être transmis ni à l'héritier, ni à l'acquéreur, ni enfin à aucun nouveau propriétaire des domaines : le titre de concession était renouvelé avec le possesseur. Mais pour les bains publics, ils jouissaient du privilége de conserver perpétuellement les eaux qui leur étaient une fois accordées.

Les travaux des entretiens des aqueducs étaient confiés à 700 individus environ, divisés en différentes classes d'agents, tels que les contrôleurs, les gardiens de château, les inspecteurs, les paveurs, les faiseurs d'enduits et les autres ouvriers ; ils étaient payés par le trésor public, qui se trouvait défrayé de cette dépense par la rentrée des impositions provenant du droit des eaux.

Tout ce qui pouvait être tiré des champs des particuliers, comme la terre, la glaise, la pierre, la brique, le sable, les bois et les autres matériaux nécessaires, après avoir été estimé par des arbitres, était pris et enlevé sans que personne pût s'y opposer.

Pour le transport de ces matériaux, il était pratiqué, toutes les fois que le besoin l'exigeait, des chemins ou sentiers au travers les champs des particuliers, en les dédommageant.

Pour faciliter les réparations des canaux et des conduits, il n'était permis de construire des édifices, ni de planter des arbres qu'à la distance de 1^m,62 de chaque côté des canaux apparents ou souterrains qui étaient dans l'intérieur des villes. Il devait y avoir un isolement de 4^m,87 de chaque côté des fontaines, murs et voûtes des aqueducs en pleine campagne.

Si quelque propriétaire faisait des difficultés pour vendre la partie de son champ dont on avait besoin, on l'achetait en entier et on revendait le surplus, afin d'établir d'une manière certaine le droit des limites des particuliers et celui de la république.

De fortes amendes étaient prononcées contre ceux qui, par mauvaise intention et à dessein, avaient percé, rompu, ou tenté de percer et de rompre les canaux, les conduits souterrains, les tuyaux, les châteaux-d'eau et les réservoirs dépendants des eaux publiques; qui avaient intercepté ou diminué l'écoulement des eaux; fait des plantations ou constructions dans l'espace de terrain qui devait rester libre.

L'empereur Constantin ayant transféré le siége de l'empire à Constantinople (an 328), ce fut désormais pour cette seconde Rome que s'exécutèrent les nouveaux ouvrages.

Il existe dans la vallée de *Bourgas*, trois aqueducs qui portent des eaux dans cette ville. Le plus remarquable passe dans le pays pour avoir été fait sous le règne de Justinien (an 527).

Ces aqueducs diffèrent de ceux de Rome en ce qu'ils ne forment pas une ligne continue, ayant une pente uniforme, depuis la source jusqu'au château-d'eau. A la rencontre d'une vallée, d'un bas-fond ou d'un pli de terrain, on se dispensait quelquefois de soutenir le canal par des arcades, et on le remplaçait par des conduites en siphon renversé qui dessinait le contour de la vallée. Lorsque la vallée avait trop d'étendue, on élevait des piles de distance en distance, couronnées par une cuvette ou bassin; ces piles portent le nom de *souterazi*. Un tuyau partant de l'extrémité de la première partie de l'aqueduc, conduit l'eau du canal dans la première cuvette. Un second tuyau la reçoit ensuite, et la remonte à une autre cuvette; et ainsi de suite, jusqu'à ce qu'elle soit parvenue sur le sommet du revers opposé du coteau, où la seconde partie du canal prenait son origine. On perdait par là la vitesse acquise par l'eau dans la première partie de l'aqueduc et la portion de charge absorbée par les frottements dans les tuyaux, mais on diminuait de beaucoup les dépenses de construction.

Nous avons déjà parlé de quelques aqueducs construits dans les Gaules par les Romains, et particulièrement des aqueducs de Nimes, de Lyon et de Metz. On pourrait encore en citer plusieurs autres qui attestent également l'importance qu'ils attachaient à la jouissance d'une grande abondance d'eau. Pendant le court séjour que Julien fit à Paris (an 36o), il fit construire l'aqueduc d'Arcueil, qui conduisait les eaux de Rungis au palais des Thermes. Un autre aqueduc souterrain prenait son commencement sur les hauteurs de Chaillot, à la source des eaux minérales de ce lieu, traversait les emplacements des Champs-Élysées, d'une partie des jardins des Tuileries, et aboutissait vraisemblablement vers le milieu de l'emplacement occupé par le jardin du Palais-Royal. On a découvert en effet en 1781, vers l'extrémité méridionale de ce jardin, à un mètre au-dessous du sol, un bassin ou réservoir de construction romaine, dont la forme était un carré de 6^m,5o de côté, et en même temps des médailles d'Aurélien, de Dioclétien, de Posthume, de Magnence, de Crispe et de Valentinien Ier. L'époque du règne de ce dernier empereur doit être celle de la construction du bassin (an 375).

Après la chute de l'empire romain, les peuples furent plongés dans la barbarie, le flambeau de la civilisation perdit de son éclat; et non seulement l'on ne vit plus s'élever de grands monuments, mais les anciens furent abandonnés.

On doit à Philippe Auguste d'avoir fait le premier conduire dans Paris, pour l'usage de ses habitants, une portion des eaux des prés Saint-Gervais et de Belleville (de 1180 à 1223).

Henri IV fit élever les eaux de la Seine par une machine hydraulique, dont il ordonna l'établissement sous une des arches du Pont-Neuf (an 1606). La mort le surprit lorsqu'il songeait à rétablir l'ancien aqueduc d'Arcueil. Ce projet, entrepris et exécuté par Marie de Médicis, fut terminé en 1624. En 1670, on construisit la pompe du pont Notre-Dame. Mais ce fut surtout sous le règne de Louis XIV qu'on vit s'élever de beaux monuments hydrauliques.

Avant d'en donner la description, nous allons parler des trois aqueducs de Rome restaurés par les papes, qui fournissent actuellement dans cette ville les eaux désignées sous les noms, d'*aqua Vergine*, d'*aqua Felice* et d'*aqua Paola*.

L'aqueduc antique dont l'eau s'appelait *aqua Virgo*, alimente la belle fontaine de Trevi, et arrive à une petite hauteur au-dessus du Tibre.

L'aqueduc construit ou restauré par le pape Sixte V, conduit l'eau appelée *aqua Felice* sur le mont Quirinal, à la fontaine de Moïse, à une hauteur de 54 mètres au-dessus de l'étiage.

L'aqueduc construit par Trajan, l'an 112 de notre ère, alimente la fontaine Pauline, sur le Janicule, placée 64 mètres au-dessus des basses eaux du Tibre.

Ces trois fontaines se font remarquer par la belle ordonnance de l'architecture, et par les ornements de la sculpture ; mais elles ne sont devenues un objet d'admiration que parcequ'elles répandent des torrents d'eau. La fontaine Pauline dépense 1800 pouces, et celle de la place Saint-Pierre au Vatican, composée d'une simple coupe élevée sur un piédouche, 300 pouces.

Les trois aqueducs fournissent, d'après les expériences faites en 1809 par M. Vici, directeur des eaux de Rome, 150,000 mètres cubes en 24 heures, ou 7500 pouces d'eau, mesure de Paris.

Les Romains avaient eu une supériorité éminente sur tous les peuples de l'antiquité dans la construction des monuments pour la conduite des eaux; l'Italie avait conservé pendant plusieurs siècles la prééminence romaine; mais sous Louis XIV, la France se plaça au-dessus de l'Italie, non seulement par les grands travaux hydrauliques que ce prince fit entreprendre aux environs de Paris, mais surtout par les recherches et les expériences sur le mouvement de l'eau, tant dans les canaux que dans les rivières et dans les tuyaux de conduite; c'est là surtout ce qui doit faire absoudre ce prince du reproche tant répété d'avoir voulu vaincre la nature à Versailles, pour transformer un site sauvage en un lieu de délices. Du haut de la terrasse, devant le château, une perspective magnifique se présente; elle commence entre les deux grands bassins du parterre, continue le long des belles rampes et terrasses qui descendent en amphithéâtre dans le parc, se prolonge entre deux rangées de vases et de statues de marbre sur un large tapis de pelouse, et se termine à un vaste canal, au-delà duquel elle se perd dans le lointain.

A droite et à gauche, au milieu des bosquets, on découvre des pièces d'eau qui forment un ensemble ravissant, dont aucune description ne peut donner une juste idée : des jets qui s'élèvent jusqu'à 85 pieds de hauteur, des cascades, des bains; Neptune lançant son redoutable trident soit pour calmer, soit pour exciter les flots; Apollon sortant du sein des eaux, sur un char traîné par quatre coursiers, au milieu d'un peuple de tritons, de dauphins et de monstres marins; Encelade écrasé par une masse de rochers, et dont la bouche vomit une colonne d'eau d'un volume extraordinaire, etc., etc.

Les eaux sont fournies par plusieurs étangs et réunies par des aqueducs dans des réservoirs qui dominent tout le parc. Les ouvrages principaux entrepris à cette époque pour les rassembler consistent, d'après

M. Bruyère : 1° Dans l'exécution des digues, bondes, murs et terrassements relatifs à l'établissement d'environ 25 étangs, retenues ou réservoirs; 2° en 112,000 mètres de longueur de rigoles; 3° en 54,000 mètres de longueur d'aqueducs ayant 1, 2 et 3 mètres de largeur, dont plusieurs sont souterrains, et qui tous, exécutés en meulière, sont assez bien conservés; 4° enfin, dans le grand pont-aqueduc de Buc, de 600 mètres de longueur et de 40 mètres au-dessus de la Bièvre, pont qui est en assez bon état.

La superficie des terrains sur lesquels on recueille les eaux de pluie ou de neige pour les conduire à Versailles est d'environ 15,000 hectares. Il tombe sur cette surface, année commune, $0^m,50$ de hauteur d'eau, ce qui donnerait un produit annuel de 75,000,000 de mètres cubes, ou plus de 10,000 pouces, sans les pertes énormes causées par l'évaporation ou les filtrations ; pertes sur lesquelles on avait été loin de compter lorsque les travaux furent entrepris. Au lieu de 10,000, les pertes sont telles aujourd'hui, que ce produit se trouve réduit au-dessous de 200 pouces.

La position du jardin de Versailles permet de tirer le parti le plus avantageux de ces eaux. Les bassins sont placés à différentes hauteurs sur la surface inclinée qui descend depuis la terrasse du château jusqu'au canal, de manière qu'il est facile d'alimenter les pièces inférieures par les eaux que des pièces plus élevées ont déjà versées dans leurs propres bassins. Les grandes eaux jouent ordinairement pendant 5 heures et demie ; le volume qui s'écoule dans cet intervalle de temps est de $9.465^{kilol},67$ ou de $751^{lit},24$ par seconde. La dépense qui aurait lieu en 24 heures serait de 64,907 kilolitres ou de 3,581 pouces. Mais il faut observer que cela ne suffirait pas encore pour que les eaux jaillissent à la fois de tous les points, puisqu'on ne fait jouer le bassin de Neptune, par lequel on termine, qu'en arrêtant tous les autres écoulements; on ne pourrait leur consacrer moins de 10,000 pouces, ainsi qu'on l'avait d'abord pensé.

Pour les obtenir, Vauban et Lahire conçurent, en 1680, le projet d'amener les eaux de la rivière d'Eure à Versailles. La prise d'eau à Saint-

Gouin était plus élevée de 35^m,75 que la cour de marbre du château, et sa distance était de 155,523 mètres environ. On devait traverser le vallon de Maintenon par un aqueduc à trois rangs d'arcades, dont la hauteur totale aurait été de 71 mètres.

Les travaux furent commencés en 1684, et interrompus quatre ans plus tard, après y avoir dépensé 8,612,995 *livres*. Ils n'ont pas été repris, et il ne reste maintenant qu'une partie de l'aqueduc de Maintenon, pour rappeler ce projet qui est une des plus grandes entreprises du règne de Louis XIV.

Dans le même temps, le célèbre mécanicien Rannequin établissait sur un des bras de la Seine la machine de Marly, qui élevait 500 pouces d'eau à la hauteur de 162 mètres; il la mit en état d'agir en 1682. Cette machine était plus remarquable par sa grandeur que par sa bonne composition; mais à l'époque où elle fut construite, elle était regardée avec raison comme un chef-d'œuvre. Le produit a diminué successivement de 500 pouces à 28 pouces depuis l'année 1694 jusqu'à 1816 où elle a été entièrement démolie et remplacée par une machine à vapeur de la force de 64 chevaux, qui élève d'un seul jet 76 pouces d'eau, ou 1,500 mètres cubes par 24 heures, à la hauteur de 162 mètres, au moyen d une conduite placée sur un plan incliné de 1,300 mètres de longueur.

Les derniers ouvrages remarquables construits pour amener des eaux, sont, dans le royaume de Naples l'aqueduc de Caserte, et en France l'a-queduc de Montpellier.

L'aqueduc de Caserte a été construit par ordre du roi de Naples Char-les III, pour amener les eaux dans le château qu'il a fait bâtir à Caserte, ville située à cinq lieues au nord de Naples, dans la plaine où était autrefois Capoue. Il a plus de 9 lieues de longueur depuis les sources qui l'alimentent jusqu'aux jardins de Caserte, traverse des vallées profondes et de hautes montagnes. Le réservoir qui se trouve près du château est à 130 mètres au-dessus du niveau de la cour.

L'aqueduc de Montpellier fut établi en 1752 sous la direction de Pitot, ingénieur et membre de l'Académie des sciences. Il parcourt un espace de 13,904 mètres depuis la source de Saint-Clément jusqu'au Peyrou. Il se termine, sur une longueur de 880 mètres, par deux rangs d'arcades ayant ensemble 28 mètres de hauteur, et par un château-d'eau en rotonde décoré de colonnes, qui forme un des plus beaux ornements de la place du Peyrou. Cette place est encore remarquable par sa position d'où l'œil embrasse un horizon immense et découvre la mer et les montagnes des Pyrénées, par la statue équestre de Louis XIV autour de laquelle on avait eu l'heureuse idée de rassembler les grands hommes qui avaient illustré son règne ; les groupes de Condé et de Turenne, de Colbert et de Duquesne, de Lamoignon et de d'Aguesseau, de Fénelon et de Bossuet.

A l'exemple des anciens, on n'employa pendant long-temps que des aqueducs pour la conduite des eaux : l'établissement des pompes de la Samaritaine, du pont Notre-Dame et de Marly, semblait même prouver que l'emploi des machines hydrauliques rendait la distribution des eaux peu sûre et peu régulière; mais aujourd'hui l'emploi des machines à vapeur doit servir à répandre l'eau avec autant d'abondance que d'économie.

Londres, Glascow, Édimbourg, Philadelphie, jouissent déjà d'un système complet de distribution d'eau ; Paris n'aura plus bientôt à leur envier de si grands avantages, grâce au zèle actif et éclairé de M. de Chabrol, préfet du département de la Seine. Ce magistrat ne s'est pas contenté d'aller examiner lui-même sur les lieux le système adopté en Angleterre, et surtout à Londres, mais il en a fait faire une étude complète par M. Mallet, afin d'en faire jouir la capitale en l'adaptant à ses localités.

Les 4,000 pouces d'eau conduits par le canal de l'Ourcq seront consacrés à l'embellissement des places et des promenades, à l'arrosement des rues et au lavage des égouts. Leur distribution s'opèrera d'après le projet de M. Girard, qui consiste à dériver d'un réservoir commun le volume d'eau que l'on destine à chaque fontaine, et à l'y porter par une conduite particulière.

2,000 pouces seront tirés de la Seine et élevés par des machines à vapeur. On appliquera à leur distribution le nouveau système de conduite.

Ce qui le distingue surtout c'est la facilité qu'il offre aux particuliers d'avoir de l'eau à domicile.

Afin que les canaux et les travaux publics ne fussent pas endommagés, il était défendu à Rome de tirer l'eau obtenue par une concession, d'autre part que du château-d'eau. Ce procédé, dont nous avons retrouvé la tradition dans toute l'Italie, a été long-temps employé en France. Il est aussi compliqué que dispendieux, à raison de la multitude de petits tuyaux sillonnant les rues qu'il nécessite ; et les frais qu'il cause aux abonnés éloignés en borne à peu près l'utilité aux classes riches.

Dans le nouveau système, au contraire, un tuyau principal part de l'établissement des machines et suit autant que possible la ligne-milieu de l'arrondissement à desservir; sur ce tuyau sont branchées d'autres conduites secondaires qui parcourent les rues les plus populeuses et les plus importantes. Ces conduites sont accompagnées de tuyaux, dits de service, qui leur sont parallèles ou qui se dirigent vers les rues où il ne se trouve aucune autre conduite. Ils forment ainsi un réseau qui embrasse toutes les rues du quartier alimenté par les machines.

C'est sur ces tuyaux de service seulement que sont branchés ceux des particuliers, lesquels viennent aboutir à des réservoirs placés dans chaque maison d'habitation à différentes hauteurs, suivant les désirs des propriétaires.

Les avantages qui résultent de ces dispositions sont faciles à saisir, mais on ne pouvait les réaliser qu'en ayant des conduites qui offrissent

une grande résistance à la pression de l'eau, et c'est ce qui a déterminé
l'emploi de la fonte de fer.

Nous venons de tracer en quelque sorte l'histoire de l'art du fontainier
par les monuments.

Elle peut suffire pour en faire sentir toute l'utilité, mais peut-être ne
caractérise-t-elle pas assez ses progrès : il faut en considérer la partie
scientifique pour l'apprécier à sa juste valeur et éviter que de fausses
idées de grandeur et de magnificence ne parviennent à égarer notre ju-
gement et à nous faire croire qu'il a retiré peu d'avantages des nouvelles découvertes.

Il y a dans tous les arts un point de perfection à se proposer, et qu'on
ne peut atteindre que par une application plus ou moins parfaite des résultats de la théorie. Or l'art du fontainier se fonde sur des principes
de mécanique et de physique qui étaient pour ainsi dire inconnus aux
anciens. On ne doit donc pas être étonné si nous devons l'emporter de
beaucoup sur eux.

Les Romains n'employaient qu'une pratique simple du nivellement
dans le tracé de leurs aqueducs, et il leur eût été impossible d'analyser et
d'expliquer les phénomènes de l'écoulement de l'eau ; ce n'est que depuis peu de temps que l'hydraulique appliquée est devenue une branche
des sciences physico-mathématiques. Galilée et ses disciples en posèrent
les premiers fondements.

Galilée découvrit la pesanteur de l'air, Torricelli confirma ses observations par de nouvelles expériences, et prouva que cette force était la cause
de l'ascension de l'eau dans les pompes, qu'elle élevait l'eau, dans les
tuyaux inclinés, à la même hauteur perpendiculaire que dans les tuyaux
droits ; que le mercure ne montait qu'à 28 pouces, hauteur proportionnelle au rapport des pesanteurs des deux fluides : il inventa le baromètre (an 1643). La science hydrostatique fut aussi ressuscitée par ces savants Italiens. Archimède, qui le premier des anciens traita de la théorie

des fluides, n'avait considéré que l'équilibre des solides plongés dans les fluides. Il avait déterminé le poids des corps posés dans un fluide plus léger, le degré d'enfoncement où ils restaient en équilibre dans un fluide plus pesant, la force avec laquelle ils tendaient à s'élever lorsqu'on les avait forcés de s'y plonger tout entiers, et la position qu'ils y prenaient relativement à leur figure; il restait à établir la théorie de l'équilibre des fluides eux-mêmes. Stevin, mathématicien flamand, paraît avoir prouvé le premier, par l'expérience et la théorie, que les fluides pèsent dans la direction de la pesanteur, en raison de leur base et de leur hauteur, et qu'ainsi le cylindre et le cône fluide qui ont une base et une hauteur égales, pèsent également sur cette base.

Pascal démontra la même vérité en se fondant sur le principe de l'égalité de pression; principe qui, après la découverte d'une géométrie nouvelle, devait fournir le moyen d'établir les lois générales du mouvement des fluides. On ne connaissait alors que celles qui s'appliquent à l'écoulement par un orifice percé dans un vase à mince paroi. Torricelli avait en effet trouvé que lorsque l'eau s'écoule par une ouverture pratiquée dans un vase, elle acquiert une vitesse égale à celle qu'aurait un corps abandonné à la pesanteur et tombant depuis la surface du liquide jusqu'à l'orifice (an 1643).

Mariotte voulut appuyer la théorie des eaux sur des expériences auxquelles il pût appliquer tout ce que la géométrie de son temps lui fournissait de secours. Après avoir posé les principes de l'hydrostatique, il chercha les lois du mouvement des fluides. Il confirma d'abord la règle de Torricelli, en remarquant toutefois que le produit réel diffère toujours un peu de celui dû à la théorie, et que la règle ne se vérifie que lorsqu'il existe un autre rapport entre la surface de l'ouverture et les dimensions du réservoir. Ces deux causes de perturbation, qui n'étaient pas alors connues, tiennent à la contraction de la veine fluide, qui se manifeste lorsque l'eau s'écoule par une ouverture faite à un vase de peu d'épaisseur, et à ce que les molécules fluides d'une même tranche horizontale ne conser-

vent la même vitesse que lorsque la surface de l'orifice est très petite
par rapport à celle des tranches successives.

Mariotte a fait également des expériences sur la hauteur des jets, lorsque l'eau s'échappe par un ajutage d'un petit diamètre et de peu de longueur adapté à un réservoir constamment plein. Il a trouvé que le jet ne
s'élève pas à la hauteur du niveau du réservoir ainsi que l'annonce la
théorie, et il donne une règle pour calculer la perte pour un jet quelconque, lorsqu'on en connaît la valeur dans un cas particulier.

Son ouvrage renferme une foule d'autres expériences, tant sur le mouvement des eaux que sur d'autres matières, et s'il n'y en a aucune qui
n'ait été plus approfondie dans d'autres ouvrages, il ne serait pas juste
de laisser le sien dans l'oubli. On lui doit d'avoir fait sentir la nécessité
de modifier la théorie par l'expérience, et de corriger les formules fondées sur des hypothèses qui, ou s'éloignent un peu de la nature, ou
n'embrassent pas toutes les circonstances physiques qui se compliquent
dans ses opérations.

Mariotte éclaira la marche à suivre dans l'étude de l'hydrodynamique,
mais il ne fit pas faire de grands progrès à cette science. Elle se réduisait encore à jauger les eaux qui s'échappent d'un réservoir par un orifice infiniment petit ou par un tuyau additionnel de peu de longueur,
et à mesurer la vitesse de celles qui coulent dans un lit de rivière, en se
servant d'une boule de cire qu'on laissait flotter à la surface. On n'avait
pas encore établi de relation entre cette vitesse et les quantités relatives
à l'inclinaison, à la forme et aux dimensions du canal ; cependant on
commençait à mieux apprécier l'influence de ces divers éléments. Les
méthodes de nivellement se perfectionnaient par la découverte de la pesanteur et la connaissance de la figure de la terre ; on inventait des instruments plus précis pour reconnaître les différences de hauteurs entre
des points séparés par de grandes distances et des accidents de terrains.
Picard, Lahire, Vauban, Riquet, en firent d'heureuses applications au
tracé des grands travaux hydrauliques.

Colbert contribua surtout au progrès des sciences en étendant la protection de Louis XIV sur des hommes qui ne dédaignaient pas de faire les plans, les nivellements, de se livrer à des occupations pénibles pour assurer le succès des opérations qui leur étaient confiées : il fonda l'Académie des sciences (an 1666).

Les efforts des savants qui dans ce corps s'occupaient de l'hydraulique, ne servirent encore pendant long-temps qu'à faire mieux connaitre les phénomènes du mouvement des fluides qu'il s'agissait d'expliquer, les questions qu'il fallait résoudre, surtout les difficultés qu'elles présentaient.

Guglielmini publia, dès l'année 1690, son traité d'hydrostatique intitulé *Aquarum fluentium mensura nova methodo inquisita*, qui n'offre guère aujourd'hui qu'un intérêt historique, en faisant voir par les hypothèses erronées qu'adopte l'auteur, combien étaient peu avancés la science des eaux courantes et l'art très difficile d'appliquer le calcul aux questions physico-mathématiques.

Couplet fit des expériences très intéressantes sur le mouvement de l'eau dans les conduites de Versailles (an 1732), sur les résistances que l'air offrait lorsqu'il se logeait dans les parties élevées des coudes, et sur la nécessité d'y placer des ventouses.

De Parcieux fit sentir l'importance de cette remarque (an 1750), et prouva qu'on ne pouvait pas suppléer aux ventouses par une augmentation de charge sur l'orifice de la conduite, ainsi qu'on l'avait pratiqué en 1754 à la cuvette de la pompe du pont Notre-Dame, qu'on haussa de 5 pieds et ¼ parceque l'eau n'arrivait pas à la fontaine Saint-Severin avec la vitesse qui *aurait dû être produite par la charge d'eau qui résultait de la différence* de niveau entre le point de départ et celui d'arrivée.

Mais Daniel Bernouilli, associé étranger de l'Académie, eut la gloire de donner le premier la théorie de ce mouvement, d'une manière générale et d'après des principes sinon rigoureux, du moins fondés sur des hypothèses qui paraissaient devoir peu s'écarter de la vérité.

L'un de ces principes est celui de la conservation des forces vives, l'autre est celui du parallélisme des tranches. Le premier souffre des exceptions, et particulièrement dans le cas où la loi de continuité cesse de régner dans les phénomènes ; il n'a pas lieu quand les corps se meuvent dans un milieu résistant, ou quand ils éprouvent un frottement contre des obstacles fixes : c'est ce qui détermina sans doute Bernouilli à diviser le fluide qui se meut en tranches parallèles, et à supposer à toutes les particules de chaque tranche un mouvement commun, qui eut pour toutes la même vitesse et la même direction. Mais l'expérience et le raisonnement prouvent qu'il y a vers la partie inférieure de la masse fluide une convergence très sensible de direction vers l'orifice par lequel l'eau s'écoule : il faut donc, pour que les phénomènes réels du mouvement ne diffèrent pas sensiblement de ceux sur lesquels la formule d'écoulement est établie, qu'il y ait sur l'orifice une charge d'eau considérable, et que le vase s'écarte peu de la forme cylindrique.

D'Alembert donna en 1744 une autre solution du problème de l'écoulement des fluides, en y appliquant le nouveau principe qu'il avait découvert, et qui réduisait à la considération de l'équilibre toutes les lois du mouvement. Ce principe consiste à établir l'équilibre entre les quantités de mouvement perdues ou gagnées à chaque instant, par les corps qui composent le système que l'on considère, ce qui revient à dire qu'il y a équilibre entre les quantités de mouvements qui seraient imprimées aux corps, s'ils étaient libres et soumis uniquement à l'action des forces qui leur sont immédiatement appliquées, et les quantités de mouvements qui ont effectivement lieu en vertu de la liaison des corps, chacune de ces dernières étant prise en sens contraire de sa direction. Mais les formules générales auxquelles il parvient ne pourraient être d'aucune utilité, par l'impossibilité de les résoudre. Ce n'est qu'en restreignant l'étendue de la question par des hypothèses plus ou moins admissibles, que l'on a pu en déduire quelques résultats utiles dans la pratique et conformes à l'expérience. Celle du parallélisme des tranches est la plus généralement adoptée, et elle suffit lorsqu'on considère le mouvement de l'eau qui s'échappe par un orifice infiniment petit, percé dans la paroi d'un vase dont la forme et les dimensions sont telles que l'hypothèse puisse se réaliser.

Jusqu'alors on n'avait pas tenu compte de la cohésion des molécules entre elles, et de la résistance qu'elles éprouvent de la part des parois du lit qui les contient. Ce n'est cependant qu'à ces forces retardatrices que l'on peut attribuer l'uniformité du mouvement que l'on observe dans la nature, et qui s'établit dans un canal ou tuyau dont la pente et la section restent les mêmes ; les expériences de l'abbé Bossut avaient fait sentir la nécessité d'y avoir égard, et c'est de là que devait dépendre désormais l'exactitude des calculs de l'hydraulique appliquée.

Chezi fut le premier qui introduisit l'expression de ces forces dans les formules du mouvement (an 1775), et il les considéra comme proportionnelles à la longueur de la portion du lit dans laquelle on considère le mouvement, au périmètre de la section et au carré de la vitesse. On a reconnu depuis que cette fonction de la vitesse ne représentait pas tous les phénomènes.

Dubuat fut conduit, d'après ses expériences (an 1779), à des résultats plus satisfaisants; mais sa formule, plus compliquée, n'était susceptible de s'appliquer qu'aux vitesses qu'il avait observées.

Il était réservé à Coulomb de prouver par le raisonnement et par le fait, que dans les mouvements très lents on satisfaisait aux phénomènes, en égalant la résistance à une fonction entière et rationnelle de la vitesse, composée de deux termes seulement, dont l'un est proportionnel à la première, et l'autre à la deuxième puissance de la vitesse (an 1800).

M. Girard appliqua cette idée à l'équation du mouvement pour un courant d'eau (an 1803). Mais il restreignit l'usage de la formule, en supposant que le coefficient était le même pour les deux puissances de la vitesse.

M. de Prony, reprenant la question à son origine, publia en 1804 des Recherches physico-mathématiques sur la théorie des eaux courantes, où l'on trouve un exposé complet des formules analytiques qui renferment la solution générale du problème, une discussion approfondie de toutes les expériences de Bossut, Couplet et Dubuat; et une application heureuse des méthodes d'interpolation de M. de La Place à la détermination des valeurs numériques des coefficients qu'on fait entrer dans les équations pour leur faire représenter la mesure exacte des effets physiques.

La question paraissait épuisée, et l'on se servait avec une juste confiance des formules de M. de Prony pour résoudre toutes les questions pratiques relatives au mouvement des eaux courantes.

Cependant M. Bélanger, dans un Mémoire récemment imprimé (an 1828), a prouvé que l'on pouvait faire avec succès de nouvelles recherches sur ce sujet intéressant.

M. de Prony n'avait donné que la solution numérique du problème relatif au mouvement uniforme des eaux courantes : M. Bélanger a trouvé celle qui s'applique au mouvement simplement permanent.

Ce mouvement a pour seule condition que le courant est décomposable en filets fluides, invariables de formes et de position, dépensant un volume d'eau constant pendant l'unité de temps, mais dont la section, et par conséquent la vitesse, peuvent être variables d'un point à un autre d'un même filet; tandis que dans le mouvement uniforme la vitesse et la section de chaque filet en particulier est constante.

Les derniers travaux entrepris pour la distribution de l'eau dans les villes ont également fait sentir la nécessité de ne plus se borner à étudier le phénomène de l'écoulement dans un tuyau droit, qui reçoit l'eau d'un bassin supérieur et le transmet dans un bassin inférieur. Si cette eau doit être portée sur un grand nombre de points, et par un système de conduites qui s'embranchent les unes sur les autres, la question se complique, et d'autres formules deviennent indispensables pour la résoudre.

M. Bélanger m'ayant indiqué une manière de mettre le problème en équation, en supposant que la pression, à l'origine de chaque branchement est la même pour le tuyau principal et pour le tuyau secondaire, nous avons entrepris ensemble une suite d'expériences pour apprécier l'erreur dans laquelle cette hypothèse pouvait nous entraîner, et pour corriger les résultats donnés par la théorie.

Quelque incomplet que soit encore ce travail, j'ai cru devoir le publier, afin de donner une méthode suffisamment approchée pour déterminer les diamètres d'un système de conduites, et faire éviter des tâtonnements qui le plus souvent entraînent dans des dépenses considérables et inutiles.

Une considération plus puissante m'a encore déterminé, c'est celle de réveiller l'attention de MM. les ingénieurs sur cet objet important dans un moment où l'on exécute partout des travaux hydrauliques qui peuvent fournir l'occasion d'entreprendre de nouvelles recherches.

J'y ai joint quelques observations sur la construction des canaux et des aqueducs, le jeu des pompes et des machines à vapeur, persuadé qu'en rassemblant ainsi et reproduisant les leçons éparses des savants et des praticiens, on pourrait retirer de ce travail une plus grande utilité.

VOCABULAIRE.

AIR. L'air atmosphérique est un fluide éminemment élastique et compressible qui enveloppe notre globe. Son poids est 770 fois plus petit que celui de l'eau, sous le même volume. Ainsi, un litre d'eau pesant 1000 grammes, un litre d'air peserait à peu près 1^{gr},30. La pression moyenne de l'air à la surface de la terre et au niveau de la mer est égale à une colonne de mercure de 0^m,76 de hauteur, ou à une colonne d'eau de 10^m,336. Elle est due à une colonne d'air de 7958^m,726, formant la hauteur présumée de l'atmosphère.

En vertu de sa légèreté spécifique, l'air se porte au sommet le plus élevé des sinuosités des conduites, et présente un obstacle au cours de l'eau : c'est lui qui agit dans l'aspiration et le refoulement des pompes aspirantes et foulantes.

AJUTAGE. Un ajutage est un tuyau cylindrique, ou conique, ou composé d'un cylindre et d'un cône, qu'on applique à l'ouverture des vases. Les ajutages exercent, d'après leur forme, une influence sur le produit de l'écoulement des liquides.

Si le liquide s'écoule par un orifice en mince paroi, le résultat de l'expérience, comparé à celui de la théorie prise pour unité, donne 0^{m}62 pour le produit de l'écoulement.

Avec un tuyau cylindrique qui aurait une longueur égale à trois fois le diamètre de l'orifice, le résultat peut être porté de 0^m,62 à 0^m,82.

Avec un ajutage conique, dont le diamètre inférieur de la petite base serait 1, celui de la grande base 1^m,24, et la distance entre les deux bases du cône tronqué 0^m,75, on peut obtenir un écoulement qui irait à 0^m,90. (Voyez ÉCOULEMENT DE LIQUIDES. VEINE FLUIDE.)

AQUEDUC. Ouvrage en maçonnerie, destiné à porter l'eau d'un point à un autre. Les aqueducs sont apparents ou souterrains.

Les premiers sont composés de trumeaux ou piédroits et d'arcades, au-dessus desquels se trouve le canal qui renferme l'eau. Les seconds peuvent être voûtés ou simplement recouverts par des dalles.

Le canal proprement dit doit, dans tous les cas, être enduit sur ses trois faces mouillées d'un ciment très dur.

BACHE. Sorte de cuvette, ordinairement en bois, où vient se rendre l'eau que presse une pompe aspirante, et où elle est reprise par d'autres pompes pour l'élever de nouveau.

On donne encore ce nom à tout réservoir qui communique avec un aqueduc, et d'où partent des conduites de distribution.

BASSIN. On donne ce nom à tout réservoir de quelque étendue destiné à recueillir les eaux.

Les bassins qui décorent nos jardins et servent aux arrosements sont le plus souvent de forme circulaire. Leur étendue dépend de celle du terrain dont on peut disposer et de l'abondance des eaux qui doivent les alimenter ; car il importe, pour l'agrément et la solidité, que la capacité soit toujours à peu près remplie jusqu'aux bords. Une profondeur de 4 à 6 décimètres (15 à 22 pouces) suffit ordinairement à tous les besoins. Le fond et les côtés se font quelquefois en glaise, en terre franche ou en plomb ; mais les bassins en ciment sont généralement préférés, quand ils n'ont pas une grande étendue.

BATTE. Instrument en bois, qui sert à battre et à comprimer le sable dans les moules.

On l'emploie également pour modeler les lames de plomb et leur faire prendre différentes formes.

BOULON. Petit cylindre de fer, terminé à une extrémité par une tête carrée, faisant saillie sur le corps du boulon, et fileté à l'autre extrémité pour recevoir un écrou.

Au lieu d'un filet de vis l'extrémité du boulon est quelquefois simplement percée d'un trou, et l'écrou est alors remplacé par une clavette.

BRIDE. Bande de fer, ayant la forme d'une couronne circulaire, percée de plusieurs trous.

En introduisant des boulons dans les trous correspondants de deux brides, et serrant les écrous, on obtient une force de pression contre le corps placé entre ces brides.

C'est par ce moyen qu'on réunit quelquefois les tuyaux de conduite en fonte.

On appelle bride fixe celle qui fait corps avec le tuyau, et bride mobile, ou fausse bride, celle qui en est isolée. On ne se sert des brides de cette dernière espèce que pour réunir les tuyaux de plomb, ou bien pour boucher un tuyau à bride au moyen d'une rondelle pleine.

CANAL. Le lit d'une rivière ou d'un ruisseau que la nature a formé pour donner un écoulement aux eaux pluviales ou de source.

Ce mot se dit plus particulièrement aujourd'hui d'un lit artificiel qu'on creuse, soit pour établir une navigation intérieure, soit pour conduire des eaux et en régler la pente ou la vitesse.

CASCADE. Nom qu'on donne à toute chute d'eau naturelle ou artificielle.

CHAPE. On appelle chape, en moulerie, l'enveloppe du moule ; il existe un vide entre la chape et le noyau qui est destiné à la matière.

Les chapes des moules peuvent être en terre ou en sable, et recevoir plus ou moins de préparation.

CHARGE. La vitesse de l'eau qui s'échappe par une ouverture faite à un vase qui contient un liquide est produite par la pression d'une colonne d'eau qui aurait pour base l'orifice, et pour hauteur la différence de niveau entre le centre de l'orifice et la surface du liquide.

C'est cette hauteur qu'on appelle la *charge*.

Dans l'écoulement de l'eau par un tuyau de conduite, il faut considérer la *charge* ou *pression* qui a lieu à l'orifice par lequel l'eau est introduite dans le tuyau ; la diffé-rence de niveau entre le centre de cet orifice et le centre de l'autre orifice extrême par lequel l'eau s'écoule, qui, suivant qu'elle est positive ou négative, rend plus énergi-que ou plus faible l'écoulement de liquide ; enfin, la charge qui s'exerce sur l'orifice extrême en sens contraire du mouvement de la veine fluide qui s'échappe, lorsque l'eau se répand, par exemple, dans un bassin au-dessous de la surface de l'eau dans ce bas-sin. L'action de ces trois charges, modifiée par la résistance des parois du tuyau, des coudes, tant horizontaux que verticaux, de l'air, etc., détermine la vitesse de l'eau, laquelle peut se mesurer, ou par l'espace parcouru dans l'unité de temps, ou par la hauteur d'où il faudrait que le liquide tombât pour acquérir cette même vitesse.

CHASSIS. Les châssis pour le moulage sont des caisses en bois, en fer ou en fonte, qui contiennent le sable des moules ; ils varient suivant la forme des pièces que l'on se propose de mouler ; ils sont à cet effet composés de plusieurs parties.

CHATEAU-D'EAU. Bâtiment plus ou moins décoré, renfermant un réservoir d'eau où le liquide est contenu, pour le distribuer ensuite en divers lieux, selon les besoins. Ce réservoir doit être élevé à une hauteur supérieure à celle de tous les lieux où l'eau doit se rendre. Il doit être pourvu d'appareils propres à mesurer les quantités d'eau qui s'écoulent par chaque tuyau de sortie, afin de proportionner à volonté la dépense du réservoir à la masse d'eau qui l'alimente.

Le plus ordinairement, cet édifice est enrichi d'ornements d'architecture, et le ré-servoir est placé en une partie assez élevée pour en rendre l'écoulement de sortie plus rapide, et la distribution plus facile.

L'ensemble constitue les fontaines monumentales ou de décoration.

CHENAL. C'est en général le nom qu'on donne à un courant d'eau bordé de terre en talus, ou bien un courant d'eau pratiqué entre des planches, ou deux petits murs destinés à conduire l'eau à un moulin.

CHÉNEAU. Conduit de plomb, de fer-blanc, de zinc, ou même de bois, pour re-cevoir les eaux du toit et les conduire jusqu'au tuyau de descente.

COLLIER. Anneau de fer formé de deux demi-cercles réunis à l'une des extrémités par une charnière, et portant à l'autre extrémité un talon percé d'un trou.

En introduisant un boulon dans les trous des deux talons, et serrant l'écrou, on obtient une force de pression sur le corps que le collier embrasse.

COMPRESSION. Force qui s'oppose à la force expansive d'un fluide et contraint les molécules à occuper un espace déterminé.

Quand on comprime de l'air ou un fluide élastique, la densité de cet air ou de ce fluide élastique est toujours proportionnelle à la pression : c'est ce qu'on appelle la loi de Mariotte.

COMPTEUR. Instrument qui est destiné à indiquer combien de mouvements de même espèce ont été accomplis dans un temps donné, et même à avertir au besoin par une sonnerie de l'instant où certains effets sont produits.

Ces instruments sont très variés d'après les circonstances qui les rendent utiles et selon le but qu'on a en vue en les établissant.

Ils peuvent faire connaître le nombre de tours faits par une roue, les excursions alternatives de va et vient d'un piston, la quantité d'eau fournie à chaque instant par une conduite, par une pompe, etc.

CONDUITE. Est une suite de tuyaux pour conduire l'eau d'un lieu à un autre. Une conduite se désigne par la grosseur de son diamètre, ou par le nom de la matière dont les tuyaux sont formés. On dit une conduite de vingt-cinq centimètres, on dit également une conduite de plomb, de fer, de terre ou de bois.

COUCHE. La couche ou couchis est l'assemblage de planches sur lequel reposent et se fabriquent les moules en sable de quelque nature qu'ils soient.

COULÉE. La coulée se fait de plusieurs manières : elle peut se faire directement du fourneau dans les moules; partiellement, au moyen de cuillères à ce destinées, et de chaudières qui sont suspendues à la grue, et que l'on conduit à l'orifice des différents moules pour les remplir.

CRAPAUDINE. Plaque de plomb à jour, qu'on met dans le dedans des cuvettes, bassins et réservoirs, afin que les ordures ne passent pas dans les tuyaux de descente et ne les engorgent pas.

On donne aussi ce nom à une espèce de coussinet destiné à recevoir une machine pivotante.

CUIVRE. Le cuivre est un métal solide, rouge, jaunâtre, très brillant, susceptible de colorer la flamme en vert. Il acquiert de l'odeur par le frottement. C'est le plus sonore de tous les métaux ; c'est aussi l'un des plus ductiles : on en fait des feuilles très minces et des fils d'un très petit diamètre. Sa ténacité est inférieure à celle du fer. La pesanteur spécifique du cuivre fondu est de 7,880. On ne l'a point encore obtenu bien cristallisé.

Le cuivre est fusible à 27° environ du pyromètre de Wedgwood. Il n'est pas volatil.

On s'en sert pour faire des chaudières, des baignoires, des tuyaux, des robinets, etc.

Réduit en lames, il est employé pour doubler les vaisseaux. Combiné avec le zinc dans le rapport de 75 à 25 environ, il forme le laiton ou cuivre jaune; uni à l'étain, il forme l'alliage du canon et des cloches.

DÉCHARGE. Mettre une conduite en décharge, c'est donner aux eaux qu'elle contient une issue en dehors, en interrompant leur cours ordinaire. Cela se fait ordinairement par le moyen d'un robinet qui prend alors le nom de robinet de décharge.

DÉPOUILLE. On appelle dépouille, en fonderie, l'inclinaison que l'on donne aux faces des modèles pour faciliter leur sortie du moule, dans lequel ils sont renfermés; beaucoup de modèles ne peuvent ni ne doivent avoir de dépouille apparente.

DILATATION. Changement de volume que la chaleur produit lorsqu'elle s'accumule dans un corps, ou bien lorsqu'elle l'abandonne.

Pour démontrer que la chaleur dilate les corps solides, il suffit de prendre une barre de fer ou d'un métal quelconque. Les deux barres sont placées entre deux supports entre lesquels elles jouent librement. Si l'on chauffe ces barres, elles ne pourront plus se placer entre ces deux supports; et comme la distance entre les deux supports est invariable, il faudra en conclure que les deux barres se sont alongées, ce sera d'une quantité qui ne sera pas très grande, car en général les métaux ne se dilatent que de très petites quantités. Si l'on fait la même expérience sur du verre, sur des poteries, sur du bois, enfin sur une substance solide quelconque, on trouve qu'en la chauffant elle augmente aussi de volume.

TABLE contenant les résultats des expériences faites par divers physiciens, et indiquant la dilatation linéaire de plusieurs substances pour un intervalle de 100° du thermomètre centigrade.

Fer fondu 0, 00111
Fer doux forgé. 0, 0012205
Acier non trempé. 0, 0010791
Cuivre jaune. 0, 0018782
Cuivre rouge. 0, 00171
Étain de Falmouth 0, 0021730
Plomb. 0, 0028484
Zinc 0, 00294
Verre moyennement 0, 00085
Poteries brunes, environ. 0, 00040
Bois de sapin, environ. 0, 00080

Le mercure se dilate, en volume, depuis zéro jusqu'à l'eau bouillante de. . . . . $0{,}018018 = \frac{1}{55{,}5}$

L'eau de. . . . . $0{,}0433 = \frac{1}{23}$

L'alcool de. . . . . $0{,}1100 = \frac{1}{9}$

Tous les gaz . . . . $0{,}375 = \frac{1}{2{,}67}$

EAU. L'eau est un fluide transparent, incolore, sans odeur, insipide et susceptible de mouiller presque tous les corps, excepté ceux qu'on dit être gras, les feuilles de certaines plantes, etc.

Elle existe sous les trois états différents de solide, liquide et fluide élastique, savoir : en glace, eau proprement dite, et vapeur aqueuse.

L'eau à l'état liquide peut être regardée comme incompressible lorsqu'on ne la soumet qu'aux pressions ordinaires. La construction des pompes foulantes est fondée sur ce principe.

La surface de l'eau dormante, celle que ce liquide offre dans le repos est exactement horizontale ou perpendiculaire à la direction du fil à-plomb.

Tout vase qui contient de l'eau a ses parois pressées par une force perpendiculaire à leur surface; la grandeur de cette force croît avec l'enfoncement de la paroi, et elle est toujours égale, pour une portion de la paroi, au poids du filet vertical du liquide qui a pour base l'aire de la paroi, et pour hauteur sa distance au niveau de l'eau.

Les pressions qui s'exercent sur le liquide, par un piston ou tout autre moyen, sont transmises sur les surfaces des parois, de manière que quelque part qu'on prenne une surface égale à la base du piston, cette aire est pressée avec la même intensité que si le piston y était immédiatement contigu. C'est le principe de l'*égalité* de pression découvert par Pascal.

L'air presse la surface de l'eau; la pression se distribue également dans toute la masse et dans tous les sens, et lorsque le vide est fait dans un tube vertical fermé en haut, ouvert en bas, et plongé dans l'eau, ce liquide monte jusqu'à une hauteur qui est, en termes moyens, de 10^m,4, ou 32 pieds, plus ou moins, selon la pression atmosphérique subsistante. C'est sur cette propriété qu'est basée la construction des pompes aspirantes.

L'eau prise à la température de 4°10 du thermomètre centigrade, est à son *maximum* de densité; son poids est tel dans cet état, qu'un litre, ou cube d'un décimètre de côté, pèse juste un kilogramme. Mais si la température vient à changer, l'eau se dilate; le volume 1 devient 1.0001082 à 0°. Depuis le maximum de densité jusqu'à 100°, l'eau se dilate de $\frac{1}{77}$ = 0,0465 de son volume primitif.

L'eau se dilate également, en changeant d'état, au moment de la congélation. Sa force expansive est telle alors, qu'elle déchire ou brise ordinairement tout ce qui lui sert d'enveloppe. Buot a fait rompre, par ce moyen, un canon de fer d'un doigt d'épaisseur. On ne saurait trop se prémunir contre cet inconvénient dans l'établissement des conduites d'eau, soit en les posant sous terre, soit en les garnissant, dans les distributions intérieures, de corps peu conducteurs de la chaleur.

ÉCOULEMENT DES LIQUIDES. Si l'on fait une ouverture à un vase qui contient un liquide, et que l'ouverture soit placée au-dessous de la surface du liquide, le liquide s'échappera aussitôt avec une vitesse plus ou moins grande.

D'après le principe découvert par Torricelli, le liquide s'écoulera avec une vitesse égale à celle qu'aurait ce même liquide tombant depuis le niveau du liquide jusqu'à l'orifice.

Tel est le résultat théorique : le résultat de l'expérience en diffère un peu, et cela est dû à la contraction de la veine fluide. (Voyez Ajutage, Veine fluide.)

ÉCROU. Cylindre creux, fileté intérieurement pour recevoir un boulon.

ÉLASTICITÉ. Propriété dont jouissent les corps qu'on a comprimés de se rétablir dans leur état primitif, quand la compression cesse.

Dans les fluides aériformes, l'expansion, en tous sens, ne cesse que lorsqu'un obstacle vient s'y opposer; et la force avec laquelle l'obstacle résiste, ou celle de la pression que le gaz exerce sur lui, est la mesure de la tension du gaz. Ici l'élasticité est parfaite, et le gaz reprend les mêmes dimensions et la même tension, sous l'empire des mêmes forces, dans tous les temps et dans tous les lieux, pourvu qu'on restitue le calorique qui avait été dégagé.

Les liquides, au contraire, ne peuvent être comprimés que par des puissances énormes, ce qui a fait nier très long-temps la compressibilité et l'élasticité de ces substances.

EMBOÎTEMENT. Partie cylindrique qui termine un tuyau, et qui est plus grand que le corps du tuyau.

Dans cette partie plus large, entre le petit bout du tuyau suivant.

Emboîter des tuyaux. Les faire pénétrer l'un dans l'autre pour former une conduite.

ÉTAIN. L'étain est un métal solide, presque aussi blanc que l'argent. Il s'étend bien en lames et se tire mal en fils. Il a beaucoup plus de dureté et d'éclat que le plomb. Plié en différents sens, il fait entendre un craquement particulier que l'on a nommé le cri de l'étain.

Sa pesanteur spécifique est de 7,291. On ne l'a point encore obtenu en cristaux réguliers. Quoique fusible à 210°, il n'est point volatil.

Uni avec deux fois son poids de plomb, il constitue la soudure des plombiers.

Les mines les plus belles d'étain sont le partage de l'Inde, de l'Angleterre, de l'Allemagne et de l'Espagne. Le meilleur nous vient de Malaca; c'est le seul qui soit pur.

ÉTUVE. Espace fermé et chauffé pour faire sécher promptement les moules qu'on y met.

ÉVENTS. Canaux pratiqués dans la partie supérieure des moules pour faciliter la sortie de l'air, de l'humidité et des gaz.

FER. Le fer est un métal solide à la température ordinaire, dur, à gros grains, un peu lamelleux, susceptible d'acquérir par le frottement une odeur sensible. Il est très ductile; toutefois il passe beaucoup mieux à la filière qu'au laminoir; car il existe des fils de fer d'un très petit diamètre, tandis qu'il n'existe pas de lames de fer très minces. Sa pesanteur spécifique est de 7,788.

C'est le plus tenace des métaux : un fil de fer de deux millimètres ne se rompt que par un poids de 242^k,659.

Le fer n'entre en fusion qu'à environ 130° du pyromètre de Wedgwood : aussi faut-il une bonne forge pour le fondre.

C'est de tous les métaux le plus employé dans les arts.

FILTRES, FILTRATION. La filtration est une opération purement mécanique, à laquelle on a fréquemment recours en chimie et dans beaucoup d'arts différents; elle a pour objet de séparer d'un liquide quelconque les molécules de corps étrangers qui y sont tenus en suspension.

Le plus ou le moins de ténacité de ces molécules, la nature et la densité du liquide, sont autant de causes qui forcent de varier les moyens qu'on peut employer pour arriver à ce but.

FONTAINE. Ce mot ne s'appliquait d'abord qu'aux sources d'eau naturelles, et servait à indiquer l'endroit où elles paraissaient à la surface du sol. On s'en sert aujourd'hui pour désigner tout réservoir ou château-d'eau qui fournit un écoulement continu ou intermittent.

Les fontaines monumentales sont celles qui décorent nos places et nos promenades; les fontaines dépuratoires sont employées dans nos maisons pour filtrer les eaux et les débarrasser de toutes les substances qu'elles tiennent en suspension, etc.

FONTAINIER. C'est l'ouvrier chargé de rechercher les eaux, de les conduire, les jauger, les réunir, les distribuer; de construire les canaux, bassins, puits, pompes, cascades, etc. En un mot, le fontainier est employé dans tout ce qui se rapporte au gouvernement des eaux. Il est peu d'arts qui exigent des connaissances plus variées.

Comme le fontainier se sert fréquemment du plomb dans ses travaux, il prend aussi la dénomination de *plombier*.

FONTAINIER-SONDEUR. L'art du fontainier-sondeur consiste à reconnaître les différentes espèces de terrains dans lesquels on doit rechercher des eaux souterraines ascendantes, et à les ramener à la surface du sol, à l'aide de la sonde du mineur. Lorsque le sondeur est arrivé jusqu'à l'eau qu'il recherche, cette eau s'élève dans le trou de la sonde et souvent jaillit au dehors. Alors on descend un tube pour l'isoler et la conserver. Il résulte de cette construction, ou un puits ordinaire, ou des eaux jaillissantes mais dont la source est quelquefois à 100^m de profondeur, et même plus.

Cinq sondages faits dans les environs de Paris, de 40 à 70 mètres de profondeur, ont donné de l'eau jaillissante de 4 à 24 mètres au-dessus du zéro du pont de la Tournelle.

Un de ces puits, foré à la gare de Saint-Ouen, fournit 120 mètres cubes par vingt-quatre heures, et n'éprouve aucune variation. Il a été terminé en cinquante jours, au prix moyen de 30 à 31 fr. par mètre, non compris les prix des tubes d'ascension.

FONTE. C'est une combinaison de fer malléable avec du carbone, jouissant de la propriété de pouvoir s'obtenir liquide à une haute température. Cette découverte importante, qui a donné à ce métal un nouvel emploi dans les arts, n'a été faite que vers la fin du quinzième siècle.

On distingue deux espèces de fonte, la blanche et la grise, qui diffèrent moins par la proportion du carbone que par l'état de combinaison dans lequel le carbone y est disséminé.

La fonte blanche est en général très brillante; sa couleur est le blanc d'argent passant au gris clair par une infinité de nuances.

Elle est fragile, se casse facilement par le choc, ce qu'on exprime en disant qu'elle est aigre et cassante.

La fonte grise possède également l'éclat métallique; sa couleur est le gris foncé passant au gris clair. Quoique très tenace, très difficile à casser, elle se laisse limer; propriété que ne possède pas la précédente.

La fonte grise est la plus propre au moulage, parcequ'on ne peut employer que celles qui jouissent des qualités suivantes :

1° Elle doit être très liquide, se figer le moins vite possible, afin de remplir le moule parfaitement;

2° Refroidie, elle ne doit pas avoir de soufflures intérieurement, ni présenter des inégalités à la surface ;

3° Lorsqu'elle est destinée à recevoir des impressions délicates, elle ne doit pas dégager beaucoup de graphite en se figeant, parceque la netteté des contours en souffrirait ;

4° Il faut qu'après le refroidissement elle soit le moins aigre possible ;

5° Convertie en objets qui doivent être travaillés au foret et à la lime, elle ne doit pas avoir une trop grande dureté après le refroidissement ; mais elle doit posséder un peu de malléabilité ;

6° Il ne faut pas que, douée d'un excès de chaleur, elle puisse attaquer les moules, ce qui dégraderait la surface de l'objet ;

7° Employée pour les objets durs, il faut qu'elle soit tenace, malgré la dureté, et qu'elle ne devienne pas aigre;

8° Elle doit prendre peu de retrait, afin que les proportions de l'objet ne soient pas atténuées;

9° Il faut qu'elle soit poreuse, surtout si les objets moulés sont destinés à faire bouillir les liquides.

JAUGE. Les fontainiers se servent de ce terme pour désigner un appareil destiné à mesurer la quantité de *pouces* ou de *modules* d'eau fournis par une conduite, une source, etc. (Voyez ces mots, POUCE, MODULE.)

JAUGEAGE. L'action de jauger, de mesurer le produit d'une source, d'une conduite, etc.

JAUGER. Mesurer avec la jauge le produit d'une conduite, etc., et le réduire à une mesure commune et connue.

JOINT. L'endroit où deux choses se joignent, mode d'assemblage de deux tuyaux de conduite.

Les tuyaux en fonte de fer se réunissent par des joints à brides et boulons, ou par des joints à emboîtement de cylindre.

Les tuyaux de plomb se réunissent au moyen d'un alliage, composé de deux parties de plomb et une d'étain, qui enveloppe le joint. (Voyez NŒUD DE SOUDURE.)

Dans les tuyaux de poterie, la soudure est remplacée par du mortier de chaux hydraulique et sable.

MASSELOTTE. Excédant de métal que l'on ajoute en coulant une pièce, pour donner plus de densité à la matière qui la compose.

MASTICS, dont on fait usage dans les travaux de fontainerie.

1° Le mastic de *fontainier* employé pour les nœuds de tuyaux.

Les tuyaux en grès ou terre cuite sont soudés en mastic de fontainier à chaque nœud, et revêtus ensuite dans toute leur longueur d'une chemise en mortier de chaux hydraulique et sable ou ciment.

Le mastic de fontainier est composé d'un mélange de ciment de tuileau passé au tamis fin, de poix fondue et de graisse de porc (saindoux).

2° Le mastic *gras*, qui sert à graisser les joints du marbre lors de la taille, afin de les faire joindre parfaitement.

Il se compose de deux parties de cire jaune, trois parties de poix blanche et huit parties de résine, que l'on fait fondre ensemble et que l'on jette ensuite dans de l'eau de puits pour en saisir la pâte; cette pâte se roule en bâton pour l'employer au besoin.

3° Le mastic de *fontaine*, qui sert à sceller les agrafes qui retiennent et maintiennent les fils et cassures des marbres; c'est celui que les plombiers et les fabricants de fontaines à filtrer en pierre se servent pour faire leurs joints, les collets des robinets, des douilles de bondes, des cuvettes de faïence; des bouchons de pierres d'évier, et autres semblables qui sont constamment à l'humidité.

Ce mastic se compose de débris de poterie de grès ou de tuile de Bourgogne pure pulvérisés et amalgamés avec une quantité suffisante de mastic gras pour obtenir une pâte consistante.

4° Le mastic de *corbel*, qui sert à faire les dallages de perrons et terrasses, et en général de tous les endroits qui sont exposés à l'intempérie de l'air, mais non à l'humidité.

On prend 6 kilogrammes de ciment fin, fait de bonne tuile de Bourgogne, sans aucun mélange, bien pulvérisée et passée au tamis de soie; 1 kilograme de litharge pour faire sécher, et on détrempe le tout dans 3 kilogrammes d'huile de lin, et 1 kilogramme d'huile grasse pour siccatif.

Ce mastic est remplacé maintenant avec beaucoup d'avantages par le mastic de *Dihl*.

5° Le mastic de *limaille*, qui s'emploie aux mêmes usages que les précédents, mais dans des endroits habituellement humides ou qui reçoivent constamment de l'eau, comme caniveau en pierre, dallages de cuisines, de lavoirs ou de lieux communs, auges en pierres faites de plusieurs morceaux, ou cassées et agrafées, etc.

Ce mastic, qui est très bon lorsqu'il est bien appliqué, se compose d'un mélange de 12 kilogrammes de limaille de fer, ou de fer et cuivre, telle qu'on en trouve chez les éperonniers, mais qui ne soit pas rouillée; 2 kilogrammes de sel et 4 aulx, que l'on fait infuser vingt-quatre heures dans 2 litres et $\frac{1}{2}$ de bon vinaigre et $\frac{2}{3}$ d'urine; on décante alors, et la pâte consistante qui s'est formée au fond du vase est le mastic, lequel est propre à être employé à l'instant même.

Ces deux derniers mastics doivent être employés, ainsi que le mastic de *Dihl*, sur des matières calcaires parfaitement sèches, autrement ils s'y incorporent mal, se feuillent, et l'humidité les repousse.

MODÈLE. C'est le relief de l'objet que l'on veut mouler, et que l'on veut imiter en remplissant le moule de fonte.

MODULE. Unité que M. de Prony a proposé d'adopter pour la mesure des eaux courantes. Le module d'eau serait égal au produit de 10 mètres cubes d'eau en vingt-quatre heures, et le double module au produit de 20 mètres cubes dans le même temps : ce qui équivaudrait à peu près au *pouce de fontainier* (voyez ce mot).

Le double module d'eau est fourni par un orifice de $0,^m02$ de diamètre, percé dans une paroi de $0^m,017$ d'épaisseur, et dont la charge sur le centre d'eau de l'orifice serait de $0,^m05$.

MESURES FRANÇAISES ET ANGLAISES (TABLEAU DES).

DÉSIGNATION des MESURES FRANÇAISES.	VALEUR, EN MESURES métriques.	DÉSIGNATION des MESURES ANGLAISES.	VALEUR en unité des mesures françaises.
1. DE LONGUEUR.			
Mètre (dix millionième partie du quart du méridien terrestre). . .	m. 1,00	Mile.	m. 1609,3149
Kilomètre.	1000,00		
Toise.	1,94904	Yard.	0,9144
Pied.	0,32484	Pied.	0,3048
Pouce.	0,027070	Pouce.	0,0254
Ligne.	0,002256	Ligne.	0,0024
2. DE SUPERFICIE.	m. s		m. s
Mètre carré.	1		
Toise carrée. . . .	3,79874	Yard.	0,836097
Pied carré. . . .	0,105521	Pied.	0,093
Pouce carré. . . .	0,00073278	Pouce.	0,000645
Ligne carrée. . . .	0,000005089	Ligne.	0,00000448
3. AGRAIRES.	m. s		m. s
Are (carré de 10 mètres de côté). . . .	100,00	Yard carré.	0,836097
Hectare.	10000,00	Rod (perche carrée). .	25,291939
Arpent des eaux et forêts.	5107,20	Rood (1210 yards carrés).	1011,6775
Perche *idem*. . . .	51,07	Acre (4840 yards carrés).	4046,71
Arpent de Paris. . .	3418,87		
Perche *idem*. . .	34,19		
4. CUBIQUE.	m. c.		m. c.
Stère (ou mètre cube).	1		
Toise cube. . . .	7,40389	Yard.	0,7645
Pied cube. . . .	0,0342773	Pied.	0,028315
Pouce cube. . . .	0,000019836	Pouce.	0,000016383
Ligne cube.	0,00000001148	Ligne.	0,000000009261

DÉSIGNATION des MESURES FRANÇAISES.	VALEUR EN MESURES métriques.	DÉSIGNATION des MESURES ANGLAISES.	VALEUR en unité des mesures françaises.
5. DE CAPACITÉ POUR LES LIQUIDES.			
Litre (ou décimètre cube).	lit. 1,00		
Kilolitre (1 mètre cube).	1000,00		lit.
Muid.	268,22	Bushel (8 gallons). .	36,347664
Setier.	7,4504	Gallon impérial. . . .	4,54345794
Pinte.	0,9313	Quart ($\frac{1}{4}$ de gallon). .	1,135864
Voie.	23,00	Pint ($\frac{1}{8}$ de gallon). . .	0,567932
6. DE POIDS.			
Kilogramme (poids d'un litre d'eau). . . .	kilo. 1,00	Ton.	kilo. 1015,649
Quintal.	48,951	Quintal.	50,78246
Livre.	0,48951	Livre.	0,4534148
Once.	0,03059	Once.	0,0283384
Gros.	0,003824	Dram.	0,0017712
7. D'ÉCOULEMENT.			
Module d'eau. . . .	10 kilolitres en 24 heures,		
Pouce d'eau.	19$^{kilol.}$,1953 en 24 heures, 800 litres par heure.		
Ligne d'eau.	133$^{lit.}$,3 en 24 heures, 5$^{lit.}$5 par heure.		
8. DE TRAVAIL D'UN MOTEUR.			
Dynamie.	1 mètre cube d'eau, ou 1000 kilogrammes élevés à 1^{m},00 de hauteur.		
Cheval de vapeur. . .	6480 dyn. en 24 heures, ou élévation de 75 kilogramm. par seconde à 1 mètre de hauteur.	Horse-Power. . . .	6565$^{dyn.}$,54 en 24 heures, ou élévation de 33,000 livres (avoir du poids) par minute à 1 pied anglais de hauteur.

DÉSIGNATION des MESURES FRANÇAISES.	VALEUR EN MESURES métriques.	DÉSIGNATION des MESURES ANGLAISES.	VALEUR en unités des mesures françaises.
9. DE LA CHALEUR SPÉCIFIQUE.			
Therme, calorie. . .	Quantité de chaleur nécessaire pour élever d'un degré la température de 1 kilogramme d'eau liquide.		
10. MONÉTAIRE.			
Les monnaies d'or de France contiennent, ainsi que celles d'argent, un dixième d'alliage et neuf dixièmes de métal pur. En général, le titre est 0,900.		L'unité monétaire est la livre *sterling*, qui se subdivise en 20 *shillings*, et le shilling en 12 *deniers*.	
L'unité monétaire est le *franc*, qui se subdivise en *décimes* et en *centimes*.		OR.	
		Guinée de 21 shillings.	26 fr. 47 c.
		Souverain, depuis 1818, de 20 shillings. . .	25 2080
Poids des pièces de monnaies en grammes.		ARGENT.	
	gr.	Crown ou couronne de 5 shillings anciens. .	6 16
Pièce de 40 francs. . .	12,90322	Crown ou couronne depuis 1818.	5 8072
de 20 francs. . .	6,45161	Shilling depuis 1818. .	1 1614
de 5 francs. . .	25,000	On estime généralement en France le schilling 1 fr. 25 c., et la livre sterling à 25 fr.	

MOULE. Ensemble de pièces présentant un creux qui sert à former une figure ou un bas-relief, soit par la voie de la fonte, soit par impastation.

On distingue trois parties principales : le *noyau* ou partie massive dont la surface extérieure fournit l'empreinte intérieure du modèle ; la *chape* ou enveloppe dont la surface intérieure fournit l'empreinte extérieure du modèle ; enfin le *vide* entre le

noyau et la chape, destiné à recevoir le modèle, et dans lequel on verse, par conséquent, la matière fusible qui doit entrer dans la composition de ce modèle.

NOEUD DE SOUDURE. Joint de deux tuyaux en plomb, ou quantité de soudure
ramassée entre deux tuyaux emboîtés, pour les attacher ensemble et empêcher que l'eau
ne sorte.

NOYAU. Le noyau est la partie massive du moule qui se trouve renfermée dans son
intérieur, en laissant toutefois un vide entre lui et la chape, pour y verser la matière à
telle épaisseur que l'on aura jugé convenable.

ORIFICE. Ouverture par laquelle sort un fluide lorsqu'il y est sollicité par une cause
quelconque.

PAROIS. On désigne ainsi les différentes surfaces qui terminent un corps; celles qui
fixent plus particulièrement l'attention sont les parois intérieures des moules, des
tuyaux, des canaux, et des vases qui contiennent des liquides, etc.

PENTE. Inclinaison que l'on donne au fond d'un canal pour que les eaux puissent y
couler avec plus ou moins de vitesse.

Elle se mesure par la différence de niveau entre deux points consécutifs séparés par
une distance égale à l'unité de longueur. Ainsi, si l'unité de longueur est le mètre, et
que la différence de niveau, entre deux points pris sur l'axe du fond et placés à la distance de 1 mètre, soit de 1 centimètre, on dit que la pente est de 1 centimètre par mètre.

PESANTEUR. Force qui anime toutes les molécules d'un corps, et tend à les précipiter à la surface de la terre. On prend pour sa mesure le double de l'espace parcouru pendant une seconde de la chute. A Paris, cet espace est de $4^m,9044$.

PISTON. Est un ajustage de bois, de cuir et de fer, ayant la force d'un cylindre,
que l'on met dans l'intérieur d'un autre cylindre pour en remplir hermétiquement le
vide, et donner, par le mouvement de va-et-vient qu'on lui imprime, du vent ou de
l'eau, suivant qu'on lui a fait aspirer l'une ou l'autre de ces deux substances.

Le produit est en raison de la vitesse du piston, de la longueur de sa course et de la
capacité du cylindre.

PLOMB. Le plomb est un métal solide, blanc, bleuâtre, brillant. Frotté entre les
mains, il leur communique une odeur sensible : c'est l'un des métaux les plus mous;
aussi est-il sans sonorité, et il est rayé par presque tous les autres corps, même par
l'ongle; on peut même s'en servir pour tracer des caractères sur le papier. Très malléable, il s'étend plus facilement en lames qu'il ne se tire en fils; sa ténacité est peu
considérable; sa densité est de 11,352. On ne l'a point encore obtenu en cristaux bien
réguliers.

C'est un des métaux les plus fusibles : sa fusion a lieu vers le 260° de chaleur; il n'est
pas sensiblement volatil.

On s'en sert pour couvrir des édifices, pour construire des bassins, des conduites,
des gouttières, des réservoirs, des chaudières, des chambres dans lesquelles se fabrique
l'acide sulfurique : allié avec la moitié de son poids d'étain, il forme la soudure des
plombiers.

POIDS. La pesanteur agissant également sur toutes les particules d'un corps, ce corps tend à tomber avec une certaine force, en raison précisément de la quantité de particules matérielles qu'il renferme.

La somme de ces actions est ce qu'on appelle la résultante de la pesanteur ou poids.

Le poids du mètre cube d'une substance , dont on connaît la pesanteur spécifique par rapport à l'eau distillée, s'obtient en multipliant par 1,000 kilogrammes le nombre qui exprime cette pesanteur spécifique.

Table des pesanteurs spécifiques des solides , celle de l'eau étant 1 (à 18° centigrades).

Platine { laminé.	22,0690
Platine { passé à la filière.	21,0417
Platine { forgé	20,3366
Platine { purifié.	19,5000
Or { forgé.	19,3617
Or { fondu.	19,2581
Mercure (à 0°).	13,598
Plomb fondu.	11,3523
Argent fondu.	10,4743
Cuivre en fil.	8,8785
Cuivre rouge fondu.	8,7880
Acier non écroué.	7,8163
Fer en barre.	7,7880
Étain fondu.	7,2914
Fer fondu .	7,2070
Zinc fondu.	6,861
Marbre de Paros (chaux carbonatée lamellaire).	2,8376
Chaux carbonatée cristallisée.	2,7182
Chaux sulfatée cristallisée.	2,3117
Houille compacte.	1,3292
Glace.	0,930
Bois de hêtre.	0,852
Frêne.	0,845
If.	0,807
Bois d'orme.	0,800
Sapin jaune.	0,657
Tilleul.	0,604
Peuplier blanc d'Espagne.	0,529
Peuplier ordinaire.	0,383
Liége.	0,240

POMPES. Machine dont on se sert pour élever l'eau, en mettant à profit la force élastique de l'air.

On distingue deux espèces de pompes : la pompe aspirante, et la pompe aspirante et foulante.

POUCE DE FONTAINIER. Unité pour la mesure des eaux qui s'écoulent par des tuyaux de conduite. Le pouce d'eau de Paris est égal à la quantité d'eau que fournit dans une seconde un tuyau de 1 *pouce* de diamètre, et placé de manière que le centre de son orifice soit à 7 *lignes* de distance de la surface de l'eau du réservoir où il est adapté. Pour évaluer le produit, il faudrait déterminer encore la longueur de l'ajutage ou l'épaisseur de la paroi dans laquelle est percé le trou par lequel l'eau s'écoule.

Or c'est ce qu'on n'a pas fait : de manière qu'on ne s'accorde pas sur la valeur exacte de cette mesure ; cependant il est assez généralement admis qu'elle vaut 15 pintes, ou 13$^{\text{lit.}}$,33 par minute, ou 19$^{\text{kilol.}}$,1953 en 24 heures.

Le produit théorique, calculé d'après la règle de Torricelli, est de 27$^{\text{kilol.}}$, 677. Si on le compare avec le précédent, on en conclut que le coefficient de contraction est de 0,69 ; coefficient qui convient à un ajutage cylindrique dont la longueur serait égale à 3 fois le diamètre. Ainsi, dans la supposition que nous avons faite, les trous ne doivent pas être percés en mince paroi, mais on doit y appliquer un tuyau cylindrique de 3 pouces de longueur pour avoir le *pouce de fontainier.*

Le pouce se subdivise en 144 lignes, fournissant chacune, par conséquent, 133$^{\text{lit.}}$,3.

Nous allons indiquer dans un tableau le diamètre qu'il convient de donner à l'orifice pour avoir une ou plusieurs lignes d'eau, en supposant que la charge, sur le centre de l'orifice, reste toujours de 7 lignes.

NOMBRE de LIGNES D'EAU.	DIAMÈTRE de L'ORIFICE.	CHARGE sur le centre de l'orifice.	PRODUIT en 24 HEURES.	OBSERVATIONS
	lignes.	lignes.	litres.	
1 ligne ou $\frac{1}{144}$ de pouce.	1,	7	133,3	On ne peut guère employer d'orifices plus petits que 2 lignes.
2 — $\frac{1}{72}$ —	1,414	»	266,6	
3 — $\frac{1}{48}$ —	1,732	»	399,9	
4 — $\frac{1}{36}$ —	2,	»	533,2	
6 — $\frac{1}{24}$ —	2,449	»	799,8	
8 — $\frac{1}{18}$ —	2,828	»	1066,4	
9 — $\frac{1}{16}$ —	3,	»	1199,7	
12 — $\frac{1}{12}$ —	3,464	»	1599,6	
16 — $\frac{1}{9}$ —	4,	»	2132,8	
18 — $\frac{1}{8}$ —	4,242	»	2399,4	
24 — $\frac{1}{6}$ —	4,899	»	3199,2	
36 — $\frac{1}{4}$ —	6,	»	4798,8	
48 — $\frac{1}{3}$ —	6,928	»	6398,4	
72 — $\frac{1}{2}$ —	8,484	»	9597,6	
144 — 1 pouce.	12,	»	19195,3	

PRESSION. Effort qu'un corps exerce sur un autre corps, en raison de son poids.

Les solides transmettent la pression dans le sens qu'ils la reçoivent.

Les liquides, au contraire, la transmettent également dans tous les sens.

La pression de l'air sur 1 centimètre carré de surface est égale à 1 kil,0336 : c'est ce qu'on appelle la *pression due à une atmosphère*.

RÉSISTANCE. L'adhésion des molécules d'un corps se mesure par la résistance qu'elles offrent à un effort de traction.

Voici les résultats des expériences sur la résistance des matériaux dont la connaissance a paru utile aux hydrauliciens.

kil.

Le plomb est rompu par les efforts sur un millimètre carré de surface de. . . . . .

$\left\{\begin{array}{l}1,37 \\ 1,58 \\ 1,35\end{array}\right.$ (Jardine d'Édimbourg.)
(*Idem.*)
(Navier.)

Il a supporté sans altération apparente. .

$\left\{\begin{array}{l}1,14 \\ 1,22 \\ 0,68\end{array}\right.$ (Jardine.)
(*Idem.*)
(Navier.)

Le fer forgé est rompu par des efforts sur un millimètre carré de surface de. . . .

$\left\{\begin{array}{l}42,90 \\ 42,20 \\ 46,80 \\ 44,50 \\ 46,10 \\ 39,40 \\ 49,40 \\ 42,00\end{array}\right.$ (Perronnet.)
(*Idem.*)
(Souflot et Rondelet.)
(Poleni.)
(Telford.)
(Brown.)
(Brunel.)
(Expér. à St.-Pétersbourg.)

Il supporte sans altération apparente. . . .

$\left\{\begin{array}{l}35,73 \\ 36,77 \\ 28,00\end{array}\right.$ (Telford.)
(Brunel.)
(Expér. à St-Pétersbourg.)

Poids produisant la rupture de la tôle laminée tirée dans le sens du laminage.   40,80   (Navier.)

Tôle tirée perpendiculairement au sens du laminage.   36,40   (*Idem.*)

D'après une expérience faite sur un vase sensiblement sphérique, le poids produisant la rupture est de. . . . .   46 à 47   (*Idem.*)

Les pièces commencent à s'alonger sensiblement sous des poids égaux à la moitié ou au deux tiers de ceux qui produisent la rupture.

kil.

Poids produisant la rupture de la fonte. . . . .

$\left\{\begin{array}{l}14,20 \\ 13,48\end{array}\right.$ (Brown.)

La fonte supporte sans altération apparente.   10,70   (Tredgold.)
Cuivre battu.   24,89
Cuivre fondu.   13,41
Cuivre laminé.   21,10   (Navier.)

La pièce de cuivre a commencé à s'étendre, dans la dernière expérience, sous une charge qui était égale à la moitié environ ou de $10^{kil.},55$.

D'après M. Vicat, la force de cohésion, sur 1 centimètre carré, est pour les mortiers bien faits à sable quartzeux et chaux éminemment hydraulique de. . . . . $9^{kil.},60$

Mortiers bien faits, à sable quartzeux et chaux hydraulique ordinaire. . . . . $6^{kil.},\text{»»}$

D'après les expériences de M. Tredgold, la force de cohésion des bois tirés perpendiculairement à la direction des fibres est, sur 1 centimètre carré :

Pour le peuplier . . . . $125^{kil.},24$
— Chêne.   162   77

RÉSERVOIR. Lieu où l'on recueille les eaux qui doivent ensuite être distribuées, soit dans les différents quartiers d'une ville, soit dans un grand établissement, soit dans une maison particulière.

La forme, les dimensions et le mode de construction varient suivant qu'ils ont à remplir l'une ou l'autre destination.

ROBINETS. On donne ce nom à un appareil qui sert à intercepter ou à établir l'écoulement des eaux dans un tuyau de conduite, au moyen de la pénétration de ce tuyau par un solide. Il se compose ainsi de deux parties qu'on désigne sous les noms de *boisseau* et de *clef*.

Le boisseau est érigé perpendiculairement sur le tuyau, avec lequel il fait corps, et présente un évidement destiné à recevoir la clef.

La clef a ordinairement la forme d'un cône tronqué, pénétré perpendiculairement à son axe par un cylindre creux dont le diamètre est égal à celui de la conduite, et qui forme l'œil de la clef.

Lorsque les deux axes de la conduite et de l'œil de la clef se confondent, l'écoulement des eaux est libre. Lorsque, au contraire, ces deux axes sont perpendiculaires l'un à l'autre, l'écoulement des eaux est intercepté. Cette manœuvre s'opère en faisant tourner la clef dans le boisseau.

On a inventé des robinets où la clef, au lieu de tourner dans le boisseau, s'élève et descend au moyen d'une vis sans fin qui la pénètre en glissant dans deux coulisses. Ces robinets prennent les noms de *robinet-coin* ou de *robinet-vanne*, suivant que la clef a la forme d'un coin ou d'une vanne.

Les robinets reçoivent encore différents noms d'après les fonctions qu'ils ont à remplir : c'est ainsi qu'on distingue les robinets d'arrêt, les robinets de décharge, les robinets flotteurs, etc.

RONDELLE. Lame de plomb, ou de cuir, ou de flanelle, ayant la forme d'une couronne circulaire, que l'on place entre les brides de deux tuyaux contigus, afin de rendre le joint plus étanche, et racheter plus facilement les irrégularités de la surface des brides.

SIPHON. Tube recourbé, en verre ou en métal, qui a pour objet de vider un vase contenant un liquide, sans qu'on soit obligé de percer le vase dans la partie inférieure.

SOUDURE. Alliage composé de deux tiers de plomb sur un tiers d'étain dont les plombiers se servent pour réunir deux tuyaux de plomb.

SOUPAPE. Diaphragme mobile qui permet par son mouvement l'entrée ou la sortie d'un fluide.

TUYAU. Cylindre creux qui sert pour conduire l'eau.

On fait des tuyaux de bois d'aune, de poterie, de plomb, de fonte de fer, etc.

Les tuyaux prennent aussi des noms particuliers, suivant leur position et leur emploi : tuyau de descente, est celui qui conduit les eaux pluviales d'un comble sur le sol de la rue ou d'une cour.

Tuyau de décharge, est celui qui sert à vider l'eau contenue dans un bassin ou un réservoir.

VEINE FLUIDE. Lorsqu'un liquide s'écoule par une ouverture qu'on a faite à un vase, il prend la forme d'un filet auquel on donne en général le nom de veine.

Si l'on suit exactement la forme de la veine liquide, on remarque que d'abord elle a le même diamètre que l'ouverture faite dans le vase ; mais à partir de cette ouverture, et tout de suite, elle va en diminuant, de manière qu'elle tend à former une surface conique ; elle se relève ensuite, de manière qu'il y a une section de la veine qui est plus petite que toutes les autres. L'endroit où la section se trouve plus petite s'appelle section de la veine contractée, et ce phénomène est exprimé par le nom de *contraction de la veine fluide.*

Cette contraction a une influence sur le produit de l'écoulement, c'est-à-dire que l'écoulement dû à la théorie, ou calculé d'après le principe de Torricelli, diffère de l'écoulement réel. (Voyez ajutage, écoulement des liquides.)

VENTOUSES. Les ventouses ne sont autre chose, dans l'acception commune, qu'un instrument au moyen duquel on fait le vide sur une partie du corps humain.

En hydraulique, on donne ce nom à des appareils destinés à fournir une issue à l'air qui s'accumule dans la partie la plus élevée des sinuosités des conduites.

ZINC. Le zinc est un métal solide, blanc bleuâtre, lamelleux, très ductile ; cependant il passe beaucoup moins au laminoir qu'à la filière : aussi existe-t-il des lames de zinc assez minces, et n'existe-t-il point de fil d'un diamètre très fin ; sa dureté est faible, sa pesanteur spécifique de 6$^{kil.}$,861.

Il entre en fusion au-dessous de la chaleur rouge, et se volatilise, au-dessus de cette température, à un certain degré qui n'est pas connu.

Il entre pour un quart dans la composition du laiton ou cuivre jaune.

L'on commence à s'en servir pour faire des conduites, des gouttières, des bassins, des baignoires, des couvertures de toits, etc.

ESSAI

SUR LES

MOYENS DE CONDUIRE, D'ÉLEVER

ET

DE DISTRIBUER LES EAUX.

1. L'eau est un objet de première nécessité pour les besoins domestiques. L'industrie la réclame comme un agent indispensable pour assurer le succès de ses opérations. Les monuments qui servent à la répandre forment le plus bel ornement des villes.

2. Mais toutes les eaux ne possèdent pas les mêmes qualités ; on les trouve rarement réunies sur les lieux où doit se faire leur emploi ; ou bien elles en occupent les points les plus bas : de manière qu'il faut presque toujours aller les chercher au loin ou les élever au-dessus de leur niveau naturel.

3. Pour diriger le cours des eaux, et les amener sur un sol qui n'est pas naturellement destiné à les recevoir, il faut leur créer un lit en pente, soit qu'on le creuse dans la terre, soit qu'on l'élève en maçonnerie, ce qui comprend les *canaux de dérivation et les aqueducs ;* ou bien on peut employer une *conduite* formée de tuyaux qui suivent une ligne non interrompue et se prêtent à tous les accidents du sol. Ces deux modes d'écoulement ne doivent pas être confondus : suivant le premier, l'eau n'éprouve à sa surface que la pression naturelle de l'atmosphère, et son mouvement résulte de la pente qui s'y établit ; suivant le second, l'eau remplit toute la capacité du tuyau, exerce contre les parois une pression qui est d'autant plus considérable que le tuyau est plus bas relativement à la prise d'eau, et prend une vitesse qui, toutes choses d'ailleurs égales, dépend

Des différents moyens que l'on peut employer pour conduire l'eau d'un point à un autre. — Canaux de dérivation et aqueducs.

1

de la charge motrice produite par la différence de niveau entre le point de départ et celui d'arrivée.

Pompes et machines à vapeur.

Pour élever les eaux au-dessus de leur niveau naturel, on peut employer un grand nombre de machines ; mais nous fixerons plus particulièrement notre attention sur les *pompes aspirantes et foulantes* qui reçoivent leur impulsion des *machines à vapeur.*

Tuyaux de distribution.

Enfin, pour distribuer l'eau dans une ville, on la fait circuler dans des tuyaux qui, partant de réservoirs alimentaires, se ramifient dans toutes les directions et vont aboutir aux fontaines, aux bouches d'eau placées sur les points culminants des rues et dans les maisons particulières, pour y porter l'eau que l'on destine à l'embellissement des places et des promenades, au lavage des rues et des égouts et aux différents usages de la vie.

4. Quoiqu'on ait toujours pour but d'imprimer à l'eau un mouvement et de régler sa vitesse, les moyens qu'on emploie dans ces trois circonstances diffèrent entre eux : ce qui nous a déterminé à adopter une division fondée sur la nature des choses, et qui contribuera sans doute à répandre de l'ordre et de la clarté dans l'exposé de nos recherches.

SECTION PREMIÈRE.

DE LA CONDUITE DES EAUX.

I. THÉORIE GÉNÉRALE DU MOUVEMENT DES EAUX COURANTES.

Analyse des causes qui déterminent le mouvement de l'eau.

5. Avant de nous livrer à la recherche des formules relatives au mouvement des eaux courantes, essayons de nous former une idée précise des causes qui produisent ce mouvement, et des éléments entre lesquels nous devons établir des rapports pour obtenir la mesure de leurs effets.

L'eau, à l'état liquide, peut être regardée comme composée de molécules peu adhérentes entre elles et susceptibles d'obéir facilement à l'action de la pesanteur. Elles ne restent en équilibre ou en repos que
lorsqu'elles sont contenues dans un vase dont les parois sont capables
de résister à la pression qui s'exerce perpendiculairement à leur surface. Quand l'eau en repos est en contact avec l'atmosphère, et qu'on
néglige la pression atmosphérique comme s'exerçant également en
dehors du vase, la grandeur de la pression de l'eau sur les parois qui
la contiennent croît avec l'enfoncement, et elle est toujours égale,
pour une portion de la paroi, au poids du filet vertical du liquide qui a
pour base l'aire de la paroi, et pour hauteur la distance au niveau de
l'eau.

Les pressions qui s'exercent sur le liquide par un piston ou tout autre
moyen sont transmises sur les surfaces des parois : de manière que quelque part qu'on prenne une surface égale à la base du piston, cette aire
est pressée par cette cause, et en outre de la pression due à la pesanteur
du liquide, avec la même intensité que si le piston y était immédiatement appliqué. C'est le principe de l'égalité de pression découvert par
Pascal.

L'air presse sur la surface de l'eau. La pression se distribue également
dans toute la masse, et lorsque le vide est fait dans un tube vertical
fermé en haut, ouvert en bas et plongé dans l'eau, ce liquide monte
jusqu'à une hauteur qui est, en terme moyen, de 10 mètres 40 centimètres ou 32 pieds, plus ou moins, selon la pression atmosphérique
existante.

6. Si l'eau n'est pas retenue dans tous les sens, elle coule par la partie
où la résistance manque. C'est ce qui a lieu lorsqu'elle est simplement
renfermée dans un lit de rivière, un canal, ou dans un tuyau de conduite. Dans cette circonstance, pour bien analyser le phénomène de
l'écoulement, il faut distiguer :

Le volume ou la quantité d'eau qui s'écoule dans un temps déterminé ;

Le profil ou section transversale du lit par un plan perpendiculaire à
l'axe d'un filet fluide ;

La profondeur de l'eau ;

Sa vitesse ;

Et la pente de la superficie.

7. Dans les cas les plus ordinaires d'écoulement, il existe une relation mathématique entre ces cinq quantités, c'est-à-dire que quatre d'entre elles étant connues, on peut toujours déterminer la cinquième, ainsi que nous l'expliquerons plus loin.

8. Nous verrons encore que dans les applications les plus ordinaires de la formule du mouvement, on ne peut pas toujours se donner à l'avance quatre de ces quantités. Il arrive souvent qu'on ne connait que les limites entre lesquelles on doit les faire varier ; et que ce n'est que par des tâtonnements et des essais qu'on parvient à satisfaire aux différentes conditions de la question.

9. Mais, de tous ces éléments, le plus important à considérer dans la théorie des eaux courantes, c'est la vitesse.

En effet, les hypothèses sur lesquelles cette théorie se fonde tiennent à des considérations sur la vitesse des molécules des filets fluides.

L'action des forces accélératrices qui produisent le mouvement, et celles des forces retardatrices qui le modifient s'expriment en fonction de la vitesse.

Les effets qui en résultent, comme la dépense d'eau, la corrosion contre les parois du lit, l'impulsion que le courant est capable de donner à un corps flottant, se mesurent par la vitesse.

Les filtrations, l'évaporation, étant plus ou moins considérables, selon que l'eau met plus ou moins de temps à parcourir un espace donné, ces causes de déperdition se lient essentiellement à la vitesse.

10. M. de Prony, en publiant ses recherches physico-mathématiques sur la théorie des eaux courantes (1) a donné des formules au moyen desquelles on peut résoudre facilement et avec toute l'exactitude désirable, toutes les questions pratiques relatives au mouvement des eaux courantes, pourvu que, dans les limites fixes de l'espace où on les considère, ce mouvement soit *uniforme*.

11. M. Bélanger, dans un mémoire récemment imprimé (2), a gé-

---

(1) *Recherches physico-mathématiques sur la théorie des eaux courantes;* par M. de Prony. Paris, 1804.

(2) *Essai sur la solution numérique de quelques problèmes relatifs au mouvement permanent des eaux courantes;* par M. Bélanger. Paris, 1828.

néralisé la question et trouvé la formule qui s'applique au mouvement simplement *permanent* des eaux courantes.

La distinction entre le régime uniforme et le régime simplement permanent n'avait pas encore été bien établie, et l'on doit à cet ingénieur d'avoir fait faire un pas de plus à cette partie de la science hydraulique.

Nous allons lui emprunter tout ce que nous avons à dire sur ce sujet.

12. « Imaginons, dit-il, un canal d'une longueur quelconque dont les » parois soient immobiles et inaltérables par le courant qui pourra s'y » établir; supposons que sa pente et son profil transversal varient suivant » une loi quelconque, pourvu qu'il n'en résulte pas, dans les parois, des » changements brusques de direction qui puissent occasioner des tour» noiements ou des ondulations dans l'eau qui y coulera; concevons enfin » qu'un tel canal soit alimenté à l'une de ses extrémités par une source » d'un produit constant par seconde, et offre à l'autre bout un mode » fixe d'évacuation, par exemple, une embouchure dans un bassin d'un » niveau invariable, ou un déversoir de superficie, ou bien encore une » cataracte de fond entièrement libre du côté d'aval. Après un certain » laps de temps, à compter de la première introduction de l'eau dans le » canal, il s'établira, dans toute son étendue, un courant dont chaque » section transversale dépensera, par seconde, précisément la même » quantité d'eau que fournit la source. Dès lors la surface du cours d'eau » conservera une position invariable, de manière qu'à quelque instant » que l'on prenne une section du courant, par un même plan fixe quel» conque, cette section sera toujours la même. Cet état du cours d'eau » s'appelle en général *régime permanent*.

> Définition du mouvement permanent et du mouvement uniforme de l'eau.

» Il a pour seule condition, que le courant soit décomposable en filets » fluides invariables de forme et de position, dépensant un volume d'eau » constant pendant l'unité de temps, mais dont la section, et par consé» quent la vitesse, peuvent être variables d'un point à un autre d'un » même filet.

13. » Si on ajoute de plus la condition que la vitesse et la section » de chaque filet en particulier sont constantes, le régime devient alors » *uniforme.* »

Dans le cas où le pente et le profil du canal seront partout les mêmes et sa direction rectiligne, on sent que cette uniformité ne peut avoir lieu, à moins que la surface de l'eau ne prenne exactement la même pente que le fond du canal. Or cela est quelquefois impossible, par exemple, lorsque le fond est horizontal, ou que la déclivité est en sens contraire du courant. Il était donc très important d'établir la distinction entre les deux espèces de régime, et de ne regarder le régime uniforme que comme une modification du régime permanent ; c'est-à-dire qu'il fallait trouver une formule générale qui représentât toutes les circonstances du mouvement permanent des eaux courantes, et montrer qu'une manière simple de satisfaire à cette formule se trouvait dans le cas particulier du régime uniforme.

Hypothèses sur lesquelles se fonde la théorie mathématique du mouvement de l'eau.

14. C'est ce que M. Bélanger a fait, en adoptant les mêmes hypothèses que ceux qui s'étaient occupés avant lui de ces recherches.

« 1° Imaginant que l'espace occupé par un courant en régime perma-
» nent soit partagé en tranches infiniment minces, par des plans nor-
» maux à l'axe d'un des filets fluides, on admet que la *vitesse* des molécules
» d'eau est constamment la même pour toutes celles qui traversent un
» même plan, et qu'elle ne varie qu'en passant d'un plan à l'autre.

» 2° On suppose que chaque molécule d'eau se meut sensiblement en
» ligne droite, de sorte qu'on puisse négliger la force centrifuge due au
» mouvement curviligne, s'il a lieu, comme disparaissant sans erreurs
» appréciables auprès des autres forces agissant sur le système.

» 3° Enfin, l'analyse qui suit ne s'applique qu'aux cas où les dimensions
» de la section, ou du profil en travers du courant, varient de quantités
» très petites en comparaison de la longueur, de sorte qu'on puisse con-
» sidérer à chaque instant la vitesse de chaque molécule comme perpen-
» diculaire à la tranche qu'elle traverse, en négligeant les vitesses
» transversales qui existent, à la rigueur, dès que la section est variable
» d'une tranche à l'autre.

15. » De ces trois hypothèses, la première (celle du mouvement par
» tranches) ne se réalise jamais dans la nature, parceque la résistance
» que la paroi du lit oppose au mouvement de l'eau ne se transmet qu'en
» s'atténuant aux filets intérieurs, jusqu'à un certain filet central qui a
» plus de vitesse que tous les autres. Mais comme en général les vitesses

» ne diffèrent pas beaucoup entre elles, on sent que l'on ne commet qu'une
» faible erreur en les remplaçant toutes par la vitesse moyenne, qui
» est le quotient du volume d'eau dépensé dans l'unité de temps ,
» divisé par l'aire de la tranche au point considéré. Dès que cette com-
» pensation est admise, chaque filet fluide peut être considéré comme
» retardé par une force qui agit à la manière du frottement en sens con-
» traire du mouvement. »

L'expérience a conduit Coulomb à la représenter par une fonction de
la vitesse composée de deux termes, dont l'un contient la première, et
l'autre la deuxième puissance de cette vitesse (1).

M. Girard a appliqué cet idée à la formation de l'équation du mouvement pour un courant d'eau ; mais il a supposé que les deux puissances
de la vitesse avaient le même coefficient, ce qui ne peut être vrai dans
tous les cas (2).

M. de Prony, reprenant la question à son origine, a montré que la
fonction qui exprime la force retardatrice a en général pour expression (3) :

$$g \, \frac{\chi}{\omega} \, (av + bv^{2})$$

dans laquelle le mètre étant pris pour unité linéaire, et la seconde pour
unité de temps :

$g = 9$ m., 8088 représente la force accélératrice de la pesanteur ;

ω l'aire de la section transversale à laquelle appartient la molécule
que l'on considère ;

$\chi = $ la longueur du périmètre mouillé de cette section ;

v la vitesse moyenne, supposée commune à toutes les molécules qui
traversent cette section ;

a et b deux nombres constants déterminés par l'expérience.

---

(1) Voyez tome III des *Mémoires de l'Institut* (classe des sciences physiques et ma-
thématiques).

(2) *Rapport sur le projet général du canal de l'Ourcq* ; par P.-S. Girard. Paris, 1803.

(3) *Recherches physico-mathématiques sur la théorie des eaux courantes* ; par
M. de Prony. Paris, 1804.

16. Cela posé, voici comment M. Bélanger parvient à la formule générale du mouvement permanent des eaux courantes (1).

Considérons dans le courant un point quelconque M projeté en M'
(pl. I fig. 1). Par ce point, concevons le plan normal à l'axe, et
rencontrant cet axe au point P ; ce plan est perpendiculaire à celui de la
figure qu'il rencontre suivant la ligne M' P.

Soient, en conservant d'ailleurs les notations précédentes,

s la longueur de l'axe comprise entre le point P et un point fixe du
même axe pris du côté de la source ;

y la distance M' P entre la molécule considérée et la ligne horizontale
ménée par l'axe dans le plan de la section transversale, laquelle ligne est
projetée en P ;

γ l'angle formé avec l'horizon par la direction de l'axe au point P, ou ,
ce qui est la même chose, par la direction de la vitesse au point M ;

p la pression du fluide au point M ;

t le temps à partir d'un instant quelconque.

Je décompose la gravité qui agit sur le fluide au point M en deux forces,
l'une perpendiculaire à la direction de la vitesse, suivant l'ordonnée y,
et qui sera g cos. γ ; l'autre dans le sens du mouvement, et qui sera
g sin. γ. Ainsi les forces accélératrices appliquées au fluide sont : dans

la direction du mouvement, g sin. $\gamma - \dfrac{g\gamma}{\omega} (av + bv^2)$ et perpendi-

culairement au mouvement g cos. γ.

Maintenant j'observe qu'attendu le mouvement sensiblement rectiligne
du fluide, les molécules qui passent au point M se meuvent comme si
elles étaient sollicitées par une seule force accélératrice agissant dans la

direction du mouvement, et égale à $\dfrac{dv}{dt}$; et, en vertu du principe géné-

ral de dynamique, la pression p est précisément celle qui aurait lieu dans
l'état d'équilibre du fluide soumis aux forces accélératrices appliquées

réellement, et à la force $\dfrac{dv}{dt}$ dirigée en sens contraire du mouvement.

---

(1) Nous copions textuellement l'ouvrage cité de M. Bélanger.

Appliquant en conséquence les principes de l'équilibre des fluides, on aura les deux équations aux différentielles partielles

$$\frac{dp}{ds} = g \sin. \gamma - \frac{g\lambda}{\omega} \left(av + bv^2 \right) - \frac{dv}{dt} \quad . \quad . \quad . \quad . \quad . \quad . \quad . \quad . \quad . \quad .$$

$$\frac{dp}{dy} = - g \cos. \gamma \quad . \quad . \quad . \quad . \quad . \quad . \quad . \quad . \quad . \quad . \quad .$$

17. Attendu que γ n'est pas fonction de y, on tire de la seconde équation

$$p = - gy \cos. \gamma + c,$$

c désignant une quantité indépendante de y, mais qui peut être fonction de s.

Pour la déterminer, on observera que le courant étant en contact avec l'atmosphère, la pression à sa surface est une quantité constante. Soit A cette pression constante, et soit h la valeur de y qui, dans la tranche considérée, correspond à la surface de l'eau. En d'autres termes, h est la distance du point P de l'axe, à la surface du courant dans cette tranche. On aura

$$A = - gh \cos. \gamma + c ;$$

et en éliminant c entre cette équation et la précédente,

$$p = A + g \left(h - y \right) \cos. \gamma.$$

18. Ayant obtenu cette formule générale, je puis en conclure une deuxième expression de la dérivée partielle $\frac{dp}{ds}$. A la rigueur, les quantités h et cos. γ sont toutes deux fonctions de s; mais attendu le mouvement presque rectiligne du courant, l'angle γ varie de quantités négligeables par rapport aux accroissements de s. En conséquence, je considère comme constant, dans la différenciation, cos. γ, qui d'ailleurs diffère toujours très peu de l'unité; j'aurai donc

$$\frac{dp}{ds} = g \cos. \gamma . \frac{dh}{ds}$$

19. De cette équation et de la première des deux qui terminent l'article 16, je tire

$$\sin. \gamma . ds - \cos. \gamma . dh - \frac{\chi}{\omega}(av + bv^2) ds - \frac{dvds}{gdt} = 0$$

20. Appelant Q le volume d'eau dépensé constamment dans l'unité de temps on a

$$v = \frac{Q}{\omega}; \quad \text{d'où} \quad dv = -\frac{Q}{\omega^2} d\omega$$

Il est clair qu'on a aussi

$$\frac{ds}{dt} = v, \quad \text{ou} \quad \frac{ds}{dt} = \frac{Q}{\omega}; \quad \text{donc} \quad \frac{dvds}{dt} = -\frac{Q^2}{\omega^3} d\omega.$$

21. Cette expression substituée dans l'équation de l'article 19 donne

$$\sin. \gamma ds - \cos. \gamma dh - \frac{\chi}{\omega}(av + bv^2) ds + \frac{Q^2}{g\,\omega^3} d\omega = 0.$$

22. D'après les conditions qui restreignent les cas auxquels cette analyse s'applique, il est clair qu'on peut choisir pour axe du courant, l'un quelconque des filets dont il se compose, par exemple, la ligne qui serait tracée longitudinalement par les points les plus bas du lit du canal. Dans ce cas, la longueur s sera mesurée sur le fond, l'ordonnée h sera la plus grande profondeur d'eau mesurée perpendiculairement à la ligne d'eau dans la section normale à l'extrémité de l'arc s; γ sera l'angle du fond au même point avec l'horizon; et si l'on fait sin. $\gamma = i$, l'équation précédente deviendra

$$ids - \sqrt{1 - i^2}\, dh - \frac{\chi}{\omega}(av + bv^2) ds + \frac{Q^2}{g\omega^3} d\omega = 0.$$

Le lit du canal est supposé donné; sa pente et son profil pourront varier de l'une à l'autre de ses extrémités, pourvu que ce soit par degrés peu sensibles; la quantité i sera une fonction donnée de s; ω et χ seront également des fonctions déterminées de s et h; il en sera de même de

v puisqu'on a $v = \frac{Q}{\omega}$. Ainsi l'équation précédente pourra être ramenée

à ne contenir d'autre variable, que s, h et leurs différentielles, ce qui réduit à une difficulté de calcul intégral le problème de déter-

miner la courbe suivie par les filets fluides de la surface du courant,
courbe entièrement connue dès que l'on aura la valeur de la profon-.
deur h, normale à l'axe du lit, correspondante à chaque longueur ou
distance s.

23. Lorsque la pente et le profil transversal du canal seront constants,
le problème deviendra beaucoup plus simple ; χ et ω ne seront plus
fonctions que de h, et si l'on désigne par x la largeur variable du profil,
à la surface de l'eau, cette nouvelle quantité sera également une fonction de h, et l'on aura

$$d\omega = xdh.$$

24. Substituant cette dernière expression dans l'équation de l'article
22, et remplaçant $\dfrac{Q^2}{\omega^2}$ par sa valeur v^2, on obtient

$$ds = \frac{\dfrac{v^2 x}{g\omega} - \sqrt{1 - i^2}}{\dfrac{\chi}{\omega}(av + bv^2) - i}\, dh,$$

équation de la forme $d s = F(h)\, dh$, la plus simple qui puisse être
soumise au calcul intégral. Elle donnera pour chaque valeur de h, la
valeur correspondante de $\dfrac{ds}{dh}$ dont l'inverse $\dfrac{dh}{ds}$ sera la tangente trigono-
métrique de l'angle formé par la surface de l'eau avec le fond du lit ;
et puisque par la quantité i on connait l'angle de ce fond avec l'horizon,
on en conclura la déclivité de la surface du courant, rapportée également
à l'horizon : cela peut être quelquefois utile.

25. Parmi les valeurs individuelles qu'on peut assigner à h dans l'é-
quation précédente, il en est une particulièrement remarquable : c'est
celle qui rend la quantité $\dfrac{ds}{dh}$ infinie. Il est clair qu'il faut et qu'il suffit
pour cela que cette valeur de h satisfasse à l'équation

$$\frac{\chi}{\omega}(av + bv^2) - i = 0.$$

Formule du mou-
vement uniforme, dé-
duite de la formule
du mouvement per-
manent.

2.

La quantité linéaire $\frac{\chi}{\omega}$ est ce qu'on appelle, à l'exemple de Dubuat,
le *rayon moyen* de la section transversale. Dans les cas d'application que
comporte l'analyse précédente, cette quantité croît en même temps que

h, et par conséquent $\frac{\chi}{\omega}$ décroît à mesure que h augmente. Il en est évidemment de même de v, et par suite de $av + bv^2$. Il s'ensuit,

1° Que l'équation ci-dessus ne peut être satisfaite que par une seule
valeur de h, que je représenterai par H;

2° Que selon que l'on substitue dans le polynome $\frac{\chi}{\omega}(av + bv^2) - i$

une valeur de h plus grande ou plus petite que H, ce polynome devient
négatif ou positif.

26. La valeur de H donnant $\frac{ds}{dh} = \infty$, ou $\frac{dh}{ds} = 0$, il en résulte qu'à

l'endroit du courant où cette profondeur a lieu, la surface de l'eau a la
même déclivité que le fond du lit.

Cette quantité H est donc ce que j'ai désigné sous le nom de *hauteur
du régime uniforme*. L'équation précédente à laquelle elle satisfait, est
effectivement celle que M. de Prony a donnée comme représentant la
relation qui existe entre les quantités i, ω, χ et v, lorsque le régime
est uniforme.

27. En effet, la formule de M. de Prony pour les canaux est

$$av + bv^2 = \frac{\omega\xi}{\lambda\chi}$$

Or, nous avons désigné par i le sinus de l'angle du fond avec l'horizon, ou le rapport entre la différence de niveau des deux points ex-

trêmes du canal et la distance qui les sépare, d'où $i = \frac{\xi}{\lambda}$: les deux

expressions sont donc identiques.

On présente ordinairement cette formule sous la forme

$$av + bv^2 = R I.$$

dans laquelle on a fait R = le rayon moyen.

28. Toutes les fois que dans un canal de l'espèce définie à l'article 23, on saura qu'en un point déterminé du profil longitudinal du courant, la profondeur h a une certaine valeur que je désignerai par h_0, différente de celle qui convient au régime uniforme, si l'on veut trouver d'autres points du même profil, il ne s'agira que d'intégrer à partir de la limite h_0 l'expression de ds donnée par l'équation de l'article 24; et comme, dans les cas plus simples, cette intégration effectuée selon les méthodes rigoureuses exigerait des calculs d'une extrême longueur, il sera bien préférable de l'opérer en donnant à la profondeur variable h, une série de valeur h_0, h_1 h_2 h_3 ..... croissantes ou décroissantes (selon la question qu'on se propose) par degrés peu sensibles à partir de h_0, et en intégrant par approximation la différentielle ds successivement entre h_0 et h_1, h_1 et h_2, h_2 et h_3 ..... et ainsi de suite jusqu'à l'ordonnée à laquelle on jugera à propos de s'arrêter.

29. Les valeurs de a et de b qui, dans l'expression de la force retardatrice, représentent les coefficiens constants des première et seconde puissances de la vitesse, ont été déterminées par M. de Prony, d'après trente une expériences, choisies et discutées avec soin, et dans lesquelles la vitesse moyenne se trouvait donnée par l'observation, ou déduite de la vitesse à la surface. Ces valeurs sont

$$a = 0,000444499$$
$$b = 0,000309314 0 \ldots \ldots \ldots \quad (1)$$

Selon M. Eytelwein, qui a suivi exactement les traces de M. de Prony pour la théorie du mouvement de l'eau dans les canaux, mais qui a eu l'avantage de réunir un plus grand nombre de données expérimentales, on a

$$a = 0,0002412651$$
$$b = 0,000365430 \ldots \ldots \ldots \quad (2)$$

Les différences respectives de ces coefficients, quoiqu'en apparence

Détermination de la valeur des constantes qui entrent dans la formule du mouvement uniforme.

---

(1) *Recueil de cinq tables*, etc.; par M. de Prony. Paris, 1825.
(2) *Mémoires de l'Académie de Berlin* (années 1814 et 1815).

assez grandes, influent peu sur les résultats des calculs d'application.

30. On peut en juger par la table suivante qui donne les valeurs de R I correspondantes à celles de v, d'après M. Eytelwein et M. de Prony.

Cette table facilite beaucoup le calcul des formules qui donnent les rapports entre la vitesse de l'eau dans un canal, la longueur de ce canal, sa pente, la section et le périmètre (1).

----

(1) *Recueil de cinq tables*, etc.; par M. de Prony. Septembre 1825.

VITESSES MOYENNES $= v$.	VALEURS DE RI CORRESPONDANT A CELLES DE v.		VITESSES MOYENNES $= v$.	VALEURS DE RI CORRESPONDANT A CELLES DE v.	
	EYTELWEIN.	DE PRONY.		EYTELWEIN.	DE PRONY.
0,01	0,0000003	0,0000005	0,41	0,0000714	0,0000702
0,02	0,0000006	0,0000010	0,42	0,0000747	0,0000732
0,03	0,0000011	0,0000016	0,43	0,0000780	0,0000763
0,04	0,0000016	0,0000023	0,44	0,0000814	0,0000794
0,05	0,0000021	0,0000030	0,45	0,0000849	0,0000826
0,06	0,0000028	0,0000038	0,46	0,0000885	0,0000859
0,07	0,0000035	0,0000046	0,47	0,0000922	0,0000892
0,08	0,0000043	0,0000055	0,48	0,0000959	0,0000926
0,09	0,0000051	0,0000065	0,49	0,0000997	0,0000960
0,10	0,0000060	0,0000075	0,50	0,0001035	0,0000996
0,11	0,0000071	0,0000086	0,51	0,0001075	0,0001031
0,12	0,0000082	0,0000098	0,52	0,0001115	0,0001068
0,13	0,0000093	0,0000110	0,53	0,0001155	0,0001104
0,14	0,0000106	0,0000123	0,54	0,0001197	0,0001142
0,15	0,0000119	0,0000136	0,55	0,0001239	0,0001180
0,16	0,0000132	0,0000150	0,56	0,0001282	0,0001219
0,17	0,0000147	0,0000165	0,57	0,0001326	0,0001258
0,18	0,0000162	0,0000180	0,58	0,0001370	0,0001298
0,19	0,0000178	0,0000196	0,59	0,0001416	0,0001339
0,20	0,0000195	0,0000213	0,60	0,0001461	0,0001380
0,21	0,0000212	0,0000230	0,61	0,0001508	0,0001422
0,22	0,0000230	0,0000247	0,62	0,0001556	0,0001465
0,23	0,0000249	0,0000266	0,63	0,0001604	0,0001508
0,24	0,0000269	0,0000285	0,64	0,0001653	0,0001551
0,25	0,0000289	0,0000304	0,65	0,0001702	0,0001596
0,26	0,0000310	0,0000325	0,66	0,0001753	0,0001641
0,27	0,0000332	0,0000346	0,67	0,0001803	0,0001686
0,28	0,0000354	0,0000367	0,68	0,0001855	0,0001733
0,29	0,0000378	0,0000389	0,69	0,0001908	0,0001779
0,30	0,0000402	0,0000412	0,70	0,0001961	0,0001827
0,31	0,0000425	0,0000455	0,71	0,0002015	0,0001875
0,32	0,0000452	0,0000459	0,72	0,0002070	0,0001924
0,33	0,0000478	0,0000484	0,73	0,0002125	0,0001973
0,34	0,0000505	0,0000509	0,74	0,0002181	0,0002023
0,35	0,0000533	0,0000534	0,75	0,0002238	0,0002073
0,36	0,0000561	0,0000561	0,76	0,0002296	0,0002124
0,37	0,0000590	0,0000588	0,77	0,0002354	0,0002176
0,38	0,0000620	0,0000616	0,78	0,0002413	0,0002229
0,39	0,0000651	0,0000644	0,79	0,0002473	0,0002282
0,40	0,0000682	0,0000673	0,80	0,0002534	0,0002335

VITESSES MOYENNES $= v$.	VALEURS DE RI CORRESPONDANT A CELLES DE v.		VITESSES MOYENNES $= v$.	VALEURS DE RI CORRESPONDANT A CELLES DE v.	
	EYTELWEIN.	DE PRONY.		EYTELWEIN.	DE PRONY.
0,81	0,0002595	0,0002389	1,21	0,0005646	0,0005067
0,82	0,0002657	0,0002444	1,22	0,0005737	0,0005146
0,83	0,0002720	0,0002500	1,23	0,0005829	0,0005226
0,84	0,0002783	0,0002556	1,24	0,0005941	0,0005307
0,85	0,0002847	0,0002613	1,25	0,0006015	0,0005389
0,86	0,0002912	8,0002670	1,26	0,0006109	0,0005471
0,87	0,0002978	0,0002728	1,27	0,0006205	0,0005553
0,88	0,0003044	0,0002786	1,28	0,0006300	0,0005637
0,89	0,0003111	0,0002846	1,29	0,0006396	0,0005721
0,90	0,0003179	0,0002906	1,30	0,0006493	0,0005805
0,91	0,0003248	0,0002966	1,31	0,0006591	0,0005890
0,92	0,0003317	0,0003027	1,32	0,0006690	0,0005976
0,93	0,0003387	0,0003089	1,33	0,0006789	0,0006063
0,94	0,0003458	0,0003151	1,34	0,0006889	0,0006150
0,95	0,0003530	0,0003214	1,35	0,0006990	0,0006237
0,96	0,0003602	0,0003277	1,36	0,0007091	0,0006326
0,97	0,0003675	0,0003342	1,37	0,0007193	0,0006414
0,98	0,0003749	0,0003406	1,38	0,0007296	0,0006504
0,99	0,0003823	0,0003472	1,39	0,0007400	0,0006594
1,00	0,0003898	0,0003538	1,40	0,0007504	0,0006685
1,01	0,0003974	0,0003604	1,41	0,0007609	0,0006776
1,02	0,0004051	0,0003672	1,42	0,0007715	0,0006868
1,03	0,0004128	0,0003739	1,43	0,0007822	0,0006961
1,04	0,0004206	0,0003808	1,44	0,0007929	0,0007054
1,05	0,0004286	0,0003877	1,45	0,0008037	0,0007148
1,06	0,0004364	0,0003947	1,46	0,0008146	0,0007242
1,07	0,0004445	0,0004017	1,47	0,0008258	0,0007337
1,08	0,0004526	0,0004088	1,48	0,0008366	0,0007433
1,09	0,0004607	0,0004159	1,49	0,0008477	0,0007529
1,10	0,0004690	0,0004232	1,50	0,0008589	0,0007626
1,11	0,0004775	0,0004304	1,51	0,0008701	0,0007724
1,12	0,0004857	0,0004378	1,52	0,0008814	0,0007822
1,13	0,0004942	0,0004452	1,53	0,0008928	0,0007921
1,14	0,0005027	0,0004527	1,54	0,0009043	0,0008020
1,15	0,0005113	0,0004602	1,55	0,0009158	0,0008120
1,16	0,0005200	0,0004678	1,56	0,0009274	0,0008221
1,17	0,0005288	0,0004754	1,57	0,0009391	0,0008322
1,18	0,0005376	0,0004831	1,58	0,0009509	0,0008424
1,19	0,0005465	0,0004909	1,59	0,0009627	0,0008527
1,20	0,0005555	0,0004988	1,60	0,0009746	0,0008630

VITESSES MOYENNES = v.	VALEURS DE RI CORRESPONDANT A CELLES DE v. EYTELWEIN.	DE PRONY.	VITESSES MOYENNES = v.	VALEURS DE RI CORRESPONDANT A CELLES DE v. EYTELWEIN.	DE PRONY.
1,61	0,0009866	0,0008733	2,01	0,0015257	0,0013390
1,62	0,0009986	0,0008838	2,02	0,0015405	0,0013519
1,63	0,0010108	0,0008945	2,03	0,0015556	0,0013649
1,64	0,0010230	0,0009048	2,04	0,0015707	0,0013779
1,65	0,0010352	0,0009155	2,05	0,0015859	0,0013910
1,66	0,0010476	0,0009261	2,06	0,0016012	0,0014042
1,67	0,0010599	0,0009369	2,07	0,0016165	0,0014174
1,68	0,0010725	0,0009477	2,08	0,0016320	0,0014307
1,69	0,0010850	0,0009586	2,09	0,0016474	0,0014440
1,70	0,0010977	0,0009695	2,10	0,0016630	0,0014574
1,71	0,0011104	0,0009805	2,11	0,0016786	0,0014709
1,72	0,0011231	0,0009915	2,12	0,0016943	0,0014844
1,73	0,0011360	0,0010026	2,13	0,0017101	0,0014980
1,74	0,0011489	0,0010138	2,14	0,0017257	0,0015117
1,75	0,0011620	0,0010251	2,15	0,0017419	0,0015254
1,76	0,0011750	0,0010364	2,16	0,0017579	0,0015392
1,77	0,0011881	0,0010477	2,17	0,0017740	0,0015530
1,78	0,0012014	0,0010592	2,18	0,0017901	0,0015669
1,79	0,0012146	0,0010706	2,19	0,0018063	0,0015809
1,80	0,0012281	0,0010822	2,20	0,0018226	0,0015949
1,81	0,0012414	0,0010938	2,21	0,0018389	0,0016090
1,82	0,0012551	0,0011055	2,22	0,0018554	0,0016231
1,83	0,0012686	0,0011172	2,23	0,0018719	0,0016373
1,84	0,0012822	0,0011290	2,24	0,0018885	0,0016516
1,85	0,0012960	0,0011409	2,25	0,0019052	0,0016659
1,86	0,0013097	0,0011528	2,26	0,0019218	0,0016803
1,87	0,0013237	0,0011648	2,27	0,0019387	0,0016948
1,88	0,0013375	0,0011768	2,28	0,0019555	0,0017093
1,89	0,0013516	0,0011889	2,29	0,0019725	0,0017239
1,90	0,0013657	0,0012011	2,30	0,0019895	0,0017385
1,91	0,0013798	0,0012133	2,31	0,0020067	0,0017532
1,92	0,0013941	0,0012256	2,32	0,0020238	0,0017680
1,93	0,0014084	0,0012380	2,33	0,0020410	0,0017828
1,94	0,0014228	0,0012504	2,34	0,0020584	0,0017977
1,95	0,0014373	0,0012628	2,35	0,0020757	0,0018126
1,96	0,0014519	0,0012754	2,36	0,0020932	0,0018277
1,97	0,0014664	0,0012880	2,37	0,0021107	0,0018427
1,98	0,0014811	0,0013006	2,38	0,0021284	0,0018579
1,99	0,0014959	0,0013134	2,39	0,0021460	0,0018731
2,00	0,0015107	0,0013262	2,40	0,0021637	0,0018883

VITESSES MOYENNES $= v.$	VALEURS DE RI CORRESPONDANT A CELLES DE $v.$		VITESSES MOYENNES $= v.$	VALEURS DE RI CORRESPONDANT A CELLES DE $v.$	
	EYTELWEIN.	DE PRONY.		EYTELWEIN.	DE PRONY.
2,41	0,0021816	0,0019037	2,71	0,0027504	8,0023921
2,42	0,0021995	0,0019190	2,72	0,0027704	0,0024093
2,43	0,0022175	0,0019345	2,73	0,0027906	0,0024266
2,44	0,0022355	0,0019500	2,74	0,0028108	0,0024440
2,45	0,0022536	0,0019656	2,75	0,0028311	0,0024614
2,46	0,0022718	0,0019812	2,76	0,0028515	0,0024789
2,47	0,0022900	0,0019969	2,77	0,0028720	0,0024965
2,48	0,0023084	0,0020126	2,78	0,0028925	0,0025141
2,49	0,0023268	0,0020285	2,79	0,0029131	0,0025318
2,50	0,0023453	0,0020443	2,80	0,0029338	0,0025495
2,51	0,0023638	0,0020603	2,81	0,0029545	0.0025673
2,52	0,0023824	0,0020763	2,82	0,0029754	0,0025851
2,53	0,0024012	0,0020924	2,83	0,0029963	0.0026031
2,54	0,0024199	0,0021085	2,84	0,0030172	0,0026210
2,55	0.0024388	0,0021247	2,85	0,0030383	0,0026391
2,56	0,0024577	0,0021409	2,86	0,0030594	0,0026572
2,57	0,0024768	0,0021572	2,87	0,0030806	0,0026754
2,58	0,0024958	0,0021736	2,88	0,0031018	0,0026936
2,59	0,0025149	0,0021900	2,89	0,0031232	0,0027119
2,60	0,0025340	0,0022065	2.90	0,0031446	0,0027302
2.61	0,0025534	0,0022231	2,91	0,0031661	0,0027487
2,62	0,0025728	0,0022397	2,92	0,0031876	0,0027671
2,63	0,0025922	0,0022564	2,93	0,0032092	0,0027857
2,64	0,0026118	0,0022731	2,94	0,0032309	0,0028043
2,65	0,0026313	0,0022900	2,95	0,0032527	0,0028229
2,66	0,0026509	0,0023068	2,96	0,0032745	0,0028417
2,67	0,0026707	0,0023238	2,97	0,0032965	0,0028605
2,68	0,0026905	9,0023407	2,98	0,0033185	0,0028793
2,69	0,0027104	0,0023578	2,99	0,0033405	0,0028982
2,70	0,0027305	0,0023749	3,00	0,0033627	0,0029172

31. Si la forme du lit d'un canal et le volume d'eau à dépenser restent les mêmes, l'uniformité du mouvement ne peut avoir lieu qu'en donnant au canal une seule pente sur toute sa longueur et une profondeur d'eau relative à cette pente. Si un savant auteur a cru démontrer que la section par l'axe d'un canal qui contient un fluide en mouvement doit présenter une courbe *funiculaire*, pour qu'il n'existe à la surface de ce fluide ni intumescence ni dépression, c'est-à-dire pour que cette surface soit

exactement parallèle au fond du canal et que l'écoulement soit stable, cela ne peut tenir qu'à une erreur qui semble complètement réfutée par la théorie que nous venons de reproduire et dans l'ouvrage cité de M. de Prony.

La véritable loi suivant laquelle on doit régler la pente des canaux est celle qu'on a adoptée jusqu'à présent comme la plus simple, et elle consiste à établir un rapport constant entre les distances horizontales et les ordonnées ou cotes de hauteur. Seulement, il ne faut pas perdre de vue que, pour un volume d'eau donné, à chaque pente qu'on adopte, correspond une profondeur d'eau déterminée relative au régime uniforme.

II. DE L'ÉTABLISSEMENT DES CANAUX DE DÉRIVATION.

32. Les différents éléments que nous avons à considérer dans l'établissement d'un canal, sont la forme du lit, ou le profil en travers, le volume d'eau à dépenser, la hauteur qui correspond au régime uniforme, la vitesse et la pente. Ces éléments sont liés entre eux, mais, outre les considérations analytiques qui influent sur leur détermination, il en est d'autres comprises dans le domaine de la physique, sur lesquelles il est essentiel de fixer notre attention.

33. La section du lit présente ordinairement la forme d'un trapèze. Le profil en travers du fond est horizontal et le talus des côtés est de un et demi à deux de base pour un de hauteur, suivant la nature plus ou moins résistante du sol. La largeur du fond dépend du volume d'eau à dépenser et de la profondeur du courant. Le volume d'eau étant connu, ainsi que la vitesse, plus la profondeur sera considérable, moins la surface supérieure du liquide sera grande ; moins aussi par conséquent l'évaporation sera forte, et plus les digues devront être épaisses pour résister à la poussée de l'eau et s'opposer aux filtrations. On ne peut guère donner moins d'un mètre de largeur au fond, ni moins de cinquante centimètres de profondeur.

34. Le volume d'eau qu'on se propose de faire passer par le canal est toujours connu ; si la source excède les besoins, il suffit d'augmenter le volume qu'ils exigent des pertes dues à l'évaporation naturelle et aux filtrations à travers les terres qui forment le lit du canal. Ces pertes sont d'autant plus importantes, que l'eau est la richesse même qu'on a pour

objet d'exploiter. L'évaporation est un phénomène contre lequel l'art n'a presque aucune prise; ainsi la dépense due à cette cause est inévitable. M. Halley a trouvé, par plusieurs expériences, qu'il s'évaporait moyennement $2^{\text{mm}},7$ de hauteur sur une surface exposée à l'air en été, pendant une heure, et qu'en général, la quantité d'eau qui s'évapore dans une année est à celle fournie par la pluie dans le rapport de 5 à 3.

Cette quantité de pluie varie pour les différens pays. C'est ainsi qu'on a remarqué qu'il tombait plus de pluie dans le midi qu'au nord, dans les pays élevés que dans les lieux bas, dans les pays de montagnes que dans les plaines. Il résulte d'un grand nombre d'expériences faites par des physiciens, qu'on doit évaluer à *sept dixièmes* de mètre cube la quantité d'eau qui tombe annuellement sur un mètre de superficie du territoire français.

Voici le résumé de ces expériences :

				mètres.
Lille.	27 pouces	» lig.		0,73
Metz.	24	8	$\frac{74}{100}$	0,6
Eure.	18	4		0,50
Paris.	19	6	$\frac{94}{100}$	0,53
Haut-Rhin. { Plaines.	28	1		0,75
Haut-Rhin. { Montagnes.	30	»		0,81
Orne.	20	4		0,55
Ille-et-Vilaine.	21	»		0,57
Haute-Vienne.	25	»		0,68
Lyon.	29	2	$\frac{80}{100}$	0,79
Isère,	32	»		0,87
Montpellier.	28	6		0,77
				8,23
$\frac{1}{12}$				0,69

Le nombre moyen des jours pluvieux, abstraction faite des circonstances locales qui ont une grande influence, est de 105 entre le 43ᵉ et le 46ᵉ degré de latitude : il est de 134 à la latitude de Paris. Dans cette capitale et à Montmorency, l'évaporation moyenne annuelle a été trouvée par Sédileau et Cotte, de 32 pouces 1 ligne ($0^m, 868$), et 38 pouces 4 lignes ($1^m, 038$).

Dans la France méridionale, MM. Clausade et Pin ont reconnu qu'en défalquant l'effet des filtrations, les eaux du canal de Languedoc et le bassin de Saint-Ferréol perdent par an de 336 à 360 lignes.

La deuxième cause de dépense est celle qui a lieu par les filtrations. Si le canal doit être ouvert dans une terre franche ou dans un sable fin et profond, les pertes d'eau sont peu considérables et elles diminuent ordinairement de jour en jour. Mais lorsqu'on rencontre le gros sable et le gravier, des terres remplies de pierrailles, des rochers couverts par une couche peu épaisse de terre végétale et pleins de fissures, etc., on est obligé de former des revêtements intérieurs en terre franche, ou mieux encore en argile mélangée de sable, en donnant plus d'étendue aux déblais ; quelquefois on place des corrois en terre glaise dans l'épaisseur des digues; et si ces différents moyens ne réussissent pas, on construit le canal avec murs de soutènement et radier général en maçonnerie de moellon, dans laquelle toute la paroi intérieure mouillée par l'eau, et sur 30 centimètres d'épaisseur seulement, serait faite en mortier de chaux hydraulique. On voit d'après cela qu'on peut toujours diminuer, si ce n'est détruire entièrement, les pertes d'eau dues aux filtrations. Il sera donc indispensable d'y avoir égard dans le calcul du volume d'eau à dépenser.

35. Ce volume une fois déterminé, le second élément de calcul à considérer est la vitesse qu'il convient d'assigner au courant.

Moins la vitesse est grande, plus l'eau met de temps à parcourir un espace donné, et plus il y a de pertes produites par les filtrations et l'évaporation. Au contraire, quand la vitesse est considérable, l'eau choque tous les obstacles qu'elle rencontre avec une plus grande quantité de mouvement; aussi ronge-t-elle alors plus aisément les bords, et produit-elle dans le fond du canal des affouillements plus ou moins considérables, suivant la nature plus ou moins résistante du sol. Dans ce cas, on est obligé de réparer souvent le canal, d'arrêter les eaux, et par conséquent d'en suspendre l'effet utile.

On voit qu'entre les vitesses extrêmes, il est un terme moyen, le plus avantageux possible, qui dépend beaucoup de la nature des terrains que doit traverser le canal et de la masse des eaux qui l'alimentent.

Si le canal doit porter des eaux salubres, il faut de plus que la vitesse soit assez grande pour qu'elles n'acquièrent pas de qualités malsaines par leur stagnation dans les bassins et la lenteur de leur renouvellement.

Les eaux pluviales et toutes celles qui sont courantes contiennent une certaine quantité d'oxigène qui se renouvelle par le contact de l'air; mais si ces eaux viennent à être renfermées, si elles séjournent dans des bassins où elles ne se renouvellent que lentement, il arrive qu'au bout d'un certain temps la quantité d'oxigène diminue. Les matières animales et végétales que les eaux tiennent en dissolution se décomposent; alors elles sont fades et insalubres. C'est dans l'été, lorsque les eaux coulent avec peine sur un lit fangeux et tapissé d'herbes marécageuses, que cette cause produit son plus grand effet. On a trouvé qu'une vitesse de 35 centimètres par seconde était indispensable pour entretenir la salubrité des eaux. Toutes les fois que cette vitesse existe, la fermentation ne peut pas s'établir, et les eaux n'ont pas besoin d'être purifiées par le charbon, qui jouit de la propriété particulière d'absorber les gaz délétères.

36. Lorsque le volume et la vitesse sont déterminés, ainsi que la figure transversale du lit, on en conclut la pente au moyen de la formule du mouvement uniforme. (Art. 25.)

Application au canal de l'Ourcq, à Paris.

37. Le canal de l'Ourcq devant servir à l'établissement d'une nouvelle navigation entre la partie supérieure de la rivière d'Ourcq et la ville de Paris, et former en même temps un aqueduc qui pût conduire des eaux salubres dans cette capitale, on dut régler sa pente, son profil et la vitesse des eaux, de manière à ce que ces deux conditions fussent remplies.

Le canal de l'Ourcq, considéré comme navigable, devait avoir une section transversale et une profondeur d'eau qui permissent la navigation de bateaux proportionnés à ceux employés déjà sur les canaux avec lesquels il devait communiquer. Mais, considéré comme aqueduc, la pente ne pouvait pas être distribuée en différents ressauts rachetés par des écluses à sas; il fallait obtenir un écoulement continu et une vitesse telle cependant que les bateaux pussent naviguer facilement à la remonte.

Cette vitesse moyenne, pour assurer la salubrité des eaux, devait être au moins de 35 centimètres par seconde, ou de 43 centimètres environ à la surface.

La pente fut réglée à $0^m,0001$;

La largeur du canal à $3^m,50$ au niveau du plafond avec des talus de un et demi de base sur un de hauteur (pl. I, fig. 2);

Le volume d'eau à dépenser était d'ailleurs de $259,136,^{\text{kilolitres}}55$ en vingt-quatre heures, ce qui revient à $2,^{\text{m.c}}999$ par seconde.

D'après ces données, on a :

$$x = 3, 5 + 3\,h$$

$$\chi = 3, 5 + h \sqrt{13}$$

$$\omega = \frac{h}{2}\,(7 + 3\,h)$$

$$v = \frac{Q}{\omega} = \frac{2,999}{\dfrac{h(7 + 3\,h)}{2}}$$

$$i = 0, 0001.$$

Si l'on substitue pour χ, ω et v leurs valeurs en h dans l'équation du mouvement uniforme, on trouvera, après un petit nombre de tâtonnements, que cette équation est satisfaite approximativement par $h = 1^m,50$; c'est-à-dire que la hauteur du régime uniforme est de $1^m, 50$: ce qui donne pour la vitesse $0^m,3477$.

On voit que cette vitesse est faible, et qu'il faudrait adopter une pente un peu plus forte.

38. On avait proposé, dans l'origine, de distribuer la pente, non pas uniformément, mais suivant la loi représentée par le rapport des coordonnées de la courbe funiculaire. D'après ces principes, une partie du canal est creusée sur une pente de $0,^m0000625$ par mètre, et l'autre sur une pente de $0,^m0001236$; il s'ensuit que, dans la réalité, la vitesse est encore moindre, et que les eaux doivent perdre de leur qualité, surtout en été, où la diminution du volume augmente encore les causes d'insalubrité. On ne doit compter, d'après l'expérience de plusieurs années, que sur $1,^{\text{m.c}}555$ par seconde, au lieu de $2,^{\text{m.c}}999$, qui ont servi de base à la détermination des dimensions du canal.

39. La pente est quelquefois déterminée par les localités, lorsqu'il s'agit, par exemple, de conduire les eaux d'une *source* sur le point culminant d'une ville; quelquefois on peut l'augmenter ou la diminuer dans de certaines limites, lorsqu'il s'agit de dériver simplement les eaux d'une rivière, et que l'emplacement de la prise d'eau n'est pas fixé d'avance. Nous venons de voir que le *minimum* qu'on peut lui donner doit correspondre à une vitesse de 0,32 à 0,35 par seconde; ainsi, par exemple, la pente doit être d'environ un décimètre par kilomètre lorsque le rayon moyen du courant est de cinquante centimètres.

40. Nous ne nous étendrons pas davantage sur ce qui concerne la construction des canaux. Ce n'est que dans les ouvrages où l'on traite spécialement de cet objet que l'on peut entrer dans tous les détails que de semblables projets exigent (1).

Le nivellement et le tracé d'un canal étant arrêtés, on le creuse en commençant par l'endroit où il doit aboutir, et en remontant successivement jusqu'au point de partage ou de la prise d'eau.

Suivant les qualités du terrain que le canal traverse, on emploie les différents moyens que l'art suggère et que nous avons indiqués ci-dessus, pour s'opposer aux filtrations.

On rencontre quelquefois des ruisseaux, des sources dont il peut convenir de ne pas recevoir les eaux dans le canal. Alors on établit des aqueducs, suivant que le local l'exige, pour en éviter la rencontre.

Enfin, on peut être forcé de franchir un ravin profond, une rivière considérable; on construit dans ce cas le canal en maçonnerie, et on le supporte par un pont à un ou plusieurs rangs d'arcades, suivant la hauteur à laquelle il faut l'élever pour conserver sa pente.

III. DE L'ÉTABLISSEMENT DES AQUEDUCS.

Considérations sur le mouvement de l'eau dans un aqueduc.

41. Les aqueducs en maçonnerie doivent être préférés toutes les fois que le volume d'eau dont on peut disposer est peu considérable.

42. Quoique leur pente doive être réglée de manière à donner à l'eau

---

(1) Voyez le *Devis général du canal de l'Ourcq*, par P.-S. Girard, Paris, 1806; les *Mémoires sur les canaux de navigation*, par M. Gauthey, Paris, 1816, etc.

une vitesse déterminée, le tracé diffère essentiellement de celui d'un canal. L'eau étant renfermée dans une cunette en maçonnerie, on peut plus facilement s'enfoncer dans la terre, percer une montagne, tailler les rochers, s'élever au-dessus du sol dans les vallées profondes, en le soutenant sur un mur ou sur un pont formé d'un ou de plusieurs rangs d'arcades.

43. Ainsi les aqueducs sont *souterrains* ou *apparents*.

Les premiers se composent ordinairement d'une simple cunette en maçonnerie, formée par un radier, deux murs latéraux ou pieds-droits, et une couverture en plate-bande ou cintrée (pl. I, fig. 3, 4, 5).

Les seconds se composent également d'une cunette en maçonnerie, mais elle est soutenue, pour conserver la pente, sur un massif en maçonnerie, lorsque l'élévation au-dessus du sol n'est que de deux à trois mètres, et sur un ou plusieurs rangs d'arcades, lorsque l'élévation augmente.

44. La cunette se construit toujours en maçonnerie de moellons, posés à bains de mortier, de manière à ce qu'il ne se trouve absolument aucun vide entre les pierres. On emploie des moellons esmillés à l'extérieur, mais dans l'intérieur, on choisit de petits moellons, et l'on n'épargne pas le mortier, afin de former une masse absolument imperméable dans laquelle il ne puisse se faire aucune filtration (pl. I, fig. 6).

45. La partie du parement intérieur qui doit être mouillée se recouvre d'une première couche de ciment de 5 centimètres d'épaisseur, composé de chaux, de sable fin, et de briques presque pulvérisées. Quelquefois on augmente l'épaisseur de la couche sur le fond, qui est creusé en arc de cercle, et on lui donne de 8 à 16 centimètres. Cette première couche de ciment ou crépi est ensuite recouverte d'une seconde couche d'un enduit très fin, d'un millimètre d'épaisseur.

46. Dans les parties apparentes, les murs, les pieds-droits et les arcades peuvent être construits en pierres de taille ou en moellons, suivant l'importance du monument.

47. Nous ne donnerons pas les dimensions des différentes parties des ouvrages qui entrent dans la composition d'un aqueduc, parcequ'elles dépendent de la nature du terrain sur lequel il doit être établi, des résistances qu'elles ont à opposer suivant qu'elles sont plus ou moins enfoncées dans terre ou élevées au-dessus du sol, que l'ouverture des arcades est plus grande, et que le volume d'eau à porter est plus considérable.

Nous dirons seulement que dans les aqueducs souterrains, lorsque le fond est bon, et qu'il n'y a pas plus d'un mètre d'épaisseur de terre sur la voûte, on donne au radier o^m,52 d'épaisseur, non compris la couche en béton, qui a toujours de 8 à 16 centimètres, aux murs latéraux de o^m,5o à o^m,65, et o^m,525 à la clef de la voûte.

La grandeur dans œuvre dépend évidemment du volume d'eau à porter et de la pente, mais on ne donne guère jamais moins de 1 mètre de largeur sur 2 mètres de hauteur, pour permettre de les visiter sur toute leur longueur.

Dans les aqueducs apparents, le massif en maçonnerie qui porte la cunette a une épaisseur qui dépend de celle de la cunette. Dans l'hypothèse que nous avons adoptée, où le vide intérieur serait de 1 mètre, l'épaisseur pourrait être de 2 mètres lorsque l'élévation au-dessus du sol ne serait que de 2 mètres à 2^m,5o^c. Si elle augmente, on emploie alors un ou plusieurs rangs d'arcades, et c'est de l'élévation totale que dépend la longueur des piles, parcequ'on forme des retraites à la naissance de chaque rang (pl. II).

48. Lorsque le vallon qu'il faut traverser a une grande profondeur, et que le nombre de rangs d'arcades nécessaires pour conserver la pente devient trop considérable, on peut remplacer ces constructions par des tuyaux en fonte ou en plomb, pourvu qu'ils offrent une résistance proportionnée à la pression de l'eau. On leur fait dessiner le contour de la vallée en les soutenant, sur les côtés, par des arcs-rampants, et au milieu par un pont ordinaire, qui porte alors le nom de *pont à siphon*. On place sur les deux hauteurs, aux extrémités, des réservoirs : l'eau descend de l'un pour remonter dans l'autre à un niveau qui dépend de la perte de charge due aux frottements et à l'accélération de la vitesse de l'eau dans la conduite, suivant que l'ouverture des tuyaux diffère plus ou moins de la section vive du courant dans l'aqueduc.

Il existe à Gênes un pont à siphon, dit *delle Arcate*, qui traverse la vallée du torrent *Geivato*, portant les eaux de la colline de Molassana à celle de Pino (pl. III).

L'embouchure du siphon est plus élevée que la sortie de 7^m,43^c, et la distance horizontale de ces deux points est de 668^m,65^c.

La partie inférieure du siphon se trouve au-dessous de son embouchure de 5o^m,o2, et de sa sortie de 42^m,49.

La conduite suit la courbure du pont, sur lequel elle est couchée, et se compose de tuyaux en fonte, dont la longueur varie depuis o^m,87 jusqu'à o^m,75, y compris o^m,o65 d'emboîtement. Le diamètre est de o^m,37, et l'épaisseur de la paroi de o^m,o2.

On a eu soin de placer dans la partie inférieure deux tuyaux à tubulure, destinés à décharger les eaux dans le cas qu'on dût mettre le siphon à sec ; et dans la partie supérieure, près de l'embouchure, deux tuyaux de même forme, pour faciliter l'introduction de l'eau, en donnant une issue à l'air.

L'eau, avant de s'introduire dans le siphon, est versée, par l'aqueduc qui précède, dans un bassin, qui a à son milieu une grille en fer, destinée à retenir les rameaux, feuillages et autres matières qui pourraient obstruer le siphon.

Ce bassin a un reversoir placé à un mètre au-dessus du centre de l'embouchure du siphon, de manière que lorsque l'eau est la plus abondante, la charge totale en vertu de laquelle s'opère le mouvement peut être de 8^m, 43.

Dans ce cas, la dépense d'eau est de 696,^{m} ^{c}16^c par heure.

L'aqueduc de Gênes a 28,260 mètres de longueur. On ne lui avait d'abord donné, en 1295, que 7,786 mètres de développement, mais on l'a successivement augmenté depuis, pour recueillir de nouvelles sources. La construction du pont à siphon date de 1782.

49. Si la longueur de la vallée est très grande, on peut former plusieurs conduites en siphon, en élevant des massifs en maçonnerie ou pilastres pour soutenir autant de cuvettes placées à des hauteurs différentes, eu égard à la perte de charge nécessaire pour vaincre les frottements dans les tuyaux. L'eau descend du réservoir qui termine la première partie de l'aqueduc sur le revers du coteau et remonte par une conduite verticale dans la première cuvette ; elle redescend ensuite et remonte dans la deuxième, et ainsi de suite, jusqu'à ce qu'elle soit parvenue dans le réservoir placé sur le revers opposé du coteau et formant l'origine de la seconde partie de l'aqueduc. On place des ouvertures au sommet des piles, afin de donner une issue à l'air, qui, sans cela, pourrait gêner le mouvement de l'eau dans les tuyaux de conduite, ainsi que nous le verrons plus particulièrement lorsque nous parlerons de ce mode d'écoulement.

4.

C'est sur ce principe que sont construits les souterazi près de Constantinople , ainsi que l'a observé le général Andréossy (1).

50. On peut employer un moyen semblable pour traverser une rivière, un torrent, sur lesquels la construction d'un pont serait difficile ou trop dispendieuse. La conduite se compose alors de tuyaux en plomb ou de tuyaux en fonte liés par des articulations ou *genoux* qui leur permettent de prendre un mouvement dans le sens vertical et de s'appliquer entièrement sur le fond du lit.

51. On a retrouvé dans le fond du Rhône une conduite en plomb , posée du temps des Romains, qui traversait ce fleuve depuis la ville d'Arles vers Trinquetaille, sur une largeur de 90 toises et à une profondeur de 6 à 7 toises. Cette conduite était composée de tuyaux de plomb de 5 à 6 pouces de diamètre et de 4 lignes environ d'épaisseur, soudés tout au long au moyen d'une lame de plomb de pareille épaisseur, et réunis par des ajutages de pareille matière, de toise en toise, formant un bourrelet. Cette conduite n'avait pas besoin de genoux, vu la flexibilité de la matière employée (2).

52. Nous venons de voir comment on pourrait faire traverser une vallée par une conduite d'eau sans construire un aqueduc, mais il n'est pas moins important quelquefois de lui faire franchir une colline sans être obligé de la contourner ou de la percer. Il est un cas où l'on peut produire l'écoulement de l'eau avec un siphon ; c'est lorsque la colline n'a pas 52 pieds au-dessus du niveau de l'eau dans la vallée où se trouve la source alimentaire ou le réservoir. Concevons un tuyau qui , plongeant dans l'eau de la vallée , s'élève en rampant jusqu'au sommet de la colline et redescende sur la pente opposée. Pour amorcer ce siphon , on ferme ses deux extrémités, et au lieu de faire le vide, on le remplit d'eau par une ouverture pratiquée dans la partie supérieure. On ferme cette ouverture ; on débouche ensuite les deux extrémités, et l'écoulement s'établit jusqu'à ce que l'eau de la vallée soit épuisée, ou que la plus courte branche du siphon ne plonge plus dans l'eau, ou enfin que le niveau se soit abaissé de plus de 10 mètres au-dessous du sommet de la colline.

---

(1) Voyez son ouvrage sur le Bosphore.

(2) *Traité de la construction des chemins*, par Gauthey, page 125. Paris.

Il y a une attention à avoir lorsqu'on emploie un siphon d'un diamètre un peu grand, c'est que l'air peut s'introduire dans l'une des colonnes, filer le long des parois, et parvenir dans la partie supérieure où il opère une solution de continuité, et par suite fait cesser l'écoulement. Pour éviter cet inconvénient, il faut tenir l'extrémité de la branche par laquelle s'écoule le liquide, plongée dans le bassin de distribution, au-dessous du niveau de l'eau, et placer au sommet une ventouse ou reversoir d'air que nous décrirons plus tard.

53. Les aqueducs apparents ont quelquefois une largeur assez considérable pour permettre aux voitures d'en parcourir la longueur sur une chaussée publique qu'on ménage sur l'édifice à la hauteur convenable. Tel est l'aqueduc construit dans la plaine de Buc pour amener des eaux à Versailles. Dans les cas semblables, l'aqueduc offre l'avantage, non seulement de faire franchir à l'eau les vallons qui séparent les montagnes, mais encore de faciliter les communications de l'un à l'autre. Lorsqu'il arrive qu'un aqueduc souterrain doit passer sous la voie publique, il faut protéger le conduit par une maçonnerie très forte. La même précaution doit être prise dans le cas où l'eau coule dans des tuyaux de *conduite* qui passent sous les grands chemins.

On évite par là les fuites d'eau qui seraient dues à l'ébranlement produit par les voitures, et l'on peut faire les réparations sans interrompre le passage.

54. La vitesse de l'eau dans un aqueduc doit être réglée d'après les mêmes principes que lorsqu'elle coule dans un canal. Seulement, comme elle ne peut pas dissoudre les parois et contracter une saveur désagréable, ni les dégrader par le frottement, il s'ensuit qu'on peut faire varier la vitesse dans des limites plus étendues.

55. Quand on n'est gêné par aucune condition particulière, il est convenable de laisser plus de pente pour que l'eau coule rapidement. Mais il est essentiel quelquefois de ne pas perdre inutilement une partie de la hauteur, lorsqu'il s'agit surtout de conduire les eaux dans une ville, afin qu'elles puissent être distribuées dans les quartiers les plus élevés, ou recueillies dans des réservoirs supérieurs, soit pour en tirer des cascades, soit pour arrêter les progrès des incendies, soit pour leur conserver une plus grande force motrice, etc.

56. Les Romains avaient donné à la plupart de leurs aqueducs une pente
telle que la vitesse de leurs eaux devait être de plusieurs mètres par seconde ; mais à cette époque, l'hydraulique n'était pas assez avancée pour
que des principes sûrs servissent à la détermination de cette vitesse. Frontin remarque dans son Commentaire sur les aqueducs de Rome, écrit vers
l'an 97 de l'ère vulgaire, que les premiers Romains conduisaient les eaux
à une élévation trop faible, soit qu'ils n'eussent pas porté l'art de niveler
à sa perfection, soit qu'ils aimassent mieux enfouir les conduits, de crainte
qu'ils ne fussent coupés par l'ennemi, dans un temps où ils étaient continuellement en guerre avec leurs voisins (1). Il est aussi probable que les
Romains eurent l'intention de faire couler l'eau de leurs aqueducs avec
une vitesse à peu près égale à celle des eaux vives que la nature répandait
avec abondance autour d'eux, et qu'ils durent adopter pour cela des règles pratiques que l'expérience leur suggéra.

57. Les grands travaux hydrauliques exécutés sous Louis XIV, pour
l'embellissement de Versailles, ne se recommandent pas par un grand
but d'utilité publique, mais ils ont eu le précieux avantage de fournir
l'occasion de perfectionner les méthodes de nivellement; de présenter
une application des premières découvertes sur la pesanteur de l'air, la
pression des liquides, les phénomènes de leur écoulement, et de fournir
les moyens de faire des expériences qui, plus tard, ont servi de base à
des théories plus parfaites et plus rigoureuses.

58. On fit couler les eaux avec moins de vitesse et l'on perdit le moins
possible de la hauteur de charge, soit pour recueillir les eaux les moins
élevées, soit pour augmenter l'effet hydraulique, une fois qu'elles étaient
arrivées à leur destination.

59. Afin de présenter à cet égard un terme de comparaison, nous allons
réunir dans un tableau les pentes de quelques rivières, celles des différentes rigoles qui alimentent les points de partage de plusieurs canaux de
navigation, et des aqueducs tant anciens que modernes.

---

(1) *Commentaire de S.-J. Frontin sur les aqueducs de Rome;* traduit par Rondelet. Paris, 1820.

TABLEAU

*de quelques expériences faites sur le mouvement des eaux courantes
dans les rivières et canaux.*

DÉSIGNATION DES RIVIÈRES, CANAUX, RIGOLES ET AQUEDUCS.	PENTE par kilomètre, exprimée en millimètres.	VITESSE par seconde.	OBSERVATIONS.
Tibre.	»	1,00	A Rome, pendant les basses eaux.
Seine.	125,00	0,78	Observation faite par M. de Chezy, entre Surêne et Neuilly, la hauteur sur l'étiage étant de 1ᵐ,26.
Loire.	382,00	1,30	
Rhône, à Arles.	»	1,46	Dans les basses eaux.
Id., à Bamaire.	»	2,60	Même époque.
Durance.	»	2,60	Vitesse ordinaire depuis Sisteron jusqu'à l'embouchure, la hauteur des eaux sur l'étiage ne surpassant pas 3ᵐ,00.
Rigole de Saint-Privé (canal de Briare).	77,90	»	
— de Courpalet (canal d'Orléans).	35,50	0,09	
— du canal du Centre.	277,80	»	
Canal de l'Ourcq.	62,50	0,375	La vitesse a été calculée en supposant une hauteur d'eau de 1ᵐ,50.
Id.	123,60	0,540	*Id.*
Aqueducs de Rome.	1543,32	»	
	2315,00	»	
Aqueduc de Nîmes (pont du Gard).	400,00	0,61	Vitesse calculée d'après la formule.
— du Mont Pyla (à Lyon). . .	1666,67	0,90	*Id.*
— de Metz.	1003,43	0,85	*Id.*
— d'Arcueil.	416,70	»	
— de Trappes.	125,00	0,54	D'après une expérience de Picard.
— de Roquencourt.	294,12	»	
— de Maintenon.	210,00	»	
— de Caserte.	208,33	0,41	D'après la formule
— de Montpellier.	289,00	0,22	
Aqueduc de ceinture à Paris, pour la distribution des eaux de l'Ourcq.	0,00	»	Le fond de l'aqueduc est de niveau, et l'eau coule en vertu de la pente qui s'établit à la surface.

60. L'aqueduc de Nîmes, mentionné dans le tableau précédent, était destiné à amener dans cette ville les eaux des fontaines d'Eure et d'Airon, situées au levant et au bas de la ville d'Uzès, où il commençait. On peut juger de la longueur de son développement et de son importance par les parties qui restent encore. Le pont du Gard, considéré seul, est un des plus grands monuments que les Romains aient construit dans les Gaules. Il est composé de trois rangs d'arcades superposés. Le premier rang, sous lequel passe le Gardon, est formé par six arches; le second en a onze, et le troisième trente-cinq. C'est au-dessus du troisième rang qu'était établi le canal dans lequel coulaient les eaux qui traversaient cette vallée, à plus de 48 mètres au-dessus des basses eaux de la rivière.

La longueur du monument, au niveau de la cymaise qui couronne le premier étage, est de $171^m,22^c$, et de $269^m,10^c$ au niveau de la seconde cymaise. Cette dernière longueur est à peu près la même au-dessus des dalles du couronnement du pont-aqueduc, entre les deux extrémités rompues et détruites.

Le canal, ou aqueduc proprement dit, est la seule partie qui ne soit pas en pierre de taille. La largeur intérieure était de $1^m,62$. La pente générale de l'aqueduc était réglée à 4 centimètres pour 100 mètres.

On reconnaît dans l'aqueduc une pétrification ou concrétion considérable, formée de chaque côté contre la seconde couche de ciment antique qui formait l'enduit. Cette pétrification a une épaisseur à peu près égale, de 29 centimètres, sur la hauteur d'un mètre au-dessus du fond. A ce point, elle diminue sensiblement, pour disparaître au point le plus élevé auquel les eaux pouvaient parvenir. Cette concrétion pierreuse, sans doute formée par les dépôts successifs des eaux qui ont coulé dans l'aqueduc, paraît prouver que leur hauteur était subordonnée à l'abondance des sources alimentaires d'Eure et d'Airon; que leur hauteur la plus constante était de 1 mètre au-dessus de la base, et qu'elle s'élevait rarement à $1^m,40$, parceque, à cette hauteur, on ne trouve qu'une légère trace de sédiment (Pl. I, fig. 6) (1).

---

(1) *Addition au Commentaire de Frontin sur les aqueducs de Rome*, par Rondelet, Paris, 1821; *Description des monuments antiques du midi de la France*, par Grangent et Durand.

Connaissant la section vive du courant dans l'aqueduc et sa pente, on peut calculer la vitesse des eaux par la formule du mouvement uniforme, et l'on trouve qu'elle devait être de $0^m,61$ par seconde.

La quantité d'eau fournie par l'aqueduc était de 752 litres par seconde et de $63,244^{lit},800$ en 24 heures, ou environ $3,294$ pouces d'eau de fontainier, mesure de Paris; quantité prodigieuse, eu égard à la population, et qui peut seule donner une idée de la magnificence des monuments hydrauliques des Romains

61. L'aqueduc du mont Pyla, construit sous l'empereur Claude, pour porter les eaux à Fourvières, sur la partie la plus élevée de Lyon, se fait également remarquer par la beauté et la hardiesse des constructions. Comme il devait traverser des vallons qui avaient une grande profondeur, et que l'établissement de ponts-aqueducs, pour conserver la régularité de la pente, aurait occasioné des travaux immenses et une dépense énorme, capables d'arrêter l'exécution du projet, on eut l'heureuse idée de substituer au canal des tuyaux en plomb, formant syphon, d'un travail et d'une dépense bien moins considérables.

La largeur intérieure du canal était de $0^m,568$; la hauteur de la section était également de $0^m,568$, et la pente de $0^m,1666....$ par 100 mètres (1 pied pour 100 toises).

Il en résulte que la vitesse de l'eau devait être de $0^m,90$ par seconde et le produit de $0^{kil},290$ par seconde; $25,056^{kil}$ en 24 heures, ou environ $1,305$ pouces de fontainier (1).

62. L'aqueduc de Metz a été également bâti par les Romains. Il amenait les eaux prises dans une vallée au-dessus de Gorze, nommée les Bouillons, par un canal qui avait dans œuvre $1^m,95$ de hauteur sur $0^m,97$ de largeur. La hauteur des eaux paraît avoir été de $0^m,67$ et la pente du canal de $0^m,100343$ pour 100 mètres.

Aqueduc du mont Pyla, à Lyon.

Aqueduc de Metz.

---

(1) M. Delorme, dans un *Mémoire sur les aqueducs de Lyon*, fixe ce produit à 2397 pouces d'eau; et M. Rondelet, qui le cite dans son *Commentaire sur les aqueducs de Rome*, à 300 pouces, quoiqu'ils partent des mêmes bases que nous avons adoptées.

Il en résulte une vitesse de $0^m,85$ par seconde et un produit de $0^{kil},552$ par seconde ; $47,692^{kil},800$ en 24 heures, ce qui équivaut à 2484 pouces environ.

M. Lebrun, ancien professeur de l'école d'artillerie de Metz, a fait trois expériences le 20 décembre 1767, pour connaître directement la vitesse des eaux des sources des Bouillons au-dessus de Gorze ; de celle de la chute de Saint-Blin et des deux du Parfond-val, toutes réunies dans le canal de Gorze et Sainte-Catherine. Il a trouvé que la vitesse était de 26 toises 8 pouces par minute : ce qui revient à $0^m,85$ par seconde, ainsi que nous l'avons déduit de la formule, en considérant la pente, la section d'eau vive, et le périmètre mouillé.

Aqueduc de Trappes. 63. Le canal de l'étang de Trappes dont l'eau fut conduite à Versailles par les soins de Picard, n'avait que 3 pieds de pente sur 4000 toises de longueur ($0^m,125$ par kilomètre). L'eau étant lâchée avec une charge de 3 pieds, emploie 4 heures de temps à faire ces 4000 toises de chemin : ce qui correspond à une vitesse de $0^m,54$ par seconde (1).

Aqueduc de Roquencourt. 64. L'aqueduc de Roquencourt, qui amène l'eau à Versailles, a 3,400 mètres de longueur, et en tout 1 mètre de pente ($294^{mm},12$ par kilomètre). Pour le construire, on a été obligé, en plusieurs endroits, de faire des fouilles à 28 mètres de profondeur, ce qui en a rendu l'exécution très difficile. Il a coûté 325,000 fr. Accru de toutes les eaux qu'on y a pu réunir, il donne 10 à 12 pouces d'eau. On fit 150 regards sur la longueur de cet aqueduc, à distances inégales et aux lieux qui étaient plus favorables pour le transport des matériaux : 80 de ces regards sont revêtus de maçonnerie ; les 70 autres, qui n'ont été nécessaires que pour la construction de l'aqueduc, furent coffrés en bois, bouchés par le bas en voûte de cul-de-four, et comblés de terre jusqu'au niveau de la campagne (2).

Aqueduc de Caserte. 65. L'aqueduc de Caserte a été construit par ordre du roi de Naples

---

(1) *Traité du nivellement*, par Picard. Paris, 1780.

(2) *Dictionnaire technologique*, par une société de savants et d'artistes, tome II, page 48, mot *Aqueduc*. Paris, 1822.

Charles III , pour amener des eaux dans le château qu'il a fait construire à Caserte, ville située à cinq lieues au nord de Naples, dans la plaine où était autrefois Capoue.

Le canal dans lequel coule l'eau a $1^m,19$ de largeur sur environ $1^m,62$ de hauteur. La profondeur d'eau est de $0^m,785$.

La longueur entière de l'aqueduc, depuis la prise d'eau , est de $41,189$ mètres. La pente n'est que de $208^{mm},33$ par kilomètre.

La vitesse qui en résulte est de $0^m,41$ par seconde, et le produit de $0^{kil.},383$ par seconde , $33,091,^{kil.}20$ en 24 heures , ou 1724 pouces environ.

66. L'aqueduc de Montpellier fut établi en 1752 , sous la direction de M. Pitot, ingénieur, membre de l'Académie des Sciences.

Aqueduc de Montpellier.

Le canal proprement dit a $13,904$ mètres de longueur, 32 centimètres de largeur intérieure, et 27 centimètres de hauteur : le fond en est réglé d'après une pente uniforme de 289 millimètres par 1000 mètres.

La profondeur de l'eau varie suivant les saisons ; mais elle n'est pas en général au-dessous de 15 centimètres.

Dans une expérience faite le 13 juillet 1822 par MM. Gergonne et Jovis, on trouva 16 centimètres. Il en résulte , d'après la formule, une vitesse de 22 centimètres par seconde.

Or ces messieurs reconnurent qu'une boule de cire d'environ trois centimètres et demi de diamètre, abandonnée au fil de l'eau, parcourait une longueur de 100 mètres en 348 secondes : ce qui fait 29 centimètres par seconde. La vitesse moyenne correspondante à cette vitesse à la surface est d'après la table, que nous rapporterons (art. 122), 22 centimètres, ainsi que nous l'avons conclu de la pente.

De là on peut conclure que le produit est de $11^{lit.},264$ par seconde et de $973,209^{lit.},6$ en 24 heures, ou de $50^{pouc.},70$, mesure de fontainier.

La population de Montpellier étant évaluée à $32,814$ individus, on trouvera que, sans distinction d'âges , chaque individu a pour sa consommation journalière 30 litres environ.

67. L'aqueduc en maçonnerie qui contourne la partie septentrionale de Paris, depuis le bassin de la Villette jusqu'à Mouceaux, forme une ceinture d'eau vive, de laquelle on peut dériver, en différents points, le

Aqueduc de ceinture, à Paris.

volume d'eau nécessaire à l'approvisionnement de chaque quartier.
Pour conserver aux conduites de distribution la plus grande hauteur de
charge possible, on a soutenu le radier de l'aqueduc, dans toute sa longueur, au même niveau que le fond du bassin de la Villette, et les eaux
ne peuvent y couler qu'en vertu de la pente qui s'établit à la surface. Il
était important de connaître cette pente ainsi que la vitesse qui en résulte, et de s'assurer si l'aqueduc pourrait fournir une quantité d'eau
suffisante pour alimenter les dérivations et satisfaire aux besoins des
quartiers qu'elles devaient approvisionner.

68. M. Girard, qui s'est le plus occupé de la distribution des eaux
de l'Ourcq, n'a point traité cette question. Le devis, imprimé en 1810,
contient la description générale des ouvrages proposés par lui, mais il
ne fait pas connaître le volume d'eau qui passerait par l'aqueduc et les
rigoles d'embranchement (1).

Ce devis devait être précédé d'un mémoire sur les moyens d'exécution du projet et les avantages qu'on pouvait en obtenir. On l'imprima
en 1812. La dépense d'eau de l'aqueduc de ceinture y est fixée à
80,000 kilolitres en 24 heures, ou $0^m,92$ par seconde; et l'on ajoute
qu'il serait à propos de donner à cet aqueduc une section qui pût, au
besoin, doubler la dépense que nous venons d'indiquer (2).

Il aurait été à désirer que M. Girard entrât dans quelques dévelop-
pements sur les calculs qui lui ont servi à déterminer les dimensions de
l'aqueduc de ceinture. Il ne l'a point fait, et c'est à M. Bélanger que
l'on doit la solution de cette importante question.

69. Après avoir indiqué, dans le mémoire déjà cité, les dimensions
principales de l'aqueduc, il se propose ces deux questions :

70. *Première question.* Supposé que l'aqueduc de ceinture reçoive
constamment du bassin de la Villette un volume de $0^m,80$ par seconde,
qui n'ait d'issue que par le regard de Mouceaux (placé à l'extrémité),
les autres rigoles d'embranchement étant supposées fermées, on de-

---

(1) *Description générale des différents ouvrages à exécuter pour la distribution des
eaux du canal de l'Ourcq dans l'intérieur de Paris*, par Girard. Paris, 1810.

(2) *Recherches sur les eaux publiques de Paris, les distributions successives qui en
ont été faites, et les divers projets qui ont été proposés pour en augmenter le volume*, par Girard. Paris, 1812.

mande à quelle hauteur il faudra que s'élève la surface de l'eau à l'origine de l'aqueduc, en admettant qu'à son embouchure dans le regard de Mouceaux cette surface se tienne à $0^m,40$ au-dessus du radier.

M. Bélanger trouve, en appliquant les formules relatives au mouvement permanent des eaux courantes, que cette hauteur est de $1^m,671$; et comme la longueur de l'aqueduc est de 4,357 mètres, il s'ensuit que la pente à la surface est de $0^m,00029$.

La vitesse correspondante à la profondeur de $1^m,671$ serait entre $0^m,35$ et $0^m,37$. Elle augmente ensuite successivement, et devient égale à $1^m,523$ à l'extrémité de l'aqueduc, où la profondeur est de $0^m,40$.

Dans le projet de distribution des eaux de l'Ourcq, on n'a pas eu dessein de porter par l'aqueduc de ceinture 800 litres par seconde jusqu'au regard de Mouceaux, ni d'élever le niveau du bassin de la Villette à près de $1^m,70$ au-dessus du radier de cet aqueduc.

L'aqueduc devait fournir ses eaux à trois rigoles d'embranchement, placées ainsi qu'il suit :

Depuis l'origine de l'aqueduc jusqu'à la rigole de Saint-Laurent, distance. . . . . $905^m,$»

Depuis la rigole Saint-Laurent jusqu'à celle des Martyrs. $1,592^m,$»

Depuis la rigole des Martyrs jusqu'à celle de Mouceaux, située à l'extrémité de l'aqueduc de ceinture. . . . . $1,860^m,$»

Total égal à la longueur de l'aqueduc. . . . . $4,357^m,$»

72. M. Bélanger se propose alors cette deuxième question :

Les rigoles étant placées ainsi qu'il est dit ci-dessus, et le volume total fourni par le bassin de la Villette étant toujours de $0^m,80$ par seconde, on suppose que son partage s'opère de la manière suivante :

Par la rigole Saint-Laurent, $\frac{3}{10}$ du produit de l'aqueduc, ou par seconde. 0,24

Par la rigole des Martyrs, $\frac{4}{10}$ *idem*. 0,32

Par le regard de Mouceaux, $\frac{3}{10}$ *idem*. 0,24

De sorte que l'aqueduc de ceinture devrait dépenser, par seconde, sur 905 mètres de longueur, depuis son origine jusqu'à la rigole Saint-Laurent. 0,80

Sur 1592^m de longueur ensuite, jusqu'à la rigole des Martyrs. 0,56

Sur 1860^m de longueur ensuite, jusqu'au regard de Mou-
ceaux. 0,24

On suppose, de plus, qu'à l'origine de l'aqueduc, du côté de la
Villette, la surface du courant se tienne à 1^m,40 au-dessus du radier,
et l'on demande quelles pentes s'établiront dans les trois parties ci-
dessus indiquées de l'aqueduc de ceinture, par suite de la permanence
du régime.

Voici le résumé des calculs sur cette question.

	m. cub.	Profondeurs d'eau.	Pentes par parties.	Longueur des parties.	Dépense de chaque partie.
Origine de l'aqueduc de ceinture, fournissant en 1″.	0,80	1^m,400			
Origine de la rigole Saint-Laurent, dépensant.	0,24	1^m,232	0^m,178	905^m	0^m,80
Origine de la rigole des Martyrs, dépensant.	0,32	0^m,984	0^m,238	1592^m	0^m,56
Extrémité de l'aqueduc, dépensant.	0,24	0^m,898	0^m,086	1860^m	0^m,24
Pente et longueur totales.			0^m,502	4357^m	

73. On voit, d'après cela, que la section de l'aqueduc de ceinture est
suffisante pour lui faire dépenser le volume d'eau qu'on destine à l'approvisionnement de Paris, en maintenant les eaux à 1^m,50 dans le bassin de la Villette.

IV. DE L'ÉTABLISSEMENT DES CONDUITES D'EAU.

74. Lorsqu'on veut amener de l'eau d'un lieu dans un autre moins
élevé, au moyen d'une rigole à ciel ouvert ou d'un aqueduc en maçonnerie, ce n'est qu'à grands frais qu'on obtient une pente uniforme. Si
le volume des eaux est considérable, s'il s'agit d'approvisionner une
grande ville, on ne peut cependant choisir que l'un de ces deux moyens;
mais lorsque la section d'eau vive doit être faible, on préfère employer

des *tuyaux* qui suivent une ligne non interrompue depuis la prise d'eau jusqu'au réservoir d'arrivée. Ces tuyaux peuvent être en bois, en pierre, en ciment, en plomb, en fonte de fer, etc., pourvu qu'ils offrent assez de résistance contre la pression de l'eau, qui est d'autant plus considérable que le tuyau est plus bas relativement à la prise d'eau.

75. Ce mode d'écoulement présente de grands avantages, puisque la conduite suit les pentes naturelles du sol, descend dans les lieux profonds, remonte sur les flancs des coteaux, se prête, en un mot, à tous les accidents du terrain; mais ils sont rachetés par des inconvénients dont il est important de se faire une juste idée.

76. Nous allons les examiner successivement, en ne considérant toutefois la question que d'une manière générale, et nous réservant de nous appesantir sur les détails relatifs à l'établissement des conduites dans la section qui sera exclusivement consacrée à la distribution des eaux.

77. Quand il s'agit de l'écoulement de l'eau par un tuyau, *l'uniformité du mouvement* se réalise au moyen de certaines conditions, qui sont : que le tuyau offre une section transversale constante ; qu'il soit partout plein d'eau ; qu'il soit droit ou n'ait que des inflexions peu sensibles ; que le réservoir d'où il part soit constamment alimenté, de manière à entretenir sur l'orifice d'entrée une charge d'eau invariable et suffisante ; que la pression sur l'orifice de sortie soit aussi constante ; qu'enfin la longueur du tuyau excède une certaine limite, en deçà de laquelle le phénomène de la *contraction* s'oppose à l'existence du mouvement par filets parallèles. Or ces conditions ont fréquemment lieu dans les conduites d'eau, et l'on peut se servir avec confiance, dans la pratique, de la formule qui s'applique au mouvement uniforme.

78. Nous allons indiquer une méthode pour trouver directement cette formule dans le cas du mouvement permanent de l'eau dans les tuyaux à section uniforme, qui nous a été communiquée par M. Bélanger.

79. Soit MMM'M' (pl. IV , fig. 1), une tranche infiniment petite du courant. Le mouvement étant permanent et uniforme, il y a équilibre entre les forces qui sollicitent cette tranche.

Si l'on représente par p la pression moyenne qui a lieu sur la section MM, celle qui a lieu sur la section M'M' est $p + dp$, il faut donc tenir compte d'une force ωdp, qui s'exerce en sens contraire du mouvement, ω étant l'aire de la section du tuyau.

Une autre force, qui tend aussi à retarder le mouvement, est la résistance du tuyau ; cette résistance est fonction de la vitesse, et, de plus, proportionnelle à la surface de la paroi mouillée par la tranche infiniment petite du courant que l'on considère.

Si nous faisons la vitesse $= v$, la longueur de la circonférence du tuyau $= \chi$, la longueur de ce tuyau, comptée à partir d'un point fixe $= s$, la résistance sera exprimée par

$$\chi \varphi \left(v \right) ds.$$

Enfin la force qui sollicite la masse MMM'M' dans le sens du mouvement, est son poids décomposé suivant l'axe du tuyau ; c'est donc ωdsg cos θ, en représentant par θ l'angle formé par la tangente au point que l'on considère avec la verticale, et g l'espace parcouru par un corps grave dans la première seconde de la chute.

Mais, en faisant la différence de niveau des points M et M' $= dz$, on a

$$dz = ds \cos \theta ; \quad \text{donc} \quad \omega dsg \cos \theta = \omega g dz.$$

Exprimant l'équilibre entre cette force et les deux précédemment désignées, on a

$$\omega g dz = \omega dp + \chi \varphi \left(v \right) ds.$$

8o. En intégrant depuis l'origine du tuyau, où nous supposerons la pression $=$ P, jusqu'à la section MM, on a

$$\omega g z = \omega \left(p - P \right) + \chi \varphi \left(v \right) s.$$

Si on intègre depuis l'origine du tuyau jusqu'à l'extrémité de sortie, où nous supposerons la pression $= \Pi$, on a, en faisant la longueur du tuyau $= \lambda$ et la différence de niveau entre les points extrêmes $= \zeta$

$$\omega g \zeta = \omega \left(\Pi - P \right) + \chi \varphi \left(v \right) \lambda.$$

Éliminant $\varphi(v)$ entre ces deux équations, il vient

$$g(\lambda z - s\zeta) = \lambda p - (\lambda - s)P - s\Pi,$$

équation qui est celle de l'article 119 de M. de Prony (1), et au moyen de laquelle on peut déterminer la pression p, qui est généralement variable d'un point à l'autre du tuyau.

81. L'équation

$$\omega g\zeta = \omega(\Pi - P) + \chi\varphi(v)\lambda,$$

va nous servir à expliquer toutes les circonstances du mouvement. Nous avons déjà vu (art. 15) que l'expérience a conduit à reconnaître que la résistance produite par le frottement de l'eau contre les parois peut être représentée par l'expression

$$\chi(av + bv^2)\,ds,$$

c'est-à-dire que

$$\varphi(v) = av + bv^2$$

a et b étant deux nombres constants.

Substituant dans l'équation précédente, on en tire

$$av + bv^2 = \frac{\omega}{\chi}\frac{g\zeta - (\Pi - P)}{\lambda}$$

82. Dans le cas d'un tuyau dont le diamètre $= D$, on a

$$\frac{\omega}{\chi} = \frac{1}{4}D, \quad \text{d'où}$$

$$av + bv^2 = \frac{1}{4}D\,\frac{g\zeta - (\Pi - P)}{\lambda}$$

83. P représente la pression qui a lieu à l'orifice supérieur du tuyau. Cette pression est due à la charge d'eau extrême.

Le poids de la colonne d'eau ne produit pas seulement une pression contre la paroi, il imprime encore une vitesse au liquide, de manière qu'on ne peut pas, à la rigueur, substituer dans la formule du mouvement uniforme la charge d'eau à la pression. Mais, dans le cas des pe-

---

(1) *Recherches physico-mathématiques sur la théorie des eaux courantes;* par R. Prony. Paris, 1804.

tites vitesses, la différence est insensible, et l'on peut sans inconvénient faire $P = g\mathrm{H}$, H représentant la charge d'eau sur l'orifice supérieur : de même $\Pi = g\mathrm{H}'$, H′ représentant la charge sur l'orifice inférieur. Substituant, on trouve

$$av + bv^2 = \frac{1}{4}\,\mathrm{D}g\,\frac{\zeta - \mathrm{H}' + \mathrm{H}}{\lambda}$$

Détermination de la valeur des constantes qui entrent dans la formule du mouvement de l'eau dans un tuyau.

84. M. de Prony a déterminé les valeurs des constantes a et b en prenant une moyenne entre cinquante et une expériences faites sur les tuyaux de conduite par Couplet, Bossut et Dubuat, et il a trouvé

$$a = 0,00017$$
$$b = 0,003416$$

On a donc l'équation générale

$$0,00017\,v + 0,003416\,v^2 = \frac{1}{4}\,\mathrm{D}g\,\frac{\zeta - \mathrm{H}' + \mathrm{H}}{\lambda}$$

et divisant tous les termes par $g = 9^m,808795$

$$0,0000173314\,v + 0,0003482590\,v^2 = \frac{1}{4}\,\mathrm{D}\,\frac{\zeta - \mathrm{H} + \mathrm{H}}{\lambda}$$

dans laquelle on peut faire, pour abréger,

$$\frac{\zeta - \mathrm{H}' + \mathrm{H}}{\lambda} = j$$

$$0,0000173314 = \alpha$$
$$0,0003482590 = \varepsilon$$

ce qui donne l'équation connue

$$\alpha v + \varepsilon v^2 = \frac{1}{4}\,\mathrm{D}j$$

85. Faisant ensuite varier la vitesse v de centimètre en centimètre, depuis $0^m,01$ jusqu'à $3^m,00$, M. de Prony a calculé les valeurs correspondantes de $\frac{1}{4}\,\mathrm{D}j$, de manière qu'on n'a qu'à jeter les yeux sur cette table de nombres pour connaître la relation qui existe entre la dépense, le diamètre, la longueur, la pente totale du tuyau et la différence de pression sur les extrémités.

Nous allons la rapporter.

VITESSES MOYENNES	VALEURS correspondant à celles de v de ¼ de DJ dans les tuyaux.	VITESSES MOYENNES. $= v.$	VALEURS correspondant à celles de v de ¼ de DJ dans les tuyaux.	VITESSES MOYENNES $= v.$	VALEURS correspondant à celles de v de ¼ de DJ dans les tuyaux.
0,01	0,0000002	0,41	0,0000656	0,81	0,0002425
0,02	0,0000005	0,42	0,0000687	0,82	0,0002484
0,03	0,0000008	0,43	0,0000718	0,83	0,0002543
0,04	0,0000013	0,44	0,0000750	0,84	0,0002603
0,05	0,0000017	0,45	0,0000783	0,85	0,0002663
0,06	0,0000023	0,46	0,0000817	0,86	0,0002725
0,07	0,0000029	0,47	0,0000851	0,87	0,0002787
0,08	0,0000036	0,48	0,0000886	0,88	0,0002849
0,09	0,0000044	0,49	0,0000921	0,89	0,0002913
0,10	0,0000052	0,50	0,0000957	0,90	0,0002977
0,11	0,0000061	0,51	0,0000994	0,91	0,0003042
0,12	0,0000071	0,52	0,0001032	0,92	0,0003107
0,13	0,0000081	0,53	0,0001070	0,93	0,0003173
0,14	0,0000093	0,54	0,0001109	0,94	0,0003240
0,15	0,0000104	0,55	0,0001149	0,95	0,0003308
0,16	0,0000117	0,56	0,0001189	0,96	0,0003376
0,17	0,0000130	0,57	0,0001230	0,97	0,0003445
0,18	0,0000144	0,58	0,0001272	0,98	0,0003515
0,19	0,0000159	0,59	0,0001315	0,99	0,0003585
0,20	0,0000174	0,60	0,0001358	1,00	0,0003656
0,21	0,0000190	0,61	0,0001402	1,01	0,0003728
0,22	0,0000207	0,62	0,0001446	1,02	0,0003800
0,23	0,0000224	0,63	0,0001491	1,03	0,0003873
0,24	0,0000242	0,64	0,0001537	1,04	0,0003947
0,25	0,0000261	0,65	0,0001584	1,05	0,0004022
0,26	0,0000280	0,66	0,0001631	1,06	0,0004097
0,27	0,0000301	0,67	0,0001679	1,07	0,0004173
0,28	0,0000322	0,68	0,0001728	1,08	0,0004249
0,29	0,0000343	0,69	0,0001778	1,09	0,0004327
0,30	0,0000365	0,70	0,0001828	1,10	0,0004405
0,31	0,0000388	0,71	0,0001879	1,11	0,0004483
0,32	0,0000412	0,72	0,0001930	1,12	0,0004563
0,33	0,0000436	0,73	0,0001982	1,13	0,0004643
0,34	0,0000462	0,74	0,0002035	1,14	0,0004724
0,35	0,0000487	0,75	0,0002089	1,15	0,0004805
0,36	0,0000514	0,76	0,0002143	1,16	0,0004887
0,37	0,0000541	0,77	0,0002198	1,17	0,0004970
0,38	0,0000569	0,78	0,0002254	1,18	0,0005054
0,39	0,0000597	0,79	0,0002310	1,19	0,0005138
0,40	0,0000627	0,80	0,0002368	1,20	0,0005223

6.

VITESSES MOYENNES $= v.$	VALEURS correspondant à celles de v de $\frac{1}{3}$ de DJ dans les tuyaux.	VITESSES MOYENNES $= v.$	VALEURS correspondant à celles de v de $\frac{1}{3}$ de DJ dans les tuyaux.	VITESSES MOYENNES $= v.$	VALEURS correspondant à celles de v de $\frac{1}{3}$ de DJ dans les tuyaux.
1,21	0,0005309	1,61	0,0009306	2,01	0,0014418
1,22	0,0005395	1,62	0,0009420	2,02	0,0014560
1,23	0,0005482	1,63	0,0009535	2,03	0,0014703
1,24	0,0005570	1,64	0,0009651	2,04	0,0014847
1,25	0,0005658	1,65	0,0009767	2,05	0,0014991
1,26	0,0005747	1,66	0,0009884	2,06	0,0015136
1,27	0,0005837	1,67	0,0010002	2,07	0,0015281
1,28	0,0005928	1,68	0,0010120	2,08	0,0015428
1,29	0,0006019	1,69	0,0010240	2,09	0,0015575
1,30	0,0006111	1,70	0,0010359	2,10	0,0015722
1,31	0,0006204	1,71	0,0010480	2,11	0,0015871
1,32	0,0006297	1,72	0,0010601	2,12	0,0016020
1,33	0,0006391	1,73	0,0010723	2,13	0,0016169
1,34	0,0006486	1,74	0,0010845	2,14	0,0016320
1,35	0,0006581	1,75	0,0010969	2,15	0,0016471
1,36	0,0006677	1,76	0,0011093	2,16	0,0016623
1,37	0,0006774	1,77	0,0011217	2,17	0,0016775
1,38	0,0006871	1,78	0,0011343	2,18	0,0016928
1,39	0,0006970	1,79	0,0011469	2,19	0,0017082
1,40	0,0007069	1,80	0,0011596	2,20	0,0017237
1,41	0,0007168	1,81	0,0011723	2,21	0,0017392
1,42	0,0007268	1,82	0,0011851	2,22	0,0017548
1,43	0,0007369	1,83	0,0011980	2,23	0,0017705
1,44	0,0007471	1,84	0,0012110	2,24	0,0017862
1,45	0,0007573	1,85	0,0012240	2,25	0,0018021
1,46	0,0007677	1,86	0,0012371	2,26	0,0018179
1,47	0,0007780	1,87	0,0012502	2,27	0,0018339
1,48	0,0007885	1,88	0,0012635	2,28	0,0018499
1,49	0,0007990	1,89	0,0012768	2,29	0,0018660
1,50	0,0008096	1,90	0,0012901	2,30	0,0018822
1,51	0,0008202	1,91	0,0013036	2,31	0,0018984
1,52	0,0008310	1,92	0,0013171	2,32	0,0019147
1,53	0,0008418	1,93	0,0013307	2,33	0,0019310
1,54	0,0008526	1,94	0,0013443	2,34	0,0019475
1,55	0,0008636	1,95	0,0013581	2,35	0,0019640
1,56	0,0008746	1,96	0,0013718	2,36	0,0019806
1,57	0,0008856	1,97	0,0013857	2,37	0,0019972
1,58	0,0008968	1,98	0,0013996	2,38	0,0020139
1,59	0,0009080	1,99	0,0014136	2,39	0,0020307
1,60	0,0009193	2,00	0,0014277	2,40	0,0020476

VITESSES MOYENNES $= v.$	VALEURS correspondant à celles de v de $\frac{1}{4}$ de DJ dans les tuyaux.	VITESSES MOYENNES $= v.$	VALEURS correspondant à celles de v de $\frac{1}{4}$ de DJ dans les tuyaux.	VITESSES MOYENNES $= v.$	VALEURS correspondant à celles de v de $\frac{1}{4}$ de DJ dans les tuyaux.
2,41	0,0020645	2,61	0,0024176	2,81	0,0027986
2,42	0,0020815	2,62	0,0024360	2,82	0,0028184
2,43	0,0020985	2,63	0,0024545	2,83	0,0028382
2,44	0,0021157	2,64	0,0024730	2,84	0,0028581
2,45	0,0021329	2,65	0,0024916	2,85	0,0028781
2,46	0,0021502	2,66	0,0025102	2,86	0,0028982
2,47	0,0021675	2,67	0,0025290	2,87	0,0029183
2,48	0,0021849	2,68	0,0025478	2,88	0,0029385
2,49	0,0022024	2,69	0,0025667	2,89	0,0029588
2,50	0,0022199	2,70	0,0025856	2,90	0,0029791
2,51	0,0022376	2,71	0,0026046	2,91	0,0029995
2,52	0,0022553	2,72	0,0026237	2,92	0,0030200
2,53	0,0022730	2,73	0,0026429	2,93	0,0030405
2,54	0,0022908	2,74	0,0026621	2,94	0,0030612
2,55	0,0023087	2,75	0,0026814	2,95	0,0030819
2,56	0,0023267	2,76	0,0027007	2,96	0,0031026
2,57	0,0023448	2,77	0,0027202	2,97	0,0031234
2,58	0,0023629	2,78	0,0027397	2,98	0,0031443
2,59	0,0023810	2,79	0,0027592	2,99	0,0031653
2,60	0,0023993	2,80	0,0027789	3,00	0,0031863

86. M. de Prony ajoute (art. 186 de l'ouvrage cité) que lorsqu'il s'agira de calculs pratiques ordinaires, et que la vitesse de l'eau dans le tuyau ne sera pas excessivement petite, on pourra évaluer v par l'équation très simple

$$v = 26,79 \sqrt{Dj}$$

que l'on obtient en négligeant l'expression de la première puissance de la vitesse dans l'équation fondamentale.

87. Comme nous avons été conduit dans nos recherches sur la distribution des eaux à nous servir de cette dernière formule, parcequ'elle se prêtait mieux aux transformations algébriques, nous avons dû nous rendre compte de l'étendue de l'erreur que l'on pouvait commettre.

Il nous a suffi, pour cela, de chercher les différentes valeurs du coefficient, que M. de Prony a fixé à 26,79, mais qui varie pour chaque vitesse. En effet, en le représentant par c, on a. . . . .

. . . . . . $v = c \sqrt{\mathrm{D}j}.$

La table des nombres de l'art. 85 donne la valeur de $\frac{1}{4}$ de Dj, et par suite celle de Dj, pour chaque valeur de v, en les substituant dans l'équation précédente, on en tire celle de c.

Nous allons présenter les résultats pour un certain nombre de valeurs de v.

$v = $ . .	0,05	0,10	0,20	0,30	0,40	,0,50	1,0	2,0	. . ∞
$c = $	19,17	21,93	23,97	24,83	25,26	25,56	26,18	26,47	. . 26,76

Nous voyons, d'après cela, que le coefficient 26,79 ne convient qu'à une vitesse infiniment grande, et que pour les vitesses ordinaires de $0^m,10$ à 1^m, qui ont lieu dans les tuyaux de conduite, on doit adopter de préférence un coefficient compris entre les limites 21,93 et 26,18.

88. Si l'on désigne par Q la dépense de chaque section du tuyau pendant l'unité de temps, et qu'on fasse $3,1416 = \pi$, on aura $v = \dfrac{4Q}{\pi \mathrm{D}^2}.$

Cette valeur, substituée dans la dernière équation de l'art. 84, donne

$$\alpha\,\frac{4Q}{\pi \mathrm{D}^2} + \varepsilon\,\frac{16Q^2}{\pi^2 \mathrm{D}^4} = \frac{1}{4}\,\mathrm{D}j,$$

d'où en faisant $\dfrac{16\alpha}{\pi} = \alpha' \quad \dfrac{64\varepsilon}{\pi^2} = \varepsilon'$

$$\alpha' Q \mathrm{D}^2 + \varepsilon' Q^2 = j \mathrm{D}^5.$$

Les valeurs numériques des constantes $\alpha'\ \varepsilon'$ sont

$$\alpha' = 0,000088268 \qquad \varepsilon' = 0,002258305,$$

et l'on a la relation entre le diamètre du tuyau et la dépense, lorsque la longueur, la pente, les charges d'eau, etc., se trouvent d'ailleurs déterminées par les conditions particulières de la question.

89. Si l'on substitue également la valeur de v en fonction de Q dans l'équation de l'art. 86, on a

$$Q = 21,043 \sqrt{D^5 j}.$$

90. D'après la remarque que nous avons déjà faite, au lieu du coefficient 21,043, il sera plus convenable d'adopter le coefficient qui correspond à la vitesse que l'on considère, et dont le tableau suivant présente différentes valeurs.

$v =$	0,05	0,10	0,20	0,30	0,40	0,50	1,0	2,0	. . ∞
$c' =$	15,06	17,22	18,83	19,50	19,84	20,07	20,56	20,79	. . 21,043

91. Nous avons admis jusqu'ici des conduites ayant partout même diamètre, dirigées en ligne droite et entièrement ouvertes à leur extrémité ; mais il n'en est pas toujours ainsi. Elles versent quelquefois leurs eaux par des ajutages ; elles sont composées le plus souvent de tuyaux de différents diamètres, et presque toujours elles présentent des étranglements et des coudes plus ou moins considérables.

Ces changements, tant dans la section de la masse fluide en mouvement que dans sa direction, exercent une influence sur la vitesse, qu'il est important d'apprécier.

92. Lorsqu'une conduite diminue de grosseur, l'eau est obligée de prendre une plus grande vitesse, puisque, le débit étant réglé et constant, il passe nécessairement par chacune des sections transversales de la conduite, quelle que soit sa grandeur, le même volume d'eau, dans le même temps. Cet excès de vitesse ne peut être produit que par la charge d'eau qui détermine le mouvement général ; de telle sorte que l'étranglement absorbe une partie de l'action de cette force, en développant une résistance qui s'ajoute à celle des parois.

Pour en déterminer l'expression, représentons par v, v', les vitesses dans les deux parties de la conduite dont les diamètres sont inégaux, et par h, h' les hauteurs dues à ces vitesses ; nous aurons

$$h = \frac{v^2}{2g} \quad . \quad . \quad h' = \frac{v'^2}{2g}$$

d'après le principe de Torricelli (voyez l'art. 104 ci-après).

La différence $h' - h = \dfrac{v'^2 - v^2}{2g}$ mesurera la perte de charge occasionée par l'excès de vitesse.

Mais $v = \dfrac{4Q}{\pi D^2}, \quad v' = \dfrac{4Q}{\pi D'^2}$ (art. 88) en désignant par D, D' les diamètres des deux parties de la conduite, et observant que la dépense Q reste toujours la même, d'où

$$h' - h = \frac{16Q^2}{2\pi^2 g}\left(\frac{1}{D'^4} - \frac{1}{D^4} \right)$$

Nous verrons également plus loin (art. 105) que lorsque l'eau qui coule dans un tuyau est obligée de passer par une ouverture plus petite, il se fait une contraction de la veine fluide qui tend encore à diminuer la section de la masse fluide en mouvement, et à augmenter l'effet de l'étranglement. On a égard à cette dernière circonstance en multipliant la vitesse qui a lieu sur la longueur de l'étranglement par un coefficient m, dont l'expérience fait connaître la valeur, suivant la forme de l'étranglement.

Nous aurons donc pour l'expression de la charge destinée à produire uniquement l'excès de vitesse que l'étranglement rend nécessaire

$$h' - h = \frac{16Q^2}{2\pi^2 g}\left(\frac{1}{mD'^4} - \frac{1}{D^4} \right)$$

Si l'étranglement est causé par une paroi transversale ou mince platine percée d'une ouverture D, alors $m = 0{,}62$.

Si c'est au contraire simplement un tuyau plus étroit que le tuyau antérieur, alors $m = 0{,}82$.

Enfin, si, entre les deux tuyaux de différents diamètres, il y a une portion conique, qui prend à peu près la forme de la veine contractée, il suffit alors de faire $m = 0{,}90$.

93. Le changement occasioné par un coude dans la direction des Résistance provenant des coudes. molécules d'une masse fluide en mouvement, tend à diminuer la vitesse; c'est-à-dire, que le coude d'une conduite produit une résistance, et qu'il y a une partie de la force motrice employée à la détruire, pour que le débit reste toujours le même.

L'ingénieur Dubuat, voulant obtenir une expression générale de cette résistance, entreprit une suite d'expériences pour déterminer l'augmentation de charge nécessaire pour imprimer une même vitesse à l'eau dans un tuyau coudé, que quand il était droit et qu'il avait même longueur. Il essaya ensuite de les lier par une formule qu'il jugea d'autant plus certaine, qu'il en trouva les résultats assez approchants de ceux auxquels les observations le conduisirent.

Selon lui, l'expression de la résistance particulière à un coude, est

$$\frac{v^2\,s^2}{m}$$

dans laquelle v représente la vitesse de l'eau, s le sinus de l'angle de réflexion, et m un nombre constant que Dubuat a trouvé égal à 2998,50, quand on prend le pouce pour unité linéaire (1) : quand c'est le mètre, l'expression est

$$\frac{v^2\,s^2}{81} = 0,0123.\ v^2\,s^2.$$

94. Les résistances dont nous venons de parler ne sont pas les seules Résistance due a l'introduction de l'air. qui présentent des obstacles au cours de l'eau. Il en est d'autres encore qui tiennent à ce mode d'écoulement. L'air qui remplit une conduite, à l'instant où on la met en charge, augmenté de celui que l'eau entraine, se loge dans les parties les plus hautes, et lorsqu'il s'est accumulé en quantité suffisante, il diminue la section d'eau vive et peut même empêcher tout-à-fait l'écoulement; car ce coussin d'air, logé dans le coude qu'il remplit en entier, résiste à l'introduction de l'eau dans la conduite, acquiert de la densité, et finit par boucher le passage, après avoir diminué peu à peu le produit de l'écoulement.

---

(1) *Principes d'hydraulique*, de Dubuat. Paris, 1786.

95. Rien ne peut empêcher les frottements du liquide contre les parois de la conduite, mais on peut diminuer les autres inconvénients. Quand la conduite change de direction, on donne à la courbure le plus grand développement possible pour éviter les retours brusques et diminuer la perte de charge. Si le pli du terrain, dans le sens vertical, est de peu d'étendue, on préfère le niveler par un court *aqueduc ;* la dépense est moins forte et les réparations moins fréquentes. Quand la conduite doit passer sous une route, traverser une rivière, pénétrer dans une montagne, on ne peut guère se dispenser encore de la renfermer dans un aqueduc en maçonnerie, pour reconnaître plus facilement les joints qui perdent, et s'assurer des parties qui exigent des réparations.

96. On a plusieurs moyens d'éviter l'effet de l'air. Le premier se réduit à placer dans les points culminants un robinet, qu'on tourne pour laisser sortir l'air, toutes les fois qu'on s'aperçoit que l'eau cesse d'arriver ; dès que les eaux des deux branches de la conduite se sont rejointes, on ferme ce robinet, et l'écoulement se rétablit.

Le second consiste à laisser un coude ouvert, ou à y placer une cuvette qui communique à l'atmosphère. On ne peut, dans ce cas, faire arriver l'eau en un lieu plus élevé que le niveau de cette cuvette, et toute la pente comprise depuis ce niveau jusqu'à la prise d'eau, est perdue, tant pour la vitesse de l'écoulement ultérieur, que pour le degré de hauteur qu'il est permis de lui donner à son issue. On a coutume de placer dans cette partie un aqueduc, qui règne suivant une plus ou moins grande étendue, suivant les cas.

Le troisième, qui est le plus employé, se réduit à placer à ce coude un tuyau enté sur la conduite et soutenu par un pilier, soit en bois, soit en maçonnerie, dont la hauteur est égale à celle de la charge motrice, diminuée de la perte due aux frottements depuis l'origine de la conduite. L'eau monte dans ce tuyau, y atteint cette hauteur, et y demeure suspendue. Rien n'empêche même d'y construire un réservoir, qui servirait de château d'eau pour en dériver d'autres conduites, et porter le liquide en divers lieux. C'est sur ce principe que sont construits les *souterazi* près de Constantinople, dont nous avons déjà parlé. Lorsqu'un pli du terrain force la conduite à s'abaisser, puis à s'élever de nouveau, les Turcs construisent au point culminant une sorte de colonne ou pilastre qui interrompt la conduite. Cette colonne, convenablement élevée, porte à son sommet une cuvette, où l'eau vient se rendre, amenée par le tuyau qui forme l'extrémité de la première conduite, et monte en s'appuyant sur la maçonnerie; un second tuyau reçoit cette même eau quand elle a été versée dans la cuvette supérieure, et la redescend à la seconde partie de la conduite. (Pl. IV, fig. 2, 3, 4.)

Si l'eau coule dans un *aqueduc,* le souterazi n'est qu'un siphon qui permet de faire passer l'eau d'un côté à l'autre d'une vallée, en perdant la charge due à la vitesse de l'eau dans la première partie de l'aqueduc, et celle nécessaire pour vaincre les frottements dans les tuyaux. Si l'eau coule au contraire dans une *conduite forcée,* le souterazi remplit réellement l'office d'une ventouse. La hauteur de la colonne qui porte le réservoir se détermine d'après l'une ou l'autre de ces conditions.

Ces réservoirs, placés de distance en distance, ont l'avantage d'indiquer les parties de la conduite où se font les pertes et qui demandent des réparations; car, à chacun de ces appareils, il est facile de mesurer la quantité d'eau versée, et de reconnaître quelle est la partie de la conduite où le produit est diminué.

Enfin, on peut encore ne mettre pour ventouse qu'un tuyau vertical très court, fermé d'une soupape pesante. Lorsque l'expansion de l'air est devenue assez forte pour forcer la soupape, il se crée de lui-même une issue, et jamais l'écoulement ne s'arrête.

97. Il s'engendre souvent dans les conduites, des racines qui prennent assez d'accroissement pour boucher les tuyaux. Les fonteniers nomment ces productions des *queues de renard.* Nées de graines que l'eau a charriées, ou engendrée par des racines qui se sont créées un passage dans les joints de la conduite, ou peut-être due à d'autres causes encore, cette multitude de fibres entrelacées parvient à remplir la capacité entière des tuyaux, et à la boucher.

98. Dans les parties les plus basses et dans les coudes où l'eau a moins de vitesse, il se forme des dépôts, provenants soit des sels calcaires qui y sont dissous, soit des sables et limons qui s'y trouvent en suspension : à force de s'ajouter et de s'accroître, ces dépôts bouchent enfin la conduite. On a vu des cylindres de 6 pouces de diamètre, agrégés en une pierre très dure, dans les tuyaux des eaux d'Arcueil, qui sont, comme on sait, chargées de beaucoup de sélénite. On reconnaît le lieu

d'engorgement en attachant un liége à une ficelle, et l'abandonnant
au cours de l'eau, dans la conduite ; le liége s'arrête au point dont il
s'agit ; ou s'il réussit à se faire un passage entre les obstacles et vient
flotter en l'un des réservoirs, on peut attacher quelque instrument au
bout de la corde, qu'on suppose avoir assez de résistance, en sorte qu'en
la retirant les pétrifications soient arrachées.

99. Nous voyons d'après cela que l'écoulement de l'eau dans des
tuyaux de conduite exige que l'on puisse disposer d'une charge motrice
beaucoup plus considérable que lorsqu'on emploie des canaux de dérivation ou des aqueducs, parceque le périmètre mouillé étant plus
grand, relativement à la section du courant, et la conduite plus longue,
il se développe plus de frottements ; que les coudes trop prononcés produisent également des refoulements nuisibles et des résistances ; que la
présence de l'air, quels que soient les moyens mis en usage pour s'en
débarrasser, présente toujours un obstacle au cours de l'eau ; et que
les dépôts qui se forment diminuent peu à peu le produit de l'écoulement.

On ne peut remédier à ces inconvénients qu'en rendant les conduites
forcées les plus courtes possibles, en ne les appliquant qu'aux distributions de détail.

V. DU JAUGEAGE DES EAUX.

100. Dans un grand nombre de circonstances, il est indispensable de
mesurer la vitesse de l'eau et la quantité qui s'écoule en un temps
donné. Lorsqu'il s'agit, par exemple, de creuser un canal, d'établir
une conduite, d'élever des fontaines, etc., il est nécessaire de connaitre si l'on peut compter sur la masse d'eau propre à les alimenter.

101. Avant d'indiquer les moyens que l'on peut employer, suivant que
le volume d'eau en mouvement est plus ou moins considérable, nous
allons examiner comment il convient d'exprimer le produit de l'écoulement, quelle est *l'unité de mesure* qu'il faut choisir.

102. S'il ne s'agissait que d'avoir la mesure cubique d'un volume
d'eau, la capacité du vase qui la renferme, il suffirait de l'évaluer en
mètres cubes, kilolitres, etc. ; mais, comme dans le cas du mouvement,

le volume d'eau fourni varie aussi avec le *temps*, il faut multiplier la surface de l'orifice par lequel l'eau s'écoule, ou la section vive, par la vitesse, qui n'est que l'espace parcouru pendant l'unité de temps ; et le produit exprimé en mètres cubes, kilolitres, représente le volume d'eau qui s'est écoulé pendant cette unité de temps.

Au lieu de rappeler chaque fois cette circonstance de temps, on a pensé qu'il serait plus simple d'adopter une unité de mesure qui renfermerait en elle-même l'idée du temps, et pour cela on n'a eu qu'à prendre un volume représentant le produit de l'écoulement par un orifice connu dans un temps donné.

103. A Paris, on suppose que cet orifice est circulaire, a *un pouce* de diamètre, et qu'il est percé dans la paroi d'un vase où le niveau de l'eau est maintenu à *sept lignes* au-dessus du centre. La quantité d'eau qui s'écoule en *une minute* est alors, d'après une expérience de Mariotte, de 13 pintes $\frac{3}{8}$, chaque pinte pesant 2 livres moins 7 gros (1). C'est ce qu'on appelle *pouce de fontenier*. Mariotte n'a pas eu égard à l'épaisseur de la paroi du vase, qui cependant exerce une influence sur le produit de l'écoulement, et c'est ce qui fait qu'on ne s'accorde pas sur la valeur exacte de cette mesure. Il est assez généralement admis aujourd'hui qu'elle vaut 15 pintes, ou 13,3 litres par minute, ou 19,1953 mètres cubes en vingt-quatre heures.

104. M. de Prony a proposé de remplacer le pouce d'eau par le *module d'eau*, qui fournirait 10 mètres cubes en vingt-quatre heures. Il a déterminé par expérience le diamètre de l'orifice $= 0^m,02^c$, la charge d'eau sur le centre $= 0^m,05$, et l'épaisseur de la paroi $= 0^m,017$, dans l'appareil qui fournit le *double module* d'eau ; et cet appareil a été établi à la machine de Marly (pl. IV, fig. 5, 6 et 7).

105. Il fallait, dans cette expérience, que le niveau restât constant, malgré l'écoulement. Or, voici le procédé ingénieux qu'a imaginé M. de Prony pour obtenir cet effet. Soit *afeb* (pl. IV, fig. 8) le vase d'où l'eau s'écoule ; cette capacité est divisée en trois *as, st, te*, par deux dia-

---

(1) *Traité du mouvement des eaux*, par Mariotte. Paris, 1700.

phragmes, dont la hauteur est un peu moindre que celle du niveau qu'on veut conserver. Dans les deux caisses latérales E′, E″, sont situés deux flotteurs F, F, qui supportent une caisse inférieure G par un système de tringles p′, q′. L'eau qui s'écoule du vase st, par quelque orifice y, et qui est employée à un usage quelconque, est ensuite reçue dans un tuyau qui la conduit dans cette caisse G. Il suit de cette disposition que toute l'eau qui sort de la cuve vient ajouter son poids aux flotteurs; ceux-ci doivent entrer dans l'eau plus profondément à mesure que la charge augmente; et comme le poids de ces corps doit être égal à celui du fluide qu'ils déplacent, leur enfoncement est tel que le volume immergé soit précisément égal à celui de l'eau reçue dans la caisse, c'est-à-dire au volume d'eau écoulée. Il s'ensuit, par conséquent, que le niveau reste constant, puisque autant il s'abaisserait par la perte d'eau que fait le vase, autant il s'élève par l'enfoncement dû à la charge que reçoivent les flotteurs (1).

Jaugeage de l'eau qui s'écoule par un petit orifice.

106. Lorsque l'eau s'écoule par une ouverture pratiquée dans un vase, elle acquiert une vitesse égale à celle qu'aurait un corps abandonné à la pesanteur, et tombant depuis la surface du liquide jusqu'à l'orifice. Ce principe, découvert par Torricelli, va nous fournir le moyen d'évaluer le volume d'eau qui sort du vase dans un temps donné.

En effet, si le niveau est constant, ce volume, pendant l'instant dt est égal au produit $\omega v dt$ (ω étant égal à l'aire de l'orifice, et v représentant la vitesse); si donc Q exprime le volume d'eau sorti, ou ce qu'on appelle la dépense pendant le temps t, on aura

$$dQ = \omega v dt ;$$

d'où l'on conclura par l'intégration la valeur de Q en fonction de t.

Mais, d'après le principe précédent, $v = \sqrt{2gh}$, en représentant par h la hauteur ou charge d'eau, et par g la vitesse communiquée à un grave par la pesanteur au bout de l'unité de temps, d'où

$$dQ = \omega \sqrt{2gh}\, dt, \quad \text{et } Q = \omega \sqrt{2gh}.\, t.$$

____

(1) Voyez les *Mémoires de l'Académie des sciences*, année 1817.

107. Si le niveau était variable, il faudrait chercher d'abord la valeur de h en fonction de t; en la substituant dans l'équation $dQ = \omega \sqrt{2gh}\ dt$, on aura, par une intégration, la valeur de Q en fonction du temps.

108. Pour faciliter les calculs de ce genre, il sera bon de calculer à l'avance une table qui, comme la suivante, donne la hauteur $\dfrac{v^2}{2g}$ pour les valeurs de v; parcequ'alors, dans chaque cas particulier, connaissant la hauteur ou charge d'eau sur l'orifice, on n'aura qu'à voir dans la table la vitesse qui y correspond, et multiplier ensuite cette vitesse par la surface de l'orifice, pour avoir le volume d'eau qui s'est écoulé.

VITESSE.	CHARGE CORRESPONDANTE.	VITESSE.	CHARGE CORRESPONDANTE.	VITESSE.	CHARGE CORRESPONDANTE.
0,01	0,00001	2,10	0,2248	4,20	0,8992
0,05	0,00013	2,15	0,2356	4,25	0,9207
0,10	0,00051	2,20	0,2467	4,30	0,9425
0,15	0,00115	2,25	0,2580	4,35	0,9646
0,20	0,00204	2,30	0,2696	4,40	0,9869
0,25	0,00319	2,35	0,2815	4,45	1,0094
0,30	0,00459	2,40	0,2936	4,50	1,0322
0,35	0,00624	2,45	0,3060	4,55	1,0553
0,40	0,00816	2,50	0,3186	4,60	1,0786
0,45	0,0103	2,55	0,3315	4,65	1,1022
0,50	0,0127	2,60	0,3446	4,70	1,1260
0,55	0,0154	2,65	0,3580	4,75	1,1501
0,60	0,0184	2,70	0,3716	4,80	1,1744
0,65	0,0215	2,75	0,3855	4,85	1,1990
0,70	0,0250	2,80	0,3996	4,90	1,2239
0,75	0,0287	2,85	0,4140	4,95	1,2490
0,80	0,0326	2,90	0,4287	5,00	1,2744
0,85	0,0368	2,95	0,4436	5,05	1,3000
0,90	0,0413	3,00	0,4588	5,10	1,3258
0,95	0,0460	3,05	0,4742	5,15	1,3520
1,00	0,0510	3,10	0,4899	5,20	1,3784
1,05	0,0562	3,15	0,5058	5,25	1,4050
1,10	0,0617	3,20	0,5220	5,30	1,4319
1,15	0,0674	3,25	0,5384	5,35	1,4590
1,20	0,0734	3,30	0,5551	5,40	1,4864
1,25	0,0797	3,35	0,5721	5,45	1,5141
1,30	0,0861	3,40	0,5893	5,50	1,5420
1,35	0,0929	3,45	0,6067	5,55	1,5701
1,40	0,0999	3,50	0,6244	5,60	1,5986
1,45	0,1072	3,55	0,6424	5,65	1,6272
1,50	0,1147	3,60	0,6606	5,70	1,6562
1,55	0,1225	3,65	0,6791	5,75	1,6854
1,60	0,1305	3,70	0,6978	5,80	1,7148
1,65	0,1388	3,75	0,7168	5,85	1,7445
1,70	0,1473	3,80	0,7361	5,90	1,7744
1,75	0,1561	·3,85	0,7556	5,95	1,8046
1,80	0,1651	3,90	0,7753	6,00	1,8351
1,85	0,1745	3,95	0,7953	6,05	1,8658
1,90	0,1840	4,00	0,8156	6,10	1,8968
1,95	0,1938	4,05	0,8361	6,15	1,9280
2,00	0,2039	4,10	0,8569	6,20	1,9595
2,05	0,2142	4,15	0,8779	6,25	1,9912

VITESSE.	CHARGE CORRESPONDANTE.	VITESSE.	CHARGE CORRESPONDANTE.	VITESSE.	CHARGE CORRESPONDANTE.
6,30	2,0232	7,55	2,9057	8,80	3,9475
6,35	2,0554	7,60	2,9443	8,85	3,9925
6,40	2,0879	7,65	2,9832	8,90	4,0377
6,45	2,1207	7,70	3,0223	8,95	4,0832
6,50	2,1537	7.75	3,0617	9,00	4,1290
6,55	2,1869	7,80	3,1013	9,05	4,1750
6,60	2,2205	7,85	3,1412	9,10	4,2212
6,65	2,2542	7,90	3,1813	9,15	4,2677
6,70	2,2883	7,95	3,2217	9,20	4,3145
6,75	2,3225	8,00	3,2624	9,25	4,3615
6,80	2,3571	8,05	3,3033	9,30	4,4088
6,85	2,3919	8,10	3,3445	9,35	4,4563
6,90	2,4269	8,15	3,3859	9,40	4,5041
6,95	2,4622	8,20	3,4275	9,45	4,5522
7,00	2,4978	8,25	3,4695	9,50	4,6005
7,05	2,5336	8,30	3,5116	9,55	4,6490
7,10	2,5696	8,35	3,5541	9,60	4,6978
7,15	2,6060	8,40	3,5968	9,65	4,7469
7,20	2,6425	8,45	3,6397	9,70	4,7962
7,25	2,6794	8,50	3,6829	9,75	4,8458
7,30	2,7164	8,55	3,7264	9,80	4,8956
7,35	2,7538	8,60	3,7761	9,85	4,9457
7,40	2,7914	8,65	3,8141	9,90	4,9960
7,45	2,8292	8,70	3,8583	9,95	5,0466
7,50	2,8673	8,75	3,9028	10,00	5,0975

109. Lorsqu'un liquide s'écoule par une ouverture qu'on a faite à un vase, il prend la forme d'un *filet* auquel on donne en général le nom de *veine*.

Si l'on suit exactement la forme de la veine liquide, on remarque que d'abord elle a le même diamètre que l'ouverture faite dans le vase ; mais à partir de cette ouverture, et tout de suite, elle va en diminuant, de manière qu'elle tend à former une surface conique ; elle se relève ensuite, de manière qu'il y a une section de la veine qui est plus petite que toutes les autres. L'endroit où la section se trouve la plus petite, s'appelle section de la veine contractée, et ce phénomène est exprimé par le nom de la *contraction de la veine fluide*.

8

110. Cette contraction a une influence sur le produit de l'écoulement, c'est-à-dire que l'écoulement dû à la théorie, ou calculé d'après la règle de Torricelli, diffère de l'écoulement réel.

Lorsque l'écoulement a lieu *en mince paroi*, c'est-à-dire comme s'il s'opérait par une ouverture pratiquée dans une feuille de fer-blanc, le résultat de l'expérience comparé à celui de la théorie pris pour unité, donne 0,62 pour le produit de l'écoulement.

Lorsque l'écoulement a lieu par un *ajutage*, c'est-à-dire par un tuyau cylindrique, ou conique, ou composé de deux cônes adossés sur la petite base, qu'on applique à l'ouverture du vase, le résultat de l'expérience se rapproche davantage de celui de la théorie, suivant la forme et la dimension de l'ajutage.

Avec un tuyau cylindrique qui aurait une longueur égale à trois fois le diamètre de l'orifice, le résultat peut être porté de 0,62 à 0,82.

Avec un ajutage conique, dont le diamètre inférieur de la petite base serait 1, celui de la grande base 1,24, et la distance entre les deux bases du cône tronqué 0,75, on peut obtenir un écoulement qui irait à 0,90(1).

Jaugeage de l'eau d'un ruisseau.

111. Pour évaluer le volume d'eau débitée par un ruisseau, on y fait un barrage transversal, auquel on dispose une *jauge*. C'est une feuille de fer-blanc percée de trous ayant leurs centres sur une ligne horizontale et un diamètre de 1 *pouce* ou 27 millimètres. L'eau ainsi arrêtée dans son cours, s'amasse, et son niveau s'élève. On attend qu'il vienne affleurer un trait marqué à 1 *ligne* au-dessus de tous les trous ; on laisse ensuite écouler l'eau par un nombre suffisant de ces trous pour que toute y passe, et n'en laissant débouchés que ce qu'il faut pour que le niveau se maintienne juste à une ligne ou 2 millimètres au-dessus de la tangente à tous les cercles. La source débite donc tout le volume d'eau qui passe par ces orifices, puisque le niveau reste constant, ce qui prouve qu'il s'en écoule autant qu'il en arrive. Ainsi, le nombre de trous ouverts, mesure *en pouces de fontenier* la source à jauger.

112. On a reconnu quelques défauts à cet appareil. La charge d'eau

----

(1) *Recherches expérimentales sur le principe de la communication latérale du mouvement dans les fluides*, par Venturi. Paris, 1797.

sur les centres des orifices n'étant que de 16 millimètres, les agitations se communiquent de la surface supérieure de l'eau à ces orifices, et l'écoulement n'est pas régulier. Dans le nouvel appareil proposé par M. de Prony, la charge serait de 50 millimètres, environ trois fois plus grande. Pour éviter les fluctuations qui ont lieu à la surface supérieure de l'eau dans la caisse, il conviendrait de recevoir l'eau de la source dans un réservoir d'une grande étendue qui environnerait la caisse de jaugeage. Au lieu de faire cette caisse en plomb, l'emploi du zinc serait préférable ; ce métal étant plus dur, les trous circulaires se déformeraient plus difficilement par l'enfoncement répété des tampons en bois. Il est indispensable de mettre la caisse à l'abri du vent et des courants d'air qui agiteraient la surface de l'eau ; il faut aussi avoir attention de séparer les trous par des intervalles égaux d'environ 20 millimètres au moins.

113. Le mode de jaugeage que nous venons d'indiquer ne suffit plus dès que les ruisseaux fournissent plus de 20 pouces.

114. On mesure alors les eaux courantes en formant des barrages avec *pertuis*, soit horizontal, soit vertical, par lequel les eaux s'écoulent sous une charge constante, et l'on calcule le volume au moyen de formules que M. de Prony a présentées dans un mémoire sur le jaugeage des eaux courantes (1).

115. La formule d'écoulement par un orifice horizontal est, en prenant le mètre pour unité linéaire, et faisant,

$Q =$ le volume d'eau écoulé pendant l'unité de temps,

$h =$ la hauteur de l'eau au-dessus de l'orifice horizontal,

$a =$ l'aire de la surface supérieure du fluide,

$\omega =$ l'aire de l'orifice,

$g = 9^m, 809,$

$m =$ le coefficient de contraction,

$$ Q = m\omega \sqrt{\frac{2gha^2}{a^2 - \omega^2}} $$

L'aire a étant égale à la surface supérieure de la partie du fluide qui

---

(1) *Mémoire sur le jaugeage des eaux courantes*, par **M. de Prony.** Paris, 1802.

est stagnante en amont du pertuis, et l'aire de ce pertuis n'étant qu'une partie extrêmement petite de cette surface, la fraction $\dfrac{a^2}{a^2 - \omega^2}$ ne diffère de l'unité que d'une quantité négligeable ; au moyen de quoi le produit, pendant l'unité de temps, devient

$$Q = m\omega \sqrt{2gh}$$

Et son évaluation se fait par la règle simple de Torricelli.

116. La formule d'écoulement par un orifice vertical est, en faisant

ω = l'aire de l'orifice.

a = la hauteur de cet orifice. $\left.\begin{array}{l}\\ \\ \end{array}\right\}$ $\omega = ab$,
b = la base . . . .

h = la hauteur de l'eau au-dessus de son sommet. $\left.\begin{array}{l}\\ \\ \\ \end{array}\right\}$ $k = \dfrac{h + h_1}{2}$

k = la hauteur de l'eau au-dessus du centre . . . $\left.\begin{array}{l}\\ \end{array}\right\}$ $k = h + \dfrac{1}{2}\,a$

h_1 = la hauteur de l'eau au-dessus de sa base . . . $\left.\begin{array}{l}\\ \end{array}\right\}$ $k = h_1 - \dfrac{1}{2}\,a$

g = 9^m, 809,

m = le coefficient de contraction,

Q = le produit de l'écoulement pendant une seconde,

$$Q = m\,\frac{2}{3}\,b\left(h_1^{\frac{3}{2}} - h^{\frac{3}{2}}\right)\sqrt{2g}$$

Mais cette équation peut se mettre sous la forme

$$Q = m\,\frac{2}{3}\,b\left\{\left(k + \frac{a}{2}\right)^{\frac{3}{2}} - \left(k - \frac{a}{2}\right)^{\frac{3}{2}}\right\}\sqrt{2g}$$

qui se change en

$$Q = m\,\frac{2}{3}\,bk\left\{\left(1 + \frac{a}{2k}\right)^{\frac{3}{2}} - \left(1 - \frac{a}{2k}\right)^{\frac{3}{2}}\right\}\sqrt{2gk}$$

ou en

$$Q = m \ \frac{2}{3} \ \frac{k}{a} \left\{ \left(1 + \frac{a}{2k}\right)^{\frac{3}{2}} - \left(1 - \frac{a}{2k}\right)^{\frac{3}{2}} \right\} \omega \sqrt{2gk}$$

et faisant, pour abréger,

$$\frac{2}{3} \ \frac{k}{a} \left\{ \left(1 + \frac{a}{2k}\right)^{\frac{3}{2}} - \left(1 - \frac{a}{2k}\right)^{\frac{3}{2}} \right\} = A$$

on a pour le produit par seconde

$$Q = m . A\omega \sqrt{2gk}$$

117. Il est indispensable, si on ne veut pas mettre une trop grande discordance entre les phénomènes réels du mouvement et ceux introduits dans les formules :

1° D'avoir sur l'orifice, soit vertical, soit horizontal, une charge d'eau assez grande pour que les convergences de direction et les variations de vitesse des molécules n'aient lieu que dans une petite partie de la masse fluide ;

2° D'obtenir l'établissement du calme, ou au moins d'une stagnation sensible en amont du barrage ;

3° De rendre l'écoulement en aval du pertuis parfaitement libre, de sorte que, ni la vitesse, ni la contraction, ne soient point gênées par la pression de l'eau inférieure;

4° De régler l'ouverture du pertuis, de manière que la hauteur d'eau au-dessus de l'orifice reste constante, de telle sorte que le produit du courant soit exactement représenté par celui de l'orifice ;

5° Enfin, de prendre en considération la contraction de la veine fluide.

118. La difficulté de réunir toutes ces conditions et d'avoir égard à toutes les corrections, a déterminé M. de Prony à présenter une méthode pour obtenir le produit d'un courant *par le fait*, qui dispense de recourir à aucune hypothèse, tant sur la loi de l'écoulement par un orifice, soit vertical, soit horizontal, que sur la contraction de la veine fluide, et pour laquelle on n'a aucun besoin de connaître la forme de

l'orifice, de mesurer ses dimensions, et la hauteur de l'eau au-dessus
de cet orifice, etc., etc.

119. Voici cette méthode réduite à sa plus simple expression et considérée quant à la presque totalité des cas auxquels on aura à l'appliquer.

Choisissez une partie du lit du ruisseau dont on puisse prendre com-
modément plusieurs profils en travers, la distance comprise entre les
deux sections extrêmes étant de 100, 200 mètres, autant que les localités le permettront. (Pl. IV, fig. 9—10, et pl. V, fig. 1—2.)

Établissez au point le plus bas de cette longueur un barrage avec un
pertuis d'écoulement, et, au point le plus haut, une vanne disposée
de manière qu'on puisse la fermer instantanément : cette vanne
étant maintenue à une ouverture fixe, demeurera levée jusqu'à ce que
l'eau ait acquis une hauteur constante en amont du barrage ; ce dont
on s'assurera en examinant si un flotteur plongé dans un tuyau recourbé qui communique avec l'eau du ruisseau, est parfaitement stationnaire. Lorsque cette condition sera obtenue, on fermera instantanément la vanne, de manière que l'eau s'écoule par le pertuis qui est
à l'autre extrémité du réservoir. On observera alors les temps correspondants à différents abaissements de l'eau.

On fera, avant ou après l'observation des abaissements successifs de
l'eau dans le réservoir, un nombre suffisant de profils en travers du
ruisseau, pour évaluer avec exactitude, par les méthodes connues du
toisé des solides, les volumes d'eau écoulés qui correspondent à chacun
des abaissements ; et il faudra par conséquent tracer sur chacun de ces
profils la ligne de plus grande hauteur à laquelle l'eau s'est élevée en
amont du pertuis.

D'après toutes ces données, on calculera le produit du ruisseau pendant une seconde, de la manière suivante :

Soient

Les temps observés en secondes.	Les volumes d'eau écoulés pendant les temps ci à côté.
o	o
τ.	q_{i}
$2\,\tau$.	q_{ii}
$3\,\tau$.	q_{iii}
$4\,\tau$.	q_{iv}
. . . .	. . . . . .
$n\tau$.	q_{n}

Le volume Q d'eau fournie par le ruisseau pendant l'unité de temps, se calculera par l'une des équations suivantes :

Pour une observation,

$$Q = \frac{1}{\tau}\, q_{\text{i}}$$

Pour deux observations,

$$Q = \frac{1}{\tau}\left(2q_{\text{i}} - \frac{q_{\text{ii}}}{2}\right)$$

Pour trois observations,

$$Q = \frac{1}{\tau}\left(3q_{\text{i}} - 3\,\frac{q_{\text{ii}}}{2} + \frac{q_{\text{iii}}}{3}\right)$$

. . . .

Pour n observations,

$$Q = \frac{1}{\tau}\left(nq_{\text{i}} - \frac{n(n-1)}{1.2}\,\frac{q_{\text{ii}}}{2} + \frac{n(n-1)(n-2)}{1.2.3}\,\frac{q_{\text{iii}}}{3} - \text{etc}\ldots \pm \frac{q_{n}}{n}\right)$$

Les quantités $q_{\text{i}}\, q_{\text{ii}}\, q_{\text{iii}}\ldots q_{n}$ sont respectivement multipliées par les coefficients du binôme, et divisées ensuite par la suite des nombres naturels 1, 2, 3...... n.

120. On voit que cette méthode se réduit à lier un certain nombre de résultats déduits de l'observation par une formule d'interpolation, qui

donne ensuite la valeur particulière qui se rapporte à la solution de la question que l'on considère.

121. On s'est servi des premières formules que nous avons rapportées pour calculer le produit des eaux qui devaient alimenter le canal de Saint-Quentin.

Jaugeage de l'eau d'une rivière ou d'un fleuve

122. Pour les rivières et les fleuves, dont les dimensions sont trop considérables pour qu'on puisse mesurer le produit du courant par la jauge immédiate de ses eaux, on est obligé de multiplier la section transversale par une certaine *vitesse moyenne* entre toutes celles dont les filets fluides sont respectivement animés.

123. La vitesse moyenne se conclut de celle qui a lieu à la surface, après qu'on a déterminé par l'expérience le rapport qui existe entre elles. On doit encore à l'ingénieur Dubuat de s'être occupé de cet objet. Il a trouvé, par une suite nombreuse d'observations, que le rapport entre la vitesse moyenne et la vitesse à la surface d'un courant, était indépendant des dimensions de la section ; de sorte qu'en nommant v la première de ces vitesses, et V la seconde, l'une et l'autre étant exprimées en pouces, on avait toujours

$$v = \left(\sqrt{V} - 0{,}5 \right)^2 + 0{,}25$$

formule au moyen de laquelle il a construit une table des vitesses moyennes, correspondantes à des vitesses superficielles en progression arithmétique, depuis 1 jusqu'à 100 pouces par seconde (1).

124. M. de Prony, qui s'est également occupé de ces recherches, a prouvé que la vitesse moyenne peut être représentée par une formule de la forme

$$v = \frac{V\,(V + 2{,}57187)}{V + 3{,}15512}$$

et il a calculé une table qui donne, à vue, la vitesse moyenne correspondante à une vitesse à la surface, moindre que 3 mètres, et réciproquement.

Cette table ayant toute l'exactitude que les données expérimentales actuelles comportent, nous allons la transcrire.

---

(1) *Principes d'hydraulique*, par Dubuat, tome Ier, page 92. Paris, 1786.

VITESSES		DIFFÉRENCES.	VITESSES		DIFFÉRENCES.
À LA SURFACE.	MOYENNES.		À LA SURFACE.	MOYENNES.	
mètres.	mètres.		mètres.	mètres.	
0,00	0,00000		0,20	0,15341	
		754			781
0,01	0,00754		0,21	0,16122	
		754			783
0,02	0,01508		0,22	0,16905	
		756			784
0,03	0,02264		0,23	0,17689	
		758			786
0,04	0,03022		0,24	0,18475	
		759			786
0,05	0,03781		0,25	0,19261	
		761			788
0,06	0,04542		0,26	0,20049	
		762			789
0,07	0,05304		0,27	0,20838	
		764			791
0,08	00,6068		0,28	0,21629	
		765			791
0,09	0,06833		0,29	0,22420	
		766			793
0,10	0,07599		0,30	0,23213	
		768			794
0,11	0,08367		0,31	0,24007	
		770			795
0,12	0,09137		0,32	0,24802	
		770			797
0,13	0,09907		0,33	0,25599	
		772			797
0,14	0,10679		0,34	0,26396	
		774			799
0,15	0,11453		0,35	0,27195	
		775			800
0,16	0,12228		0,36	0,27995	
		776			801
0,17	0,13004		0,57	0,28796	
		778			802
0,18	0,13782		0,38	0,29598	
		778			803
0,19	0,14560		0,39	0,30401	
		781			805
0,20	0,15341		0,40	0,31206	

| VITESSES | | DIFFÉRENCES. | VITESSES | | DIFFÉRENCES. |
A LA SURFACE.	MOYENNES.		A LA SURFACE.	MOYENNES.	
mètres.	mètres.		mètres.	mètres.	
0,40	0,31206		0,60	0,47511	
		805			825
0,41	0,32011		0,61	0,48336	
		806			827
0,42	0,32817		0,62	0,49163	
		808			827
0,43	0,33625		0,63	0,49990	
		809			829
0,44	0,34434		0,64	0,50819	
		809			829
0,45	0,35243		0,65	0,51648	
		811			830
0,46	0,36054		0,66	0,52478	
		812			831
0,47	0,36866		0,67	0,53309	
		813			832
0,48	0,37679		0,68	0,54141	
		814			833
0,49	0,38493		0,69	0,54974	
		815			833
0,50	0,39308		0,70	0,55807	
		815			835
0,51	0,40123		0,71	0,56642	
		817			835
0,52	0,40940		0,72	0,57477	
		818			837
0,53	0,41758		0,73	0,58314	
		819			837
0,54	0,42577		0,74	0,59151	
		820			837
0,55	0,43397		0,75	0,59988	
		821			839
0,56	0,44218		0,76	0,60827	
		822			840
0,57	0,45040		0,77	0,61667	
		823			840
0,58	0,45863		0,78	0,62507	
		823			841
0,59	0,46686		0,79	0,63348	
		825			842
0,60	0,47511		0,80	0,64190	

| VITESSES | | DIFFÉRENCES. | VITESSES | | DIFFÉRENCES. |
A LA SURFACE.	MOYENNES.		A LA SURFACE.	MOYENNES.	
mètres.	mètres.		mètres.	mètres.	
0,80	0,64190		1,00	0,81189	
		843			858
0,81	0,65033		1,01	0,82047	
		844			858
0,82	0,65877		1,02	0,82905	
		844			859
0,83	0,66721		1,03	0,83764	
		845			859
0,84	0,67566		1,04	0,84623	
		846			861
0,85	0,68412		1,05	0,85484	
		846			861
0,86	0,69258		1,06	0,86345	
		848			861
0,87	0,70106		1,07	0,87206	
		848			862
0,88	0,70954		1,08	0,88068	
		849			863
0,89	0,71803		1,09	0,88931	
		850			864
0,90	0,72653		1,10	0,89795	
		850			864
0,91	0,73503		1,11	0,90659	
		851			864
0,92	0,74354		1,12	0,91523	
		852			866
0,93	0,75206		1,13	0,92389	
		852			865
0,94	0,76058		1,14	0,93255	
		854			867
0,95	0,76912		1,15	0,94122	
		854			867
0,96	0,77766		1,16	0,94989	
		855			868
0,97	0,78621		1,17	0,95857	
		855			869
0,98	0,79476		1,18	0,96726	
		856			869
0,99	0,80332		1,19	0,97595	
		857			869
1,00	0,81189		1,20	0,98464	

9.

| VITESSES | | DIFFÉRENCES. | VITESSES | | DIFFÉRENCES. |
A LA SURFACE.	MOYENNES.		A LA SURFACE.	MOYENNES.	
mètres.	mètres.		mètres.	mètres.	
1,20	0,98464		1,40	1,15978	
		870			881
1,21	0,99334		1,41	1,16859	
		871			883
1,22	1,00205		1,42	1,17742	
		872			882
1,23	1,01077		1,43	1,18624	
		872			883
1,24	1,01949		1,44	1,19507	
		873			884
1,25	1,02822		1,45	1,20391	
		873			883
1,26	1,03695		1,46	1,21274	
		874			885
1,27	1,04569		1,47	1,22159	
		874			885
1,28	1,05443		1,48	1,23044	
		875			886
1,29	1,06318		1,49	1,23930	
		875			886
1,30	1,07193		1,50	1,24816	
		876			886
1,31	1,08069		1,51	1,25702	
		877			887
1,32	1,08946		1,52	1,26589	
		877			888
1,33	1,09823		1,53	1,27477	
		878			887
1,34	1,10701		1,54	1,28364	
		878			889
1,35	1,11579		1,55	1,29253	
		879			889
1,36	1,12458		1,56	1,30142	
		879			889
1,37	1,13337		1,57	1,31031	
		880			890
1,38	1,14217		1,58	1,31921	
		880			890
1,39	1,15097		1,59	1,32811	
		881			890
1,40	1,15978		1,60	1,33701	

VITESSES		DIFFÉRENCES.	VITESSES		DIFFÉRENCES.
À LA SURFACE.	MOYENNES.		À LA SURFACE.	MOYENNES.	
mètres.	mètres.		mètres.	mètres.	
1,60	1,33701		1,80	1,51609	
		892			900
1,61	1,34593		1,81	1,52509	
		892			900
1,62	1,35485		1,82	1,53409	
		892			901
1,63	1,36377		1,83	1,54310	
		892			901
1,64	1,37269		1,84	1,55211	
		893			901
1,65	1,38162		1,85	1,56112	
		894			902
1,66	1,39056		1,86	1,57014	
		894			902
1,67	1,39950		1,87	1,57916	
		894			903
1,68	1,40844		1,88	1,58819	
		895			903
1,69	1,41739		1,89	1,59722	
		895			903
1,70	1,42634		1,90	1,60625	
		895			904
1,71	1,43529		1,91	1,61529	
		896			904
1,72	1,44425		1,92	1,62433	
		897			904
1,73	1,45322		1,93	1,63337	
		897			905
1,74	1,46219		1,94	1,64242	
		897			905
1,75	1,47116		1,95	1,65147	
		898			906
1,76	1,48014		1,96	1,66053	
		898			906
1,77	1,48912		1,97	1,66959	
		899			906
1,78	1,49811		1,98	1,67865	
		899			907
1,79	1,50710		1,99	1,68772	
		899			907
1,80	1,51609		2,00	1,69679	

VITESSES		DIFFÉRENCES.	VITESSES		DIFFÉRENCES.
A LA SURFACE.	MOYENNES.		A LA SURFACE.	MOYENNES.	
mètres.	mètres.		mètres.	mètres.	
2,00	1,69679		2,20	1,87893	
		907			914
2,01	1,70586		2,21	1,88807	
		908			915
2,02	1,71494		2,22	1,89722	
		908			914
2,03	1,72402		2,23	1,90636	
		908			915
2,04	1,73310		2,24	1,91551	
		909			916
2,05	1,74219		2,25	1,92467	
		910			916
2,06	1,75129		2,26	1,93383	
		909			916
2,07	1,76038		2,27	1,94299	
		910			916
2,08	1,76948		2,28	1,95215	
		910			917
2,09	1,77858		2,29	1,96132	
		911			917
2,10	1,78769		2,30	1,97049	
		911			917
2,11	1,79680		2,31	1,97966	
		911			918
2,12	1,80591		2,32	1,98884	
		912			918
2,13	1,81503		2,33	1,99802	
		912			918
2,14	1,82415		2,34	2,00720	
		912			919
2,15	1,83327		2,35	2,01639	
		912			918
2,16	1,84239		2,36	2,02557	
		913			919
2,17	1,85152		2,37	2,03476	
		913			920
2,18	1,86065		2,38	2,04396	
		914			919
2,19	1,86979		2,39	2,05315	
		914			920
2,20	1,87893		2,40	2,06235	

| VITESSES | | DIFFÉRENCES. | VITESSES | | DIFFÉRENCES. |
À LA SURFACE.	MOYENNES.		À LA SURFACE.	MOYENNES.	
mètres.	mètres.		mètres.	mètres.	
2,40	2,06235		2,60	2,24693	
		921			926
2,41	2,07156		2,61	2,25619	
		920			926
2,42	2,08076		2,62	2,26545	
		921			926
2,43	2,08997		2,63	2,27471	
		921			927
2,44	2,09918		2,64	2,28398	
		922			926
2,45	2,10840		2,65	2,29324	
		921			927
2,46	2,11761		2,66	2,30251	
		922			928
2,47	2,12683		2,67	2,31179	
		923			927
2,48	2,13606		2,68	2,32106	
		922			928
2,49	2,14528		2,69	2,33034	
		923			928
2,50	2,15451		2,70	2,33962	
		923			928
2,51	2,16374		2,71	2,34890	
		923			928
2,52	2,17297		2,72	2,35818	
		924			929
2,53	2,18221		2,73	2,36747	
		924			929
2,54	2,19145		2,74	2,37676	
		924			929
2,55	2,20069		2,75	2,38605	
		924			930
2,56	2,20993		2,76	2,39535	
		925			929
2,57	2,21918		2,77	2,40464	
		925			930
2,58	2,22843		2,78	2,41394	
		925			930
2,59	2,23768		2,79	2,42324	
		925			931
2,60	2,24693		2,80	2,43255	

| VITESSES | | DIFFÉRENCES. | VITESSES | | DIFFÉRENCES. |
A LA SURFACE.	MOYENNES.		A LA SURFACE.	MOYENNES.	
mètres.	mètres.		mètres.	mètres.	
2,80	2,43255		2,90	2,52571	
		930			933
2,81	2,44185		2,91	2,53504	
		931			933
2,82	2,45116		2,92	2,54437	
		931			933
2,83	2,46047		2,93	2,55370	
		932			934
2,84	2,46979		2,94	2,56304	
		931			934
2,85	2,47910		2,95	2,57238	
		932			934
2,86	2,48842		2,96	2,58172	
		932			934
2,87	2,49774		2,97	2,59106	
		932			934
2,88	2,50706		2,98	2,60040	
		933			935
2,89	2,51639		2,99	2,60975	
		932			935
2,90	2,52571		3,00	2,61910	

125. La vitesse à la surface se détermine de plusieurs manières. On peut d'abord se servir du *tube de Pitot*. Voici en quoi consiste cet instrument tel qu'on l'emploie aujourd'hui.

Imaginez un tube vertical en fer-blanc, d'environ 2 pouces de diamètre, et 5 à 6 pieds de long, plus ou moins, tel que AB. (Pl. 5, fig. 3.) A la partie inférieure est soudé un coude *A C*, terminé en cône C, et percé au sommet d'un petit trou. Lorsqu'on plonge ce tube dans l'eau, en tenant l'ouverture C dirigée vers le courant, et la tige A B verticale, le liquide entre par le trou C, et monte dans le tube à un certain niveau D, supérieur à celui E F du liquide extérieur, parceque la pression de l'eau est accrue par la vitesse. La force du courant maintient donc le liquide au-dessus de son niveau d'une quantité D G *qui est à peu près égale à la hauteur due à cette vitesse*, et qui, une fois connue, donnera cette vitesse à l'aide de la table qui précède. Comme il importe de tenir l'instrument tourné directement contre le courant, parceque, sans cela, on n'aurait pas l'effet dû à la vitesse entière, on dirige l'instrument dans divers sens, et on l'arrête à la situation qui donne la plus grande hauteur dans le tube; et cette direction peut être droite ou oblique au lit du fleuve, parcequ'il arrive souvent que la vitesse suit une ligne inclinée au rivage. Au contraire, quand le coude est dirigé dans le sens diamétralement opposé, le niveau dans le tube s'abaisse, et la hauteur *minimum* est celle du plan de flottaison E F. Ces deux expériences déterminent, comme on voit, la hauteur due au courant, et par suite sa vitesse.

Pour estimer le niveau du liquide dans le tube qui n'est pas transparent, on y a disposé une baguette graduée *b* qui est soulevée par un flotteur *a* en liége, ou une ampoule pleine d'air, à la manière des aréomètres. Voici donc l'usage qu'on fait de l'instrument. On a un bâton armé, à son bout, d'une pointe qu'on implante dans le fond de la rivière, à l'endroit où l'on veut expérimenter. Cette pointe est surmontée d'un disque qui ne lui permet d'entrer que jusqu'à une hauteur qui sera constante durant l'expérience entière. On accole le tube à ce bâton, en l'y maintenant lié, ou seulement en le serrant avec la main l'un contre l'autre, et l'on descend le coude à la profondeur où l'on veut explorer; des divisions marquées sur le bâton donnent la hauteur du niveau, qu'on tâche de rendre *la plus grande possible*, en faisant varier la direction du coude C A, sans en changer l'enfoncement. Ensuite, on tourne ce coude jusqu'à ce que le niveau de l'eau soit dans le tube, *au point le plus bas*, ce dont on juge par la baguette *b* saillante en haut du tube. Le flotteur et le poids de la baguette s'enfoncent dans le liquide au même degré dans les deux cas. Mais le niveau de l'eau n'étant pas le même, la partie saillante de la baguette a changé, ce qui fait connaître deux hauteurs : la différence est celle des niveaux. On note cette différence, qui est la hauteur cherchée.

On répète l'épreuve à diverses profondeurs, et on note pareillement à chacune la différence des niveaux : la moyenne, entre ces quantités, est la hauteur propre à donner la vitesse moyenne dans la verticale où le tube a été plongé. On essaie de la même manière l'effet de l'ins-

Irument en tous les points d'une coupe transversale au lit du fleuve ou du ruisseau, et la moyenne de ces résultats donne la vitesse moyenne du courant.

L'aire de la section transversale s'évalue ensuite géométriquement, puisqu'on a fait des sondes en tous les points, et qu'on en a pris les profondeurs et la largeur. Multipliant la vitesse moyenne par cette surface, on a donc le volume d'eau qui s'est écoulé en une seconde, et par suite, en une minute, une heure, ou un jour.

Détermination de la vitesse de l'eau au moyen d'un corps flottant ou immergé.

126. Un moyen simple pour arriver à la connaissance de la vitesse d'un courant, consiste à jeter à l'eau un corps léger qui surnage, et que le courant entraîne. Pour éviter l'effet de la résistance de l'air ou l'action du vent, on prend pour *flotteur*, le plus ordinairement, une petite boule de cire qu'on leste pour la faire entrer en totalité dans l'eau. L'observateur tient une montre à secondes, et suit la marche du flotteur; il mesure ensuite l'espace décrit dans un temps déterminé, et, divisant l'espace par le nombre de secondes écoulées, il y a, au quotient, l'espace décrit en une seconde.

Bien entendu que cette épreuve doit être plusieurs fois répétée pour vérifier le résultat; on prend ensuite une moyenne entre les diverses vitesses ainsi obtenues, lesquelles doivent peu différer entre elles. Cette moyenne, prise à des jours différents, et par des temps calmes, est exacte et indépendante des circonstances accidentelles. L'expérience doit encore être faite en divers lieux de la surface de niveau, pour reconnaître s'il y a des eaux stagnantes, des remous, ou des lieux de plus grandes vitesses.

On peut diriger l'expérience du flotteur de manière à donner directement la vitesse moyenne entre les vitesses inégales à des profondeurs différentes. A cet effet, on prend une petite baguette d'une longueur à peu près égale à la profondeur du lit, et on la leste par un bout, pour qu'elle prenne, dans l'eau tranquille, une attitude verticale. C'est cette baguette qu'on laisse couler librement avec l'eau, de manière que le sommet dépasse un peu le niveau, pour qu'on en puisse suivre la marche, et qu'elle ne frotte pas sur le fond. On voit alors cette baguette s'incliner au gré des vitesses différentes, et prendre la vitesse moyenne cherchée. Cette inclinaison , en avant ou en arrière, fera même connaître si la vitesse va en augmentant ou en diminuant vers le fond.

127. Le *dynamomètre* peut faire connaître le poids avec lequel la force d'un courant presse une surface donnée qu'on laisse flotter dans l'eau, et qu'on retient avec une ligne ou ficelle qui tire et bande le ressort de cet appareil. Or, ce poids fait de suite connaître la vitesse du liquide, à l'aide de cette proposition qu'on peut regarder comme sensiblement vraie dans la pratique : « L'impression directe d'un courant contre une » surface verticale immobile , est le poids d'un prisme d'eau dont » la base est cette surface, et dont la *hauteur* est la *chute* due à la » vitesse du courant. »

Si l'on divise le poids indiqué par l'instrument, par le nombre d'unités superficielles contenues dans l'aire choquée et par le poids de l'unité cubique de liquide ; c'est-à-dire, si l'on divise le nombre de grammes qu'indique le dynamomètre, par le nombre de centimètres carrés de l'aire choquée , le quotient sera la hauteur de la chute en centimètres linéaires, d'où l'on conclura, par notre table, la vitesse du courant. Si, par exemple , une surface de 10 1/2 décimètres carrés (ou 1050 centimètres carrés) est pressée par le courant de manière à tirer le fil avec une force équivalente à un poids de 7,70 kilogrammes ; en divisant 7700 grammes par 1050, on a 7,33 pour quotient ; en sorte que la hauteur de chute du fluide étant 7 centimètres 1/3 ou 0^{m}733 , la vitesse du courant est de 12 centimètres par seconde.

128. Il nous reste à indiquer comment on mesure le volume d'une *nappe d'eau* , telle qu'on en voit dans les cascades des jardins. D'un côté, l'eau est maintenue au-dessus de son niveau d'aval , et elle s'écoule de l'autre en formant une nappe. Les expériences de Dubuat font connaître fort exactement la vitesse et la quantité de l'écoulement. On mesure d'abord la largeur l de l'orifice rectangulaire par lequel la nappe passe (pl. V, fig. 4 et 5); puis la hauteur h du niveau d'amont, au-dessus de la base inférieure de cet orifice ; c'est-à-dire, la charge d'eau au-dessus de cette base ; et l'on trouve que, s'il y a évasement, pour faciliter la sortie de l'eau , le volume du liquide qui coule dans une seconde, est, en mètres cubes, $= 2,5161\, l \sqrt{h^3}$, h et l étant expri-

Détermination de la vitesse de l'eau par le dynamomètre.

més en mètres linéaires. Mais si l'orifice par lequel l'eau passe n'est pas évasé, ce qui arrive dans la plupart des déversoirs, il se fait une contraction dans les deux parties latérales de la nappe, et même à son fond où elle quitte le barrage. L'expérience prouve que la dépense donnée par la formule est réduite aux $\frac{3}{4}$, c'est-à-dire, qu'il faut remplacer dans notre formule le facteur 2,5261 par 1,895, ce qui donne pour la dépense,

en une seconde, le nombre de mètres cubes désignés par $1{,}895\, l.\ \sqrt{h^3}$. D'après les expériences de Bidone, le coefficient serait 1,78, et la formule

$$1{,}78\ l\ \sqrt{h^3}\ (1).$$

Nous n'entendons pas par h l'épaisseur de la nappe d'eau à l'orifice, attendu que la surface du liquide s'affaisse peu à peu en approchant de la nappe, et qu'à l'orifice la hauteur au-dessus de la base est déjà réduite aux $\frac{7}{10}$ environ de ce qu'elle était à l'amont. La dépense totale se trouve comme ci-devant, en multipliant la dépense en une seconde, par le temps de l'écoulement exprimé en seconde.

129. M. Girard a présenté, dans une notice sur les jauges de la rivière d'Ourcq et de ses affluents, des considérations générales qu'il importe d'apprécier (2).

Après avoir indiqué les méthodes employées pour mesurer les eaux courantes, et particulièrement celle de Dubuat, qui consiste à multiplier la section du courant par une certaine vitesse moyenne entre toutes celles dont les filets fluides sont respectivement animés, il fait observer :

1° Que le but ordinaire de cette opération est moins d'assigner avec précision la quantité d'eau qui s'écoule dans un seul instant déterminé, que de connaître celle qui est fournie par la rivière ou le courant dont il s'agit pendant un certain laps de temps, soit d'une année, soit de quelques mois, et que la méthode la plus rigoureuse consisterait donc à effectuer la mesure du volume chaque jour de l'année; le produit

---

(1) *Mémoires de l'Académie royale des sciences de Turin*, tome **XXVIII**.

(2) *Notice sur les jauges de la rivière d'Ourcq et de ses affluents;* par **P.-S.** Girard. Paris, 1804.

moyen de ces jauges journalières donnerait évidemment la dépense du courant en vingt-quatre heures ;

2° Que lorsque le courant est barré par des digues qui en soutiennent les eaux, soit pour le service de moulins ou d'usines, soit pour l'entretien d'une navigation artificielle, il n'est pas possible de regarder comme le produit actuel du courant, l'eau qui s'écoule pendant la durée d'une seule observation, par une section et avec une vitesse déterminées.

On conçoit, en effet, que, suivant les besoins des moulins et usines construits sur une certaine longueur du courant, ou pour le service des écluses qui y sont établies, les eaux sont retenues ou lâchées au-dessus du point où se fait l'observation, de sorte qu'il s'écoule en ce point plus ou moins d'eau suivant les heures de la journée ; d'où il peut arriver que les jauges faites le même jour donnent des résultats qui diffèrent considérablement entre eux, quoiqu'il n'y ait eu véritablement ni augmentation ni diminution dans la dépense moyenne de ce jour, et que les opérations relatives à chacune des observations aient été faites avec le même degré d'exactitude. On ne peut donc parvenir à évaluer la dépense d'une rivière barrée par des écluses ou des chaussées de moulins, sans faire ouvrir préalablement ces barrages, qu'en mesurant à des intervalles de temps très rapprochés les uns des autres, les quantités inégales de fluide qui s'écoulent par une section quelconque de cette rivière prise entre deux barrages et en prolongeant suffisamment la série de ces observations successives.

Il est très rare que les personnes intéressées à obtenir des résultats parfaitement exacts de semblables opérations, puissent disposer du temps nécessaire pour s'y livrer exclusivement pendant un an ; ce qui les oblige de les entreprendre sur le même courant en différentes saisons, et à s'en tenir au résultat moyen de leurs observations. D'ailleurs, lorsqu'il s'agit de livrer ces eaux à l'industrie, c'est surtout le *minimum* de leur produit qu'il s'agit de connaître, et l'on sait que, dans nos climats, la moindre des hauteurs annuelles des eaux courantes est vers l'équinoxe d'automne. C'est donc à cette époque qu'il paraît convenable de faire les observations.

Pour avoir égard à la seconde considération, il faut mesurer d'heure en heure, pendant plusieurs jours consécutifs, la quantité qui s'écoule

par une section choisie ; section dont la superficie et la vitesse simulta-
nées peuvent varier à chaque observation, suivant la profondeur du
courant.

Il est facile d'avoir égard aux variations de superficie en établissant
un repère fixe, auquel on rapporte la surface de l'eau à chaque observation.

Pour mesurer les différentes vitesses superficielles du courant, correspondantes aux variations de la section, on dissémine au même instant
sur la surface de l'eau, à l'extrémité supérieure de la portion du bief qui
sert de champ aux observations, un certain nombre de boules de cire ou
de bois, et on note le temps employé par chacune d'elles pour parcourir la longueur du bief, et l'on prend pour la vitesse réduite entre leurs
vitesses respectives.

La vitesse superficielle étant ainsi déterminée, il ne s'agit plus que de
lui faire subir la correction indiquée par les formules de Dubuat ou de
M. de Prony, pour avoir la vitesse moyenne qui doit entrer comme
facteur dans le produit du courant.

On évite cette correction lorsqu'on substitue aux boules de bois flottantes
à la surface du courant, des portions de cylindres creux d'une hauteur
à peu près égale à la profondeur de la section, et dans l'intérieur desquelles on place une petite quantité de grains de plomb qui sert de lest,
et détermine, par sa position, la coïncidence du centre de gravité du
cylindre et du centre d'impulsion du fluide.

SECTION DEUXIÈME.

DE L'ÉLÉVATION DES EAUX.

I. DES POMPES.

130. Les pompes ont déjà été appliquées avec succès à la distribution
de l'eau dans les villes situées aux abords des rivières. Mais c'est sur-

tout depuis que les perfectionnements apportés dans les machines à vapeur en ont facilité l'emploi, que leur usage s'est multiplié.

De tous les moyens que nous avons indiqués pour conduire l'eau aux différents points où il est nécessaire qu'elle parvienne, c'est presque toujours le plus avantageux , lorsque les localités permettent de l'employer. Cependant, comme le choix à faire entre ces moyens dépend d'un grand nombre de considérations, et particulièrement du volume d'eau à fournir, nous ne nous livrerons à l'examen de cette importante question que lorsque nous aurons développé la théorie des pompes à eau et des machines à vapeur.

131. L'air est un corps pesant, dont les molécules jouissent d'une mobilité parfaite. Ce qui le distingue des liquides, c'est que ses molécules, au lieu de s'attirer, sont dans un état continuel de répulsion. *Principes sur lesquels est fondée la théorie des pompes à eau.*

La pesanteur de l'air peut se reconnaître au moyen de la balance, et l'on trouve que son poids est 770 fois plus petit que celui de l'eau. *Galilée* démontra le premier cette vérité.

La pesanteur de l'air se manifeste aussi par les pressions que ce fluide exerce , et qui suivent les mêmes règles que les pressions exercées par les liquides ; ce qui a permis de les comparer aux poids des colonnes d'eau ou de mercure qu'elles étaient capables de tenir en équilibre. *Torricelli* reconnut cette propriété, à laquelle nous devons l'invention du baromètre. Ces pressions ont lieu dans tous les sens, en vertu de la fluidité parfaite des molécules, et tous les corps en contact avec lui sont soumis à leur action.

132. Réciproquement, l'air peut être regardé comme soumis à une pression exercée par les corps qui le limitent dans un espace déterminé; pression qui, toutes les fois qu'elle varie, produit un changement dans le volume occupé par les molécules de cet air. Mariotte a reconnu par des expériences que le volume est toujours en raison inverse de la pression , ou bien que la densité de l'air croît proportionnellement à la pression, pourvu que la température reste la même, ce qui exige qu'on laisse refroidir l'air comprimé : et cette loi remarquable qui s'applique à tous les fluides élastiques porte son nom.

133. Ces principes généraux suffisent pour expliquer les effets des pompes à eau et comme ils sont établis d'une manière exacte, et applica-

bles en toute circonstance; les machines qui ne reçoivent leur mouvement que de l'air peuvent être étudiées jusque dans leurs moindres détails par la théorie mécanique.

Description de la
pompe aspirante.

134. On distingue deux espèces de pompes ; la pompe *aspirante*, et
la pompe *aspirante* et *foulante*.

135. La pompe aspirante se compose de deux parties distinctes : l'une
appelée le *corps de pompe*, l'autre le *tuyau d'aspiration*. (Pl. V, fig. 6.)

Le corps de pompe est un cylindre d'une certaine largeur qui se réunit à un tube plus étroit plongeant dans un réservoir d'eau. Le corps
de pompe est séparé du tuyau d'aspiration par une soupape S qui s'ouvre de bas en haut. Le piston P, qui se meut dans le corps de pompe,
est percé dans son milieu et porte une soupape s, qui s'ouvre dans le
même sens que l'autre. L'étendue que le piston parcourt s'appelle la
course du piston.

Le piston étant au bas de sa course et reposant sur le fond du corps
de pompe, les deux soupapes se trouvent fermées. Si on soulève le piston, il se fait un *vide* au-dessous, et l'air qui se trouve dans le tuyau
d'aspiration soulève la soupape S et pénètre dans le corps de pompe.
Dès lors, cet air occupant un espace plus grand que celui qu'il occu-
pait, ne peut plus, par son ressort, faire équilibre au poids de l'air extérieur. Il faut par conséquent que le liquide s'élève à une certaine hauteur, de manière que la colonne d'eau soulevée, plus le ressort qui
reste, fassent équilibre à la pression extérieure de l'air.

Le piston redescend ensuite : le ressort de l'air qui était diminué devient
égal au ressort de l'air extérieur, et finit même par devenir plus grand.
Une fois que cette condition est remplie, la soupape s, qui est soumise
alors à une pression plus forte de bas en haut que de haut en bas, s'ouvre, l'air s'échappe, et le piston est ramené sans effort jusqu'au bas de
sa course.

On remonte de nouveau le piston, la soupape s se ferme aussitôt,
et s'il y a encore de l'air dans le tuyau d'aspiration, il soulève la
soupape S, qui s'était refermée lors de la descente du piston, et se
précipite dans l'espace vide. Cet air perdant son ressort et augmentant
de volume, ne peut plus faire équilibre à l'air extérieur, par conséquent
il faut que l'eau monte encore d'une certaine quantité.

Après plusieurs coups de piston, l'eau montera jusqu'à la soupape S ou même jusque dans le corps de pompe. Si l'eau a pu s'élever dans le corps de pompe, le piston en descendant fera fermer la soupape inférieure ; la soupape supérieure s'ouvrira, et tout l'air renfermé dans l'espace compris entre les deux soupapes s'échappera. En retirant le piston nous ferons un vide, et comme la pression extérieure est constante, il en résultera que l'eau s'élèvera pour remplir ce vide. En descendant le piston, l'eau traversera la soupape *s*, et viendra se loger dans la partie supérieure. Alors, en continuant le jeu du piston, on forcera l'eau à s'élever à une hauteur indéfinie, si la force qui fait mouvoir la pompe est suffisante.

136. Telle est la construction de la machine appelée pompe *aspirante*.

Il s'agit d'examiner plus particulièrement les circonstances de son mouvement et d'obtenir la mesure de ses effets.

137. L'eau ne pouvant s'élever dans le tuyau d'aspiration qu'en vertu de la pression que l'atmosphère exerce sur la surface du liquide dans lequel il plonge, il est évident que pour que l'eau pénètre dans le corps de pompe et parvienne au-dessus de la tête du piston, il faut que le corps de pompe soit placé à une hauteur inférieure à celle à laquelle l'eau peut être élevée par la pression atmosphérique. A la surface de la terre et au niveau de la mer, cette hauteur est moyennement de $10^m,356$, et la pression d'une colonne d'eau de cette hauteur est égale à celle d'une colonne de mercure de $0^m,76$, puisque le mercure pèse $13,59$ fois plus que l'eau. Si cette condition est remplie, l'eau montera dans le corps de pompe, et l'on pourra calculer les dilatations successives de l'air et les élévations correspondantes du liquide opérées par le jeu de la machine.

138. Soient

Théorie mathématique du mouvement de l'eau dans la pompe aspirante.

L'espace compris entre la soupape dormante et la tête du piston au point le plus bas de sa course. $= c$

Ce que devient cet espace lorsque le piston est parvenu au point le plus haut de sa montée. . . . . $= E$

La section horizontale du vide intérieur du tuyau d'aspiration . $= s$

La distance variable de la soupape dormante à la superficie de l'eau dans le tuyau d'aspiration . . . . $= y$

La distance fixe de la même soupape à la superficie de l'eau du réservoir. . . . . $= a$

Le piston étant baissé, l'air compris dans l'espace e est de l'air naturel dont nous désignerons le ressort par h, c'est-à-dire que nous ferons h égal à la hauteur d'une colonne d'eau qui exercerait la même pression $= 10^{\,m}, 356$;

Et l'air compris dans le tuyau d'aspiration, ou dans l'espace sy, est de l'air raréfié dont nous désignerons le ressort par x.

Les choses étant dans cet état, si on lève le piston, le ressort de l'air diminue et l'eau monte dans le corps de pompe. Nommons

y', la nouvelle distance de la soupape dormante à la superficie de l'eau, x', le nouveau ressort de l'air, et cherchons la valeur de y' et de x'.

139. Pour cela, il faut observer que la masse d'air qui, avant l'élévation du piston, était renfermée dans l'espace $e + sy$, se trouve, après cette élévation, renfermée dans l'espace $E + sy'$.

π étant la pesanteur spécifique de l'air non raréfié, la masse d'air comprise dans l'espace e sera égale à πe.

Pour avoir la pesanteur spécifique π' de l'air raréfié, compris dans le tuyau d'aspiration, et dont le ressort est x', il n'y a qu'à la comparer à celle de l'air non raréfié qui occuperait le même espace,

On a la proportion

$$h : x :: \pi : \pi' = \frac{\pi\,x}{h}$$

La masse d'air raréfié compris dans le tuyau d'aspiration sera donc

$$\frac{\pi x}{h} sy$$

Et par conséquent la masse d'air comprise dans l'espace $e + sy$ sera égale à

$$\pi e + \frac{\pi x}{h} sy.$$

Nous avons dit que cette masse d'air se trouve, après l'élévation du piston, enfermée dans l'espace $E + sy'$ et que son ressort est x'. L'expression de ce ressort s'obtiendra également en le comparant à celui de l'air non raréfié qui occuperait le même espace.

La masse de cet air non raréfié serait $\pi\,(\mathrm{E}+sy')$ et son ressort h.
On aura la proportion

$$\pi\,(\mathrm{E}+sy')\,:\ \pi e+\frac{\pi x}{h}sy\ ::\ h\ :\ x'$$

$$\text{d'où }\ x'=\frac{h\left(e+\dfrac{x}{h}sy\right)}{\mathrm{E}+sy'}$$

140. Lorsque le ressort de l'air, renfermé dans le tuyau d'aspiration, était égal à x, ce ressort, joint au poids de la colonne d'eau dont la hauteur est égale à $a-y$, exerçait sur la superficie de l'eau du réservoir une pression égale à celle de l'air extérieur. Cette considération fournit l'équation

$$x+a-y=h,\ \text{ou}\ x-y=h-a$$

et on a de plus, par une raison absolument semblable, l'équation

$$x'-y'=h-a$$

Éliminant, au moyen de ces deux équations, les quantités y et y' de l'équation

$$x'=\frac{he+sxy}{\mathrm{E}+sy'}$$

et faisant $h-a=b$, on a, toutes réductions faites, l'équation

$$x'=\frac{bs-\mathrm{E}}{2s}\pm\sqrt{\left(\frac{bs-\mathrm{E}}{2s}\right)^2+\frac{he}{s}+x^2-bx}$$

et lorsqu'il n'y a aucun espace entre le point le plus bas de la descente du piston et la soupape dormante

$$x'=\frac{bs-\mathrm{E}}{2s}\pm\sqrt{\left(\frac{bs-\mathrm{E}}{2s}\right)^2+x^2-bx}$$

il est évident que celle des deux racines de l'équation qui donne $x'>h$ doit être rejetée.

141. La valeur de x' étant calculée, on trouve celle de y' par l'équation

$$y'=x'-b$$

142. On peut, au moyen de ces deux équations, trouver les densités successives de l'air dans le tuyau d'aspiration , les hauteurs successives auxquelles l'eau s'élève dans ce tuyau, et la quantité dont elle s'élève à chaque coup de piston.

En effet, supposons qu'il n'y ait encore aucun coup de piston donné , on a $x = h$, et les valeurs de x' et d'y' trouvées par la substitution de h dans les équations de l'art. 138 donneront le ressort de l'air et l'élévation de l'eau après le premier coup de piston.

Substituant la valeur trouvée pour le ressort de l'air, au lieu de x, dans la même équation générale, on aura les valeurs de x' et y', correspondantes au second coup de piston, et ainsi de suite, pour un nombre de coups quelconques. Prenant, après cela, les différences successives des valeurs de y, on aura la quantité dont l'eau s'est élevée à chaque coup de piston.

143. Les équations $x - y = b$, et $x' - y' = b$ donnent $x - y = x' - y'$, ou $y - y' = x - x'$. Il est évident que s'il arrivait que l'eau cessât de monter dans le tuyau d'aspiration, la différence de $y - y'$ de deux hauteurs consécutives serait égale à zéro : on aurait donc $x - x' = o$, et substituant la valeur de x' de l'art. 138 dans cette équation il en résulterait

$$x = \frac{bs - E}{2s} \pm \sqrt{\left(\frac{bs - E}{2s}\right)^2 + \frac{he}{s} + x' - bx}$$

ce qui donne, toutes réductions faites,

$$x = \frac{e}{E} h.$$

Cette valeur substituée dans l'équation $x - y = h - a$ donne

$$y = a - \frac{E - e}{E} h$$

144. Il résulte de ces équations que lorsqu'il y a un espace entre le point le plus bas de la marche du piston et la soupape dormante, l'eau pourra s'arrêter avant d'arriver à cette soupape, et cet effet aura lieu toutes les fois que a sera plus grand que $\frac{E - e}{E} h$. Si la soupape dormante est à la séparation du corps de pompe et du tuyau d'aspiration, le rap-

port $\dfrac{E-e}{E}$ sera celui de la longueur que parcourt le piston, dans une montée ou descente , à la distance qu'il y a depuis le point le plus haut de sa course jusqu'à l'extrémité inférieure du corps de pompe.

145. On voit assez aisément sans calcul, que l'eau doit s'arrêter au-dessous de la soupape dormante, lorsque levant le piston, l'air naturel renfermé dans l'espace e, et se dilatant dans l'espace E, aura encore, après cette dilatation, un ressort égal à celui de l'air renfermé au-dessous de cette soupape. Il est évident qu'alors l'air inférieur ne tendra point à passer dans le corps de pompe, qu'il n'y aura point d'augmentation de raréfaction, et par conséquent d'ascension d'eau. C'est en effet ce que donne l'équation $x = \dfrac{e}{E}h$ ou x exprime le ressort de l'air au-dessous de la soupape dormante, et $\dfrac{e}{E}h$ le ressort qu'acquiert l'air en se dilatant de l'espace e dans l'espace E.

146. Le cas où l'on a $a = \dfrac{E-e}{E}h$ donne $y = o$, et alors l'eau doit monter jusqu'à la soupape dormante : celui où on a $a < \dfrac{E-e}{E}h$ rend y négatif, et alors l'eau doit s'élever au-dessus de cette soupape.

147. Lorsqu'il n'y a point d'espace entre le point le plus bas de la marche du piston et la soupape dormante, alors l'eau doit toujours monter : car en faisant dans la dernière équation de l'art. 138 la substitution qu'on a faite dans celle qui la précède, on trouve $E = o$, c'est-à-dire qu'il faudrait, pour que l'eau ne montât pas, que la marche du piston fût nulle.

On trouve la même chose en faisant $e = o$, dans l'équation

$$y = a - \frac{E-e}{E}h \, ;$$

car il en résulte $y = a - h$, valeur qui est négative puisqu'on a $h > a$; ainsi l'eau parviendra toujours au-dessus de la soupape dormante quand on aura $e = o$ (1).

---

(1) *Nouvelle architecture hydraulique* de M. de Prony. Paris, 1790.

148. Si l'on veut avoir la mesure de l'effort qu'il faudra faire pour soulever le piston, il n'y a qu'a prendre la différence des pressions qui ont lieu dans la partie supérieure et dans la partie inférieure.

Dans la partie supérieure nous avons à surmonter, en soulevant le piston, la pression de l'air et le poids de la colonne d'eau qui repose sur le piston; en désignant toujours la première par h et la seconde par P, nous aurons pour la pression supportée par la tête du piston $h+$P. Sur la partie inférieure du piston, nous avons la pression de l'air qui agit par l'intermédiaire de l'eau, diminuée du poids de la colonne d'eau qui va depuis la base inférieure du piston jusqu'au réservoir, et qui agit en sens contraire de la pression atmosphérique; par conséquent, en désignant le poids de cette colonne d'eau par p, la pression exercée sur la base inférieure du piston sera exprimée par $h-p$; retranchant ces deux expressions l'une de l'autre, nous aurons P$+p$, c'est-à-dire le poids de la colonne d'eau au-dessus du piston, plus le poids de la colonne d'eau inférieure, pour mesure de l'effort nécessaire pour soulever le piston.

149. Lorsque le piston descend, on n'a à exercer que l'effort nécessaire pour vaincre les frottements; car, dès le moment que le piston descend, la soupape supérieure s'ouvre, et le piston nage librement dans l'air ou le liquide.

150. En résumé, nous pouvons établir que, pour assurer le jeu de la pompe aspirante, il faut, 1° que le corps de pompe soit placé à une hauteur moindre de $10^m,536$ au-dessus du réservoir d'eau, ou, pour mieux dire, à une hauteur inférieure à celle à laquelle l'eau peut être élevée par la pression atmosphérique;

2° Que le piston descende et vienne s'appliquer exactement sur la base inférieure du corps de pompe, de manière qu'il ne reste aucun espace où l'air puisse se loger entre le dessous du piston et la soupape dormante placée à la séparation du corps de pompe et du tuyau d'aspiration;

3° Que la force appliquée à la tige du piston, et qui détermine son mouvement, soit plus grande que la somme des poids de la colonne d'eau au-dessus du piston, plus la colonne d'eau inférieure, et qu'elle puisse vaincre en outre le frottement du piston et les autres résistances.

<table><tr><td>Description de la
pompe aspirante et
foulante (pl. V, fig. 7).</td><td>151. La pompe aspirante et foulante a, comme la première, un</td></tr></table>

corps de pompe et un tuyau d'aspiration , qui sont séparés par une soupape S qui s'ouvre de bas en haut ; mais au lieu d'avoir le piston percé et garni d'une soupape , le piston est solide , et la soupape *s* est placée sur le côté du corps de pompe, à l'orifice d'un tuyau latéral , qui d'abord marche presque horizontalement, et s'élève ensuite parallèlement au corps de pompe. La soupape s'ouvre du dedans au dehors.

Supposons que le piston soit au bas de sa course, les soupapes S, *s* fermées. En retirant le piston, on fait le vide dans l'intérieur, au-dessous du piston ; la soupape latérale reste fermée par la pression extérieure de l'air, qui agit par le tube ; mais la soupape inférieure doit s'ouvrir d'après sa position ; d'où résulte une raréfaction de l'air dans le tuyau d'aspiration , et une élévation d'une certaine colonne d'eau, comme dans la première pompe.

On descend ensuite le piston ; l'espace dans lequel l'air s'était dilaté diminue, l'air se comprime, la soupape inférieure se ferme ; mais la soupape latérale doit s'ouvrir, lorsque l'effort intérieur sera plus grand que l'effort extérieur, et l'air s'échappera par cette soupape, de manière que le piston pourra être ramené en bas immédiatement en contact avec le fond du corps de pompe.

En remontant le piston , on fera de nouveau le vide, l'air se précipitera en ouvrant la soupape, et l'eau montera à une certaine hauteur.

Après plusieurs coups de piston , on introduira l'eau dans le corps de pompe, pourvu qu'on ait rempli cette condition, de se placer à une hauteur moindre de $10^m,336$. Une fois que l'eau est dans le corps de pompe, le piston, en descendant, presse l'eau et la force à ouvrir la soupape latérale, pour se loger dans le tuyau. La colonne dans le tuyau presse au contraire sur la base en raison de la hauteur, et si l'on peut disposer d'une puissance supérieure à cette pression, on pourra faire monter l'eau à une hauteur proportionnée à cette puissance.

Tel est le jeu de la pompe *aspirante* et *foulante*.

152. Pour avoir la mesure exacte de la force qu'il faut employer pour faire marcher cette machine, nous ferons observer d'abord que l'eau ne dépassant jamais le piston, l'effort qu'il faut faire pour monter ce piston est égal au poids de la colonne d'eau soulevée par aspiration. Mais quand le piston descend , il ne nage plus librement, comme dans

le cas de la pompe aspirante; il faut qu'il comprime l'eau et la force à passer par la soupape latérale, pour s'élever par le tube parallèle au corps de pompe; et, par conséquent, il faut un effort qui soit supérieur au poids de la colonne d'ascension.

153. Il y a un grand avantage à régulariser ces deux efforts. Cela est très facile, toutes les fois qu'il s'agit d'élever l'eau à une hauteur moindre de 20 mètres, parcequ'alors on peut diviser en deux parties égales cette hauteur et placer le corps de pompe de manière que l'effort à faire pour soulever le piston, ou le poids de la colonne d'eau soulevée en aspirant, soit égal à l'effort à faire pour faire descendre le piston, ou au poids de la colonne d'eau élevée dans le tube d'ascension.

154. Mais si on devait élever l'eau à plus de vingt mètres, alors, comme on ne peut pas se placer à plus de $10^m,336$ au-dessus du réservoir, il faudra faire un effort plus grand pour élever l'eau dans le tube, que pour la faire arriver dans le corps de pompe; c'est-à-dire que l'effort nécessaire pour faire descendre le piston sera plus grand que l'effort à faire pour soulever ce même piston.

155. La force nécessaire pour faire monter le piston dans la pompe aspirante, et pour le faire descendre dans la pompe aspirante et foulante, est égal au poids de la colonne d'eau soulevée. Et comme le poids d'une colonne d'eau de 10 mètres de hauteur exerce une pression de 1 kilogramme sur chaque centimètre superficiel de sa base, on peut le prendre pour unité de mesure et dire qu'il faudra exercer sur le piston un effort de 1, 2, 3, 4, etc., kilogrammes par centimètre carré de sa base, suivant que l'on voudra élever l'eau à 10, 20, 30, 40, etc., mètres de hauteur. Cet effort peut devenir, comme on voit, très considérable : aussi l'usage des pompes aurait-il été très borné, si l'on n'avait pas découvert un moteur qui permît d'imprimer à la tige du piston une impulsion très considérable. Ce moteur, on l'a trouvé dans la force expansive de la vapeur.

II. DES MACHINES A VAPEUR.

DE LA FORMATION DE LA VAPEUR.

156. L'eau exposée à une certaine température est susceptible de se transformer en vapeur. Elle jouit alors de toutes les propriétés des flui-

des élastiques. Ce phénomène a lieu, soit que l'eau se trouve dans un espace vide, soit qu'elle éprouve le contact de l'air, et la vapeur se forme en quantité d'autant plus considérable, et à une tension d'autant plus grande, que la température est plus élevée.

157. Dalton a mesuré la hauteur de la colonne de mercure soulevée par la tension de la vapeur produite à différents degrés de température ; M. Biot a lié ces résultats par une formule, et calculé une table qui indique la marche que suit la force élastique de la vapeur quand on fait varier sa température depuis 20 degrés au-dessous de zéro jusqu'à 130 degrés du thermomètre centigrade. Nous allons la transcrire, parcequ'elle est d'un grand usage dans la pratique.

FORCE ÉLASTIQUE DE LA VAPEUR D'EAU,

évaluée en millimètres de mercure, pour chaque degré du thermomètre centigrade (1).

Degrés.	Tension.	Degrés.	Tension.	Degrés.	Tension.	Degrés.	Tension.	Degrés.	Tension.
—20	1,333	11	10,074	41	55,772	71	239,45	101	787,27
—19	1,429	12	10,707	42	58,792	72	250,23	102	815,26
—18	1,531	13	11,378	43	61,958	73	261,43	103	843,98
—17	1,638	14	12,087	44	65,627	74	273,03	104	873,44
—16	1,755	15	12,837	45	68,751	75	285,07	105	903,64
—15	1,879	16	13,630	46	72,393	76	297,57	106	934,81
—14	2,011	17	14,468	47	76,205	77	310,49	107	966,31
—13	2,152	18	15,353	48	80,195	78	323,89	108	994,79
—12	2,302	19	16,288	49	84,370	79	337,76	109	1032,04
—11	2,461	20	17,314	50	88,742	80	352,08	110	1066,06
—10	2,631	21	18,317	51	93,301	81	367,00	111	1100,87
— 9	2,812	22	19,417	52	98,075	82	382,38	112	1136,43
— 8	3,005	23	20,577	53	103,06	83	398,28	113	1172,78
— 7	3,210	24	21,805	54	108,27	84	414,73	114	1209,90
— 6	3,428	25	23,090	55	113,71	85	431,71	115	1247,81
— 5	3,660	26	24,452	56	119,39	86	449,26	116	1286,51
— 4	3,907	27	25,881	57	125,31	87	467,38	117	1325,98
— 3	4,170	28	27,390	58	131,50	88	486,09	118	1366,22
— 2	4,448	29	29,045	59	137,94	89	505,38	119	1407,24
— 1	4,745	30	30,643	60	144,66	90	525,28	120	1448,83
0	5,059	31	32,410	61	151,70	91	545,80	121	1491,58
1	5,393	32	34,261	62	158,96	92	566,95	122	1534,89
2	5,748	33	36,188	63	166,56	93	588,74	123	1578,96
3	6,123	34	38,254	64	174,47	94	611,18	124	1623,67
4	6,523	35	40,404	65	182,71	95	634,27	125	1669.31
5	6,947	36	42,743	66	191,27	96	658,05	126	1715,58
6	7,396	37	45,038	67	200,18	97	682,59	127	1762,56
7	7,871	38	47,579	68	209,44	98	707,63	128	1810,25
8	8,375	39	50,147	69	219,06	99	733,46	129	1858,63
9	8,909	40	52,998	70	229,07	100	760,00	130	1907,67
10	9,475								

(1) *Traité de physique expérimentale et mathématique;* par Biot. Paris, 1816.

158. Si la vapeur, au lieu de se former dans le vide, se forme dans un espace rempli d'air, et qu'il y ait constamment du liquide en contact avec la vapeur, la force élastique de cette vapeur reste la même et suit la même loi de variation; et cela, quelle que soit la pression de l'air. La force élastique ne dépend donc absolument que de la température. Augmente-t-on cette température, la force élastique croît; diminue-t-on cette température, il se précipite une certaine quantité de vapeur et la force élastique décroît.

159. Si au contraire on cherche à comprimer la vapeur ou à diminuer l'espace qu'elle occupe, mais sans changer la température, il se précipite une quantité de vapeur justement proportionnelle à la réduction de l'espace et la force élastique reste constante. Si le vase est extensible, et que l'on augmente l'espace, il se forme une nouvelle quantité de vapeur; et si la température reste la même, la force élastique conserve toujours son intensité.

160. Ainsi, pour chaque température, il y a une force élastique déterminée, et l'espace, soit vide, soit rempli d'air, dans lequel la vapeur se forme, en prend une certaine quantité, qui n'augmente ni ne diminue, quelle que soit la pression de l'air, mais qui est toujours en rapport avec l'espace : ce qu'on exprime en disant que l'espace est *saturé* de vapeurs.

Bien entendu, je le répète, que ces effets n'ont lieu que lorsqu'il y a un excédant d'eau liquide en contact avec la vapeur.

161. Lorsque la vapeur se forme à l'air libre, et que sa force élastique fait équilibre à la pression atmosphérique, le liquide entre en *ébullition*. Alors la température reste stationnaire, et le calorique est employé à former de la vapeur, jusqu'à ce que tout le liquide ait pris l'état de fluide élastique.

Le terme de l'ébullition ne dépend que de la pression que supporte le liquide. Sous la pression de 76 centimètres de mercure, correspondante à la pression ordinaire de l'atmosphère, l'eau bout à la température de 100°. Sous la pression de 1534 millimètres, l'eau n'entrerait en ébullition qu'à 122°. La table précédente indique toujours la température ou terme de l'ébullition qui correspond à une pression déterminée.

162. Supposons maintenant que la vapeur ne soit plus en contact avec le liquide qui la produit : elle se comportera comme les gaz, pourvu que la pression à laquelle on la soumet n'excède jamais celle qu'un es-

pace saturé de vapeur peut soutenir à la température de l'expérience.

Le volume, quand on le dilatera, variera en raison inverse de la pression, c'est-à-dire que la densité d'une même masse de vapeur sera toujours proportionnelle aux pressions que cette vapeur éprouvera, pourvu toutefois que la température ne change pas : c'est une application de la loi de *Mariotte*.

Lorsqu'on fera varier la température de la vapeur sans changer la pression, la dilatation sera proportionnelle à la température. L'augmentation de volume que la vapeur éprouvera en s'échauffant de degrés en degrés sera $\frac{1}{267}$ du volume pris à zéro de température (1). Cette loi est due à M. *Gay-Lussac*.

Volume de la vapeur comparé à celui de l'eau. 163. Un centimètre cube d'eau à o°, donne, en passant à l'état de vapeur, 1700 centimètres de vapeur d'eau à 100°, sous une pression égale à celle de l'atmosphère.

Densite de la vapeur comparée à celle de l'air. 164. Le rapport de la densité de l'air à celle de la vapeur d'eau est de 1604 à 1000, c'est-à-dire que la densité de la vapeur d'eau est de 0,6235, celle de l'air étant 1.

Calorique spécifique de la vapeur. 165. Les corps exigent des quantités de calorique différentes pour passer d'une température à une autre, et la quantité de calorique exigée pour chaque corps s'appelle *calorique spécifique*.

En prenant pour unité la capacité de l'eau, on trouve

$$\text{Air.} \ldots \ldots \ldots \ldots \text{o,2669,}$$
$$\text{Vapeur aqueuse.} \ldots \ldots \text{o,847.}$$

Calorique latent de la vapeur. 166. Nous avons dit que lorsque l'eau passe de l'état liquide à celui de fluide élastique, c'est-à-dire lorsqu'elle entre en ébullition, l'absorption de calorique qui a lieu pendant le changement d'état, n'est plus sensible au thermomètre. On l'appelle, à cause de cela, *calorique latent*. Il s'agit de mesurer la quantité de chaleur ainsi absorbée par l'eau.

---

(1) Il ne faut pas perdre de vue que ce volume, pris à zéro sous une pression quelconque, est une *fiction* commode pour le calcul.

On a trouvé d'abord que lorsqu'un poids d'eau, au terme de l'ébullition à 100°, se réduit en vapeur, il absorbe une quantité de calorique telle, que si on supposait que l'eau conservât son état liquide indéfiniment, la chaleur qui est latente serait capable d'élever la température de l'eau de 550° au-dessus de celle qu'elle a au terme de l'ébullition, ou de 650° si l'on prend l'eau à zéro. Réciproquement, cette quantité de chaleur est abandonnée en totalité lorsque la vapeur reprend son état liquide.

167. La chaleur latente est ici prise dans une circonstance déterminée, c'est-à-dire sous la pression ordinaire de l'atmosphère. Cette chaleur latente est-elle constante, est-elle variable, lorsqu'on augmente la pression?

Southern, en Angleterre, a cru trouver que le calorique latent est constant, mais que la quantité totale de chaleur croît de la quantité dont s'élève la température ; c'est-à-dire que la quantité totale de chaleur pouvait être considérée comme composée de deux parties, l'une fixe, représentant la chaleur latente, qui serait capable d'élever la température de l'eau de 550° au-dessus de celle qu'elle a au terme de l'ébullition; l'autre variable, représentant la chaleur thermométrique qui serait nécessaire pour élever la température de l'eau depuis 0° jusqu'à la température qui résulte de la pression sous laquelle la vapeur se forme.

Ainsi, dans un kilogramme de vapeur à 100° ou formée sous la pression d'une atmosphère, la quantité totale de chaleur serait de

$$100° + 550° = 650°$$

Dans un kilogramme de vapeur à 121°, 550, ou formée sous une pression de deux atmosphères, la quantité totale de chaleur serait de

$$121°, 55, + 550° = 671°, 55.$$

Dans un kilogramme de vapeur à 135°, ou formée sous une pression de trois atmosphères, la quantité totale de chaleur serait de

$$135° + 550° = 685°, \text{ etc., etc.}$$

De sorte que la dépense en combustible augmenterait avec le degré de température de la vapeur, ou avec la pression sous laquelle elle serait formée.

D'autres physiciens, en France particulièrement, MM. Clément et Dé-

sormes, ont fait des expériences d'après lesquelles ils ont cru reconnaitre
que la *quantité totale* de chaleur était constante, c'est-à-dire que si l'on
prend une même masse de vapeur et qu'on l'échauffe de 110° à 120° à 200°,
on aura toujours dans cette masse de vapeur une même quantité de calorique, égale à 650° par kilogramme de vapeur; de sorte que la dépense
en combustible resterait la même quel que fût le degré de pression sous
lequel la vapeur serait formée.

Chaleur produite par la combustion de diverses substances.

168. La chaleur est produite par la combustion des corps : mais tous
ne présentent pas les mêmes avantages, parcequ'ils ne développent pas,
sous un même poids, la même quantité de chaleur. Nous allons indiquer
les substances dont on se sert le plus ordinairement, en les classant suivant les avantages relatifs que présentent leurs prix et leurs propriétés.

TABLEAU

*de la chaleur produite par la combustion d'un kilogramme de diverses
substances, en prenant pour unité ou terme de comparaison la quantité de chaleur nécessaire pour élever d'un degré un kilogramme
d'eau liquide. C'est cette unité que M. Clément appelle calorie.*

COMBUSTIBLES.	CALORIES.
Charbon de bois.	7050
Coke pur.	7050
Coke donnant 0,10 de cendre.	6345
Houille, première qualité, donnant 0,02 de cendre.	7050
Idem, deuxième qualité, — 0,10 —	6345
Idem, troisième qualité, — 0,20 —	5932
Bois sec quelconque.	3666
Bois contenant 0,20 d'eau.	2945
Tourbe bonne.	2000
Idem mauvaise.	1125

Nous avons vu qu'il fallait 650 calories pour vaporiser un kilogramme d'eau à zéro, il serait facile, d'après cela, de déterminer le nombre de kilogrammes de vapeur que l'on pourrait obtenir par la combustion d'un kilogramme de chacune de ces substances, si toute la chaleur développée par la combustion était employée à former de la vapeur. Mais on est loin de pouvoir réaliser dans la pratique ces résultats. Ainsi, un kilogramme de houille, première qualité, devrait fournir onze kilogrammes de vapeur, tandis qu'on n'en peut produire que six ; cela tient à ce que l'on n'a pas encore atteint dans la construction des foyers toute la perfection désirable pour empêcher les déperditions de chaleur.

DE LA PUISSANCE MÉCANIQUE DE LA VAPEUR.

169. La puissance des moteurs s'évalue de deux manières qu'il faut distinguer.

170. S'il s'agit de produire un travail déterminé, comme d'élever un poids donné à une certaine hauteur, de broyer une quantité donnée d'une certaine matière, etc., le moteur qui produit cet effet renferme deux éléments, la *pression* qu'il exerce sur le point où il s'applique, et l'*espace* que ce point parcourt dans le sens de la pression. Celle-ci étant supposée constante, si on la multiplie par l'espace parcouru, le produit est ce qu'on appelle *puissance mécanique,* ou *quantité d'action,* ou bien encore *travail.* Cette dernière dénomination a été proposée assez récemment par M. de Coriolis. Cette quantité revient toujours à un certain poids élevé à une certaine hauteur ; et pourvu que ce produit reste constant, la puissance mécanique ou travail ne varie pas, quel que soit d'ailleurs le temps pendant lequel l'action du moteur a eu lieu. C'est ainsi, par exemple, qu'un cheval attelé à un manége, et allant au trot, est estimé produire en quatre heures et demie, durée de son travail par jour, la même puissance que produit en quarante-cinq heures un manœuvre agissant sur une manivelle et travaillant huit heures par jour. Nous adopterons, pour unité de puissance mécanique, celle qui revient à 1,000 kilogrammes élevés à un mètre, et nous l'appellerons *unité dynamique.*

171. Si le moteur considéré est supposé agir sans interruption et d'une manière uniforme, il est clair que pour le comparer à un autre, il suffit de dire quelle est la puissance mécanique qu'il développe pendant l'*u-*

nité de temps. C'est ainsi qu'on dira que telle chute d'eau est capable d'élever 3oo kilogrammes à un mètre de hauteur *par seconde.*

Pour éviter de faire entrer dans l'expression des moteurs industriels, trois éléments, le poids, l'espace et le temps, les mécaniciens anglais ont imaginé de choisir une unité à laquelle on donne en France le nom de *cheval de vapeur.*

Il y a la même différence entre cette unité de deuxième espèce et l'unité dynamique précédente qu'entre une longueur et une vitesse, ou entre un volume d'eau et un pouce de fontenier.

Malheureusement, elle n'a pas reçu une définition généralement consentie. Chacun convient qu'elle devrait représenter la quantité d'action qui serait continuellement produite par un cheval tirant sans s'arrêter, et relayé dès l'instant où sa force journalière serait épuisée. Mais tous les chevaux ne fournissent pas la même quantité d'action ; elle varie pour le même cheval suivant la manière dont il agit; de sorte qu'il aurait fallu, pour éviter toute incertitude à cet égard, commencer par fixer le *poids* que le cheval dont on entendait parler pourrait élever par seconde à un mètre de hauteur. C'est ce qu'on n'a pas fait, et il en est résulté plusieurs valeurs pour l'unité dynamique continuelle ou cheval; ce qui nécessairement devait avoir de très graves inconvénients.

TABLEAU

des valeurs qui sont les plus accréditées en France et en Angleterre.

DÉSIGNATIONS DES UNITÉS EMPLOYÉES SOUS LE NOM de *force de cheval.*	UNITÉS DYNAMIQUES DÉFINIES PAR DES POIDS ÉNONCÉS	
	en livres, avoir du poids, élevées à un pied de hauteur pendant une minute de temps.	en kilogrammes élevés à un mètre de hauteur pendant une seconde de temps.
	livres, avoir du poids.	kilogrammes.
1. Unité employée par quelques auteurs français.	34742	80,000
2. Unité anglaise , dite routinière.	33000	75,990
3. Unité de Watt et Boulton.	32000	73,687
4. Unité employée par M. Edwards.	28000	64,476
5. Unité de Desaguillier.	27500	63,325
6. Unité de Smeaton.	22916	52,769

172. M. Ch. Dupin a proposé d'adopter l'unité de force motrice représentant 1,000 mètres cubes d'eau distillée, réduite à sa plus grande densité, ou 1,000 tonneaux de marine élevés à un mètre de hauteur, durant un jour astronomique. Il lui donne le nom de *dyname*.

Si l'on comptait le temps suivant la division décimale, le dyname ou quantité de forces uniformément dépensées en un jour, donnerait 1,000 mètres cubes élevés à un mètre pour travail du jour entier ; un mètre cube élevé à un mètre, pour travail effectué durant une minute ; et 10 kilogrammes élevés à un mètre pour travail effectué durant une seconde.

Si l'on compte le temps suivant l'ancienne division, l'on trouve pour le travail effectué durant une seconde, la 86,400 partie du dyname, ou 11$^{kil.}$, 574 élevés à un mètre durant une seconde (1).

173. M. de Prony, à la suite d'expériences entreprises pour mesurer avec exactitude la force des machines à vapeur, a fait également la proposition d'une mesure de ce genre, et démontré combien il importait à la sécurité de l'industrie et du commerce qu'elle fût fixée par l'autorité.

174. Dans nos calculs, nous adopterons pour la *force du cheval* l'évaluation qui se rapporte à 75 kilogrammes élevés par seconde à un mètre de hauteur, comme se rapprochant de l'unité anglaise la plus généralement adoptée.

175. Avant de nous occuper de la recherche d'une formule propre à représenter la puissance mécanique de la vapeur, nous allons évaluer le volume que prend successivement cette vapeur, lorsqu'on fait varier à la fois la température et la pression.

Il suffit pour cela de combiner la loi de Mariotte, relative aux variations de volume par la pression lorsque la température reste constante, avec celle de M. Gay-Lussac, relative aux accroissements de ce même volume par chaque augmentation d'un degré de chaleur, lorsque la pression reste la même.

Prenons, par exemple, 1 kilogramme de vapeur à 100° et sous la pres-

---

(1) *Géométrie et mécanique des arts et métiers et des beaux-arts*, tome III, *Dynamie*, par Ch. Dupin. Paris, 1826.

sion ordinaire de l'atmosphère. Ce kilogramme de vapeur occupe un espace de $1^{\text{me}},7$.

Si la température ne changeait pas, le volume sous la pression de deux atmosphères serait, d'après la loi de Mariotte, de $\dfrac{1^{\text{me}},7}{2}$

Mais comme la température augmente par l'effet de la compression de $21°,55$, il y a une dilatation de volume due à cet accroissement.

Cette dilatation, d'après la loi de M. Gay-Lussac, est égale à $21,55$ fois le $\frac{1}{267}$ du volume à zéro de température.

Appelons ce volume x. Puisque, à $100°$ le volume est $\dfrac{1^{\text{me}},70}{2}$, nous aurons

$$x + \frac{100x}{267} = \frac{1^{\text{me}},70}{2}$$

$$\text{d'où } x = \frac{1^{\text{me}},7}{2}\; \frac{267}{367}.$$

et la dilatation pour chaque degré de température sera de $\dfrac{1^{\text{me}},70}{2} \cdot \dfrac{1}{367}$

ou le $\dfrac{1}{367}$ du volume à $100°$.

D'après cela, l'augmentation de volume d'un kilogramme de vapeur sous la pression de deux atmosphères, due à l'accroissement de température, sera $\dfrac{21,55}{367} \cdot \dfrac{1^{\text{me}},7}{2}$ et le volume total

$$\frac{1^{\text{me}},7}{2} + \frac{21,55}{367} \cdot \frac{1^{\text{me}},7}{2} = 0^{\text{me}},899$$

Sous une pression de trois atmosphères le volume serait de

$$\frac{1^{\text{me}},7}{3} + \frac{35}{367} \cdot \frac{1^{\text{me}},7}{2} = 0^{\text{me}},621$$

En continuant ainsi, on exprimerait le volume d'un kilogramme de vapeur à une pression quelconque et à la température correspondante à cette pression.

La formule générale qui donnerait le volume v, à une température t, et sous une pression égale à celle d'une colonne d'eau d'une hauteur h, serait, en représentant par H la hauteur d'une pareille colonne donnant la pression atmosphérique $= 10^{m},536$, et par V le volume d'un kilogramme de vapeur formée sous cette pression $= 1^{me},70$

$$v = \frac{\text{HV}}{h} \left(\frac{267 + t}{367} \right)$$

176. Cette formule établit une relation entre la pression que supporte la vapeur, sa température et son volume.

On sait de plus que pour chaque pression, il doit exister une température constante, et que cette pression peut être connue par la température de l'eau qui produit la vapeur, ou réciproquement la température par la pression. Mais on n'a pas encore lié les résultats observés par les physiciens par une formule d'interpolation qui donnât, dans les limites où les expériences ont été faites, une relation algébrique entre les températures et les pressions, et par conséquent entre les volumes et ces mêmes pressions.

Seulement, on a remarqué que lorsque les températures ne diffèrent pas de beaucoup entre elles, on peut représenter le rapport des pressions par une fonction exponentielle du rapport inverse des volumes, c'est-à-dire, qu'on aurait, en désignant par v, h, v', h', les volumes d'une certaine quantité de vapeur et les pressions correspondantes

$$\frac{h}{h'} = \left(\frac{v'}{v} \right)^{k} \quad (1)$$

k étant un nombre constant, pour une petite différence de température, et susceptible de varier entre certaines limites lorsque cette différence est plus grande.

177. Nous allons vérifier le degré d'exactitude de cette hypothèse en l'appliquant aux résultats observés par divers physiciens.

---

(1) L'idée de cette formule appartient à M. Poisson. (*Annales de physique et de chimie.*)

Voici ceux que M. Dulong a calculés pour les besoins du gouvernement.

PRESSION EN ATMOSPHÈRES.	PRESSION EN MÈTRES DE MERCURE.	TEMPÉRATURE.
1	0,760	100°, c.
1 $\frac{1}{2}$	1,140	112,2
2	1,520	122,
2 $\frac{1}{2}$	1,900	129,
3	2,280	135,
3 $\frac{1}{2}$	2,660	140,7
4	3,040	145,2
4 $\frac{1}{2}$	3,420	150,
5	3,800	154,
5 $\frac{1}{2}$	4,180	158,
6	4,560	161,5
6 $\frac{1}{2}$	4,940	164,7
7	5,320	168,
7 $\frac{1}{2}$	5,700	170,7
8	6,080	173.

178. M. Clément a fait imprimer un tableau qui donne également
les températures correspondantes à diverses pressions. Et comme ces
pressions y varient par quart d'atmosphère, nous l'adopterons de préférence.

Nous y ajouterons trois colonnes, dont l'une indiquera le rapport
de deux pressions consécutives, l'autre le rapport inverse de deux
volumes consécutifs, et la troisième, l'exposant de la puissance à laquelle
il faut élever le rapport inverse des volumes, pour avoir celui des pressions, ou la valeur de k.

TABLEAU

indiquant la loi de variation des pressions et des volumes d'une certaine quantité de vapeur soumise à différentes températures.

Températures en degrés du thermomètre centigrade.	MESURE DES PRESSIONS			Rapport de deux pressions consécutives.	Volume d'un kilogramme de vapeur en mètres cubes, à la température correspondante à la pression.	Rapport inverse de deux volumes consécutifs.	Exposant de la puissance à laquelle il faut élever le rapport des volumes pour avoir celui des pressions.
	en nombre d'atmosphères.	en millimèt. de mercure.	en mètres d'eau.				
degrés.	atm	mm.	h,h'	$\dfrac{h}{h'}$	v,v'	$\dfrac{v'}{v}$	k
182,00	10,00	7600	103,36		0,20798		
180,95	9,75	7410	100,77	1,02570	0,21282	1,02322	1,1054
179,80	9,50	7220	98,19	1,02628	0,21789	1,02585	1,0904
178,68	9,25	7030	95,60	1,02709	0,22317	1,02423	1,1164
177,40	9,00	6840	93,02	1,02774	0,22872	1,02487	1,1157
176,11	8,75	6650	90,44	1,02853	0,23457	1,02558	1,1137
174,79	8,50	6460	87,86	1,02936	0,24076	1,02639	1,1111
173,46	8,25	6270	85,26	1,03050	0,24731	1,02720	1,1191
172,13	8,00	6080	82,68	1,03120	0,25427	1,02814	1,1071
170,78	7,75	5890	80,10	1,03221	0,26166	1,02907	1,1065
169,41	7,50	5700	77,52	1,03338	0,26952	1,03004	1,1062
167,94	7,25	5510	74,94	1,03440	0,27777	1,03061	1,1226
166,42	7,00	5320	72,35	1,03580	0,28670	1,03215	1,1115
164,84	6,75	5130	69,77	1,03698	0,29655	1,03366	1,0968
163,25	6,50	4940	67,19	1,03840	0,30662	1,03465	1,1060
161,54	6,25	4750	64,61	1,03993	0,31758	1,03574	1,1149
160,00	6,00	4560	62,01	1,04193	0,32965	1,03769	1,1101
158,50	5,75	4370	59,43	1,04341	0,34276	1,04009	1,0812
156,70	5,50	4180	56,85	1,04538	0,35686	1,04114	1,1009
155,00	5,25	3990	54,27	1,04754	0,37232	1,04332	1,0952
153,30	5,00	3800	51,68	1,05011	0,38938	1,04582	1,0914
151,15	4,70	3610	49,10	1,05255	0,40676	1,04464	1,1728
149,15	4,50	3420	46,52	1,05546	0,42836	1,05310	1,0452
146,76	4,25	3230	43,94	1,05872	0,45096	1,05276	1,1097
144,95	4,00	3040	41,34	1,06289	0,47705	1,05785	1,0844

Températures en degrés du thermomètre centigrade.	MESURE DES PRESSIONS			Rapport de deux pressions consécutives.	Volume d'un kilogramme de vapeur en mètres cubes, à la température correspondante à la pression.	Rapport inverse de deux volumes consécutifs.	Exposant de la puissance à laquelle il faut élever le rapport des volumes pour avoir celui des pressions.
	en nombre d'atmosphères.	en millimèt. de mercure.	en mètres d'eau.				
degrés.	atm.	mm.	h, h'	$\dfrac{h}{h'}$	v, v'	$\dfrac{v'}{v}$	k
142,70	3,75	2850	38,76	1,06656	0,50615	1,06100	1,0883
140,35	3,50	2660	36,18	1,07131	0,53910	1,06510	1,0922
137,70	3,25	2470	33,60	1,07679	0,57683	1,06999	1,0936
135,00	3,00	2280	31,00	1,08390	0,62074	1,07612	1,0978
132,15	2,75	2090	28,42	1,0908	0,67236	1,0832	1,0878
128,85	2,50	1900	25,84	1,0999	0,73345	1,0909	1,0943
125,50	2,25	1710	23,26	1,1109	0,80800	1,1017	1,0866
121,55	2,00	1520	20,67	1,1253	0,89991	1,1137	1,0958
117,10	1,75	1330	18,09	1,1426	1,01666	1,1297	1,0930
112,40	1,50	1140	15,51	1,1663	1,17159	1,1524	1,0848
106,60	1,25	950	12,93	1,1996	1,38436	1,1816	1,0901
100,00	1,00	760	10,34	1,2305	1,70000	1,2280	1,0885
92,00	0,75	570	7,76	1,3325	2,21720	1,3042	1,0806
82,00	0,50	380	5,18	1,4981	3,22936	1,4565	1,0748
66,00	0,25	190	2,60	1,9923	6,19838	1,9194	1,0572
58,00	0,0625	47,50	0,65	4,0000	19,91750	3,2133	1,1876

179. Considérons maintenant la vapeur comme *moteur*. On sait qu'elle agit de cette sorte en exerçant sa pression sur l'une des faces d'un piston qui se meut dans un cylindre.

Il peut arriver deux cas qu'il est bon d'étudier séparément.

180. Le premier est celui où, pendant tout le temps de la marche du piston, la vapeur qui le presse est en communication avec la chaudière où elle s'est formée ; et par conséquent la pression de la vapeur contre le piston est exprimée en poids de 1000 ^{kil}, par la surface du piston multipliée par la hauteur de la colonne d'eau qui mesure la tension de la va-

peur. Or, d'après la notion établie (art. 170) sur la puissance mécanique, il faut multiplier cette pression par l'espace linéaire que parcourt le piston. D'où il est aisé de conclure que la puissance mécanique développée dans ce cas est exprimée, en unités dynamiques définies au même art. 170, par le volume de la vapeur entrée dans le cylindre, multipliée par la hauteur de la colonne d'eau qui ferait équilibre à la tension de la vapeur. Le produit représente le nombre de mètres cubes d'eau que ce volume donné de vapeur pourrait élever à un mètre de hauteur.

Pour le faire mieux sentir, supposons que, dans un cylindre rempli d'eau jusqu'en EF (planc. V, fig. 8), l'on introduit de la vapeur sous le piston CD qui joignait d'abord le fond AB ; que la hauteur AE mesure la pression sous laquelle la vapeur est formée, et que l'appareil soit placé dans le vide, afin que la pression atmosphérique ne s'ajoute pas à celle du liquide.

La vapeur soulèvera le piston et occupera l'espace cylindrique ABCD, par exemple : mais cela ne peut avoir lieu que tout autant que l'eau dépasse le niveau supérieur EF. Le volume d'eau élevé EFGH, sera égal à celui de la vapeur introduite dans la capacité ABCD, et l'effet produit s'obtiendra en multipliant ce volume par la hauteur AE ; car, c'est comme si on eût pris un volume ABCD d'eau et qu'on l'eût élevé dans la position EFGH ; c'est ce qu'on appelle la puissance mécanique due à la *production de la vapeur*.

181. Le second cas à considérer dans l'action de la vapeur est celui où, après avoir introduit sous le piston une certaine quantité de vapeur, on ferme la communication du cylindre avec la chaudière, et que cependant le piston continue sa marche, par l'effet de la vitesse acquise de la machine, soit autrement. Dans ce cas, la vapeur continue d'agir, mais en se détendant, en raison du volume de plus en plus grand que la masse occupe ; sa pression est donc variable à chaque instant, et le calcul de la puissance mécanique n'est plus aussi simple. Mais si l'on divise la course du piston en parties très petites, et qu'au moyen de la table (art. 178) on évalue la tension moyenne de la vapeur dans chacune de ces divisions, on aura la puissance mécanique correspondante à chaque partie de la course du piston en multipliant le volume de l'espace parcouru dans

Puissance mécanique due à la détente de la vapeur.

cette partie par le piston, par la tension correspondante, exprimée en
mètres d'eau. La somme de ces produits ainsi obtenus, sera ce qu'on appelle la puissance mécanique due à la *détente de la vapeur.*

On peut également rendre sensible aux yeux l'action de cette détente.
En effet, nous avons introduit une certaine quantité de vapeur dans la
capacité d'un cylindre ABCD, sous une charge d'eau égale à celle qui
mesure la force élastique, et nous avons vu qu'il s'élevait dans le haut
du vase un volume d'eau égal à celui de la vapeur introduite. Supposons que l'on ferme le robinet d'admission de la vapeur, et que le volume d'eau, au lieu de s'élever dans le vase, s'écoule par un orifice percé
au niveau supérieur du liquide (pl. V, fig. 9), le résultat sera le
même, c'est-à-dire que l'introduction du volume ABCD de vapeur sous
le piston aura déterminé l'écoulement d'un volume égal de liquide. Mais
la vapeur supportant alors une pression moins considérable que celle
due à sa formation, elle se dilatera, non pas exactement en raison de la
diminution du poids, mais suivant une loi dépendante aussi du changement de température. Or, cette dilatation fera sortir une nouvelle quantité d'eau, qui aura également pour résultat de diminuer la pression et
de donner lieu à une nouvelle dilatation de la vapeur. Si l'on ajoute les
produits des masses d'eau successivement déplacées par les hauteurs
respectives, on aura la puissance mécanique due à la *détente de la vapeur.*

182. Ainsi, la puissance mécanique développée par la vapeur doit
être considérée dans deux états différents :

1° Lorsque cette vapeur agit à une température et à une tension
constantes.

2° Lorsqu'elle agit à une température et à une tension variables, ou
en vertu de sa détente.

Dans le premier cas, le travail mécanique se mesure en multipliant le
volume par la hauteur de la colonne d'eau représentant la tension de la
vapeur.

Dans le second cas, il est très difficile de soumettre au calcul l'expression de ce travail. Il faudrait pouvoir le diviser en éléments différentiels,
c'est-à-dire multiplier les accroissements successifs du volume par les
tensions correspondantes, et prendre la somme de tous ces produits, ce
qui est long et fastidieux dans l'application ; mais en admettant entre
les volumes et les tensions la relation exprimée par l'équation

$$\frac{h}{h'} = \left(\frac{v'}{v}\right)^k$$

ainsi que nous l'avons déjà fait, on peut parvenir à une formule qui donne avec une approximation suffisante la mesure du travail mécanique de la vapeur. Il faudrait seulement, dans chaque cas particulier, au moyen de la table précédente, prendre la valeur moyenne de k entre les limites que l'on considère.

185. Nous ferons encore observer que l'emploi de la vapeur n'est pas seulement avantageux parcequ'on peut, en élevant sa température, lui faire produire une grande force motrice, mais bien encore parcequ'on peut soustraire instantanément cette force, anéantir son action, et c'est ce qu'on obtient en condensant la vapeur au moyen d'une injection d'eau froide.

Connaissant le poids de la vapeur et la température de l'eau froide, il sera toujours facile de déterminer la quantité d'eau nécessaire pour que le mélange ait une température donnée.

Nous admettons avec M. Clément qu'un kilogramme de vapeur, quelle que soit sa température, renferme, au maximum de condensation relatif à cette température, 650 unités de chaleur. Représentant,

Le poids de la vapeur à condenser par. . . . . M
Le poids de l'eau de condensation par. . . . . m
Sa température par. . . . . t
Et la température du mélange par. . . . . t'
Nous aurons pour les quantités de chaleur avant le mélange

$$M\,650 + mt,$$

et après le mélange

$$Mt' + mt'.$$

Si l'on fait abstraction des déperditions de chaleur au travers des parois, ces deux quantités sont égales :

$$M\,650 + mt = Mt' + mt',$$

d'où

$$m = M \ \frac{650 - t'}{t' - t}$$

On emploie ordinairement de l'eau à 12° de température, et l'on obtient de l'eau à 38°.

Dans ce cas,

$$m = M \ \frac{650 - 38}{38 - 12} = M \, 23,54.$$

Par conséquent, pour condenser un kilogramme de vapeur, et le ramener à la température de 38°, il faut $23^{\text{kil}},54$ d'eau froide à 12°.

La condensation de la vapeur ne peut pas être complète.

184. Après la condensation, il reste une certaine quantité de vapeur, puisque nous avons vu qu'il s'en formait à toutes les températures. Cette vapeur a une puissance mécanique, qui agit en général en sens contraire de la première, il faudra donc y avoir égard.

Théorie analytique de la puissance mécanique de la vapeur.

185. Cela posé, soient

P le poids d'un mètre cube d'eau ;

h_0 la hauteur d'eau représentant la pression de la vapeur dans la chaudière où elle se forme ;

v_0 le volume de vapeur à la tension h_0, dépensé par le cylindre à vapeur ;

h_1 la hauteur d'eau représentant la tension de la vapeur quand le piston est à l'extrémité de sa course ;

v_1 le volume de la même vapeur ci-dessus à la tension h_1 ;

v et h les volumes et tensions variables de la vapeur pendant le mouvement du piston ;

h' la condensation de la vapeur dans le condenseur.

186. La puissance mécanique développée par la vapeur se compose de deux parties.

187. La première, produite pendant l'introduction de la vapeur, à une tension constante h_0, est

$$\int_0^{v_0} P \, (h_0 - h') \, dv = P \, (h_0 - h') \, v_0.$$

188. La seconde, produite pendant la détente, est

$$\int_{v_0}^{v_1} P\, (h - h')\, dv$$

h est fonction de v.

Si on admet la relation $\dfrac{h}{h_0} = \left(\dfrac{v_0}{v}\right)^i$ on en tire $h = h_0 \left(\dfrac{v_0}{v}\right)^k$

et l'intégrale précédente devient

$$\int_{v_0}^{v_1} P\left(h_0\left(\frac{v_0}{v}\right)^k - h'\right) dv = \int_{v_0}^{v_1} P\, h_0 \left(\frac{v_0}{v}\right)^i dv - \int_{v_0}^{v_1} P\, h'dv$$

en exécutant ces intégrales, on a

$$\frac{Ph_0 v_0^k}{k-1}\left(\frac{1}{v_0^{k-1}} - \frac{1}{v_1^{k-1}}\right) - Ph'\, v_1 - v_0\;,\; \text{ou bien}$$

$$\frac{Ph_0 v_0}{k-1}\left(1 - \left(\frac{v_0}{v_1}\right)^{k-1}\right) - Ph'\, (v_1 - v_0)$$

Comme on a

$$\left(\frac{v_0}{v_1}\right)^k = \frac{h_1}{h_0}\;,\; \text{il en résulte} \left(\frac{v_0}{v_1}\right)^{k-1} = \left(\frac{h_1}{h_0}\right)^{\frac{k-1}{k}}$$

de plus, on a $v_1 = v_0 \left(\dfrac{h_0}{h_1}\right)^{\frac{1}{k}}$

donc l'expression précédente devient

$$\frac{Ph_0 v_0}{k-1}\left[1 - \left(\frac{h_1}{h_0}\right)^{\frac{k-1}{k}}\right] - Ph'v_0\left[\left(\frac{h_0}{h_1}\right)^{\frac{1}{k}} - 1\right]$$

C'est l'effet dû à la détente de la vapeur.

189. En le réunissant au premier effet ci-dessus, on trouve

$$\frac{Ph_0 v_0}{k-1}\left[1 - \left(\frac{h_1}{h_0}\right)^{\frac{k-1}{k}}\right] + P\left[h_0 v_0 - h'v_0 \left(\frac{h_0}{h_1}\right)^{\frac{1}{k}}\right]$$

190. Si l'on fait la supposition extrême que la tension h_1 est égale à h', la dernière se simplifie et devient par $h_1 = h'$

$$\frac{Ph_0 v_0}{k-1}\left[1 - \left(\frac{h_1}{h_0}\right)^{\frac{k-1}{k}}\right] + Ph_0 v_0 \left[1 - \left(\frac{h_1}{h_0}\right)^{\frac{k-1}{k}}\right]$$

ou bien

$$Ph_0 v_0 \left(1 - \left(\frac{h_1}{h_0}\right)^{\frac{k-1}{k}}\right)\ \left(\frac{1}{k-1} + 1\right)$$

ou bien enfin

$$Ph_0 v_0\ \frac{k}{k-1}\left[1 - \left(\frac{h_1}{h_0}\right)^{\frac{k-1}{k}}\right]\ (1)$$

191. Pour bien apprécier les avantages qu'il peut y avoir à employer la détente de la vapeur, je vais présenter le tableau des effets dynamiques calculés pour différentes pressions, en supposant 1° que la vapeur agit à une température et à une pression constantes ; 2° qu'on utilise la détente jusqu'au terme de la condensation, qui correspond à une température de 38° et une pression de 0,0625 d'atmosphère.

---

(1) Le fond de cette analyse est dû à M. de Coriolis ; l'idée d'avoir égard aux diverses valeurs de k, dans l'application des formules, m'a été suggérée par M. Bélanger.

TABLEAU

des données servant à calculer la puissance mécanique de la vapeur.

| Températures en degrés du thermomètre centigrade. | TENSIONS DE LA VAPEUR | | Volumes d'un kilogram. de vapeur en mètres cubes. | Produits des tensions par les volumes. | Produits de la tension dans le condenseur par les volumes. | Valeurs moyennes de k. | Valeurs correspondantes de $\frac{k-1}{k}$ | Valeurs de $\left(\frac{h'}{h_0}\right)^{\frac{k-1}{k}}$ |
	en nombre d'atmosphères.	en mètres d'eau.						
0	atm.	h_0	v_0	$h_0 v_0$	$h' v_0$ $h'=0,65$	k	$\frac{k-1}{k}$	$h'=0,65$ h_0 variable.
182,00	10,00	103,56	0,20798	21,497	0,135			
180,95	9,75	100,77	0,21282	21,445	0,138	1,1008	0,0915	0,63054
179,89	9,50	98,19	0,21789	21,395	0,142	1,1007	0,0915	0,63184
178,68	9,25	95,66	0,22317	21,335	0,145	1,1007	0,0913	0,63339
177,40	9,00	93,02	0,22872	21,276	0,149	1,1005	0,0911	0,63624
176,11	8,75	90,44	0,23457	21,215	0,152	1,0999	0,0908	0,63881
174,79	8,50	87,86	0,24076	21,153	0,156	1,0995	0,0905	0,64144
173,46	7,25	85,26	0,24731	21,086	0,161	1,0993	0,0902	0,64413
172,13	8,00	82,68	0,25427	21,023	0,165	1,0986	0,0897	0,64748
170,78	7,75	80,10	0,26166	20,959	0,170	1,0985	0,0895	0,64996
169,41	7,50	77,52	0,26952	20,893	0,175	1,0981	0,0895	0,65248
167,94	7,25	74,94	0,27777	20,816	0,180	1,0978	0,0891	0,65508
166,42	7,00	72,55	0,28670	20,745	0,186	1,0969	0,0885	0,65962
164,84	6,75	69,77	0,29635	20,677	0,193	1,0964	0,0879	0,66297
163,25	6,50	67,19	0,30662	20,602	0,199	1,0964	0,0879	0,66518
161,54	6,25	64,61	0,31758	20,519	0,206	1,0960	0,0876	0,66859
160,00	6,00	62,01	0,32965	20,436	0,214	1,0953	0,0870	0,67265
158,30	5,75	59,43	0,34276	20,370	0,223	1,0947	0,0865	0,67665
156,70	5,50	56,85	0,35686	20,288	0,232	1,0952	0,0869	0,67804
155,00	5,25	53,27	0,37232	19,834	0,242	1,0950	0,0867	0,68138
153,30	5,00	51,68	0,38938	20,123	0,253	1,0950	0,0867	0,68428
151,15	4,75	49,10	0,40676	19,972	0,264	1,0951	0,0868	0,68703
149,15	4,50	46,52	0,42836	19,927	0,278	1,0911	0,0855	0,70006
146,76	4,25	43,94	0,45096	19,815	0,293	1,0957	0,0857	0,69690
144,95	4,00	41,34	0,47705	19,721	0,310	1,0928	0,0849	0,70289

| Températures en degré du thermomètre centigrade. | TENSIONS DE LA VAPEUR | | Volumes d'un kilogram. de vapeur en mètres cubes. | Produits des tensions par les volumes. | Produits de la tension dans le condenseur par les volumes. | Valeurs moyennes de k. | Valeurs correspondantes de $\frac{k-1}{k}$ | Valeurs de $\left(\frac{h'}{h_0}\right)^{\frac{k-1}{k}}$ |
	en nombre d'atmosphères.	en mètres d'eau.						
a	atm.	h_0	v_0	$h_0 v_0$	$h'v_0$ $h^1 = 0,65$	k	$\frac{k-1}{k}$	$h'=0,65$ h_0 variable.
142,70	3,75	38,76	0,50615	19,619	0,329	1,0932	0,0852	0,70587
140,35	3,50	36,18	0,53910	19,505	0,350	1,0936	0,0855	0,70918
137,70	3,25	33,60	0,57683	19,382	0,375	1,0937	0,0856	0,71340
135,00	3,00	31,00	0,62074	19,243	0,403	1,0937	0,0856	0,71833
132,15	2,75	28,42	0,67236	19,109	0,437	1,0934	0,0854	0,72424
128.85	2,50	25,84	0,73345	18,953	0,477	1,0939	0,0858	0,72908
125,50	2,15	23,26	0,80800	18,794	0,525	1,0930	0,0858	0,73569
121,55	2,00	20,67	0,89991	18,601	0,585	1,0947	0,0865	0,74138
117,10	1,75	18,09	1,01666	18,392	0,661	1,0944	0,0862	0,75073
112,40	1,50	15,51	1,17159	18,172	0,762	1,0948	0,0865	0,76002
106,60	1,25	12,93	1,38436	17,900	0,900	1,0965	0,0880	0,76863
100,00	1,00	10,34	1,70000	17,578	1,105	1,0977	0,0890	0,78173
92,00	0,75	7,76	2,21720	17,206	1,441	1,1000	0,0909	0,79819
82,00	0,50	5,18	3,22956	16,728	2,099	1,1065	0,0962	0,81900
66,00	0.25	2,60	6.19838	16,116	4,029	1,1224	0,1095	0,85916
38,00	0,0625	0,65	19,91750	12,946	12,946	1,1876	0,1579	0,00000

TABLEAU

indiquant la puissance mécanique de la vapeur.

Degrés du thermomètre.	Tension exprimée en atmosphères.	Travail pour un kilogramme de vapeur, sans détente et avec condensation. à 38 degrés.	Travail correspondant à un kilogramme de charbon produisant 7050 calories ou 10kil.,84 de vapeur.	Travail correspondant à un kilogramme de charbon ne produisant que six kilogrammes de vapeur.	Travail pour un kilogramme de vapeur, avec détente, jusqu'au terme de condensation à 38 degrés.	Travail correspondant à un kilogramme de charbon produisant 7050 calories ou 10kil.,84 de vapeur.	Travail correspondant à un kilogramme de charbon ne produisant que six kilogrammes de vapeur.
degrés.	atm.	u n. dyn. (1)	un. dyn.	un. dyn.	un. dyn.	un. dyn.	un. dyn.
182,00	10,00	21,362	231,564	128,172			
180,95	9,75	21,307	230,968	127,842	86,638	959,156	519,828
179,89	9,50	21,253	230,382	127,518	86,085	935,161	516,510
178,68	9,25	21,190	229,700	127,140	85,482	926,625	512,892
177,40	9,00	21,127	229,017	126,762	84,955	920,912	509,730
176,11	8,75	21,065	228,343	126,378	84,590	914,788	506,340
174,79	8,50	20,997	227,607	125,982	85,808	908,479	502,848
173,46	8,25	20,925	226,827	125,550	85,191	901,790	499,146
172,13	8,00	20,858	226,101	125,148	82,620	895,601	495,720
170,78	7,75	20,789	225,353	124,734	81,972	888,576	491,832
169,41	7,50	20,718	224,583	124,308	81,307	881,368	487,842
167,94	7,25	20,636	223,694	153,816	80,584	873,531	483,504
166,42	7,00	20,557	222,838	123,342	79,960	866,766	479,760
164,84	6,75	20,484	222,046	122,904	79,281	859,406	475,686
163,25	6,50	20,403	221,168	122,418	78,475	850,669	470,850
161,54	6,25	20,313	220,195	121,878	77,675	841,997	466,050
160,00	6,00	20,222	219,206	121,552	76,898	833,574	461,388
158,30	5,75	20,147	218,395	120,882	76,146	825,423	456,876
156,70	5,50	20,056	217,407	120,536	75,116	814,799	450,996
155,00	5,25	19,992	216,713	119,952	74,257	804,946	445,542
153,30	5,00	19,870	215,591	119,220	73,278	794,333	439,668
151,15	4,75	19,708	213,635	118,248	72,012	780,610	432,072
149,15	4,50	19,649	212,995	117,894	71,579	775,916	429,474
146,76	4,25	19,522	211,618	117,552	70,082	759,689	420,492
144,95	4,00	19,411	210,415	116,466	69,014	748,112	414,084

(1) L'unité dynamique revient à 1000 kilogrammes élevés à un mètre (art. 170)

Degrés du thermomètre.	Tension exprimée en atmosphères.	Travail pour un kilogramme de vapeur, sans détente et avec condensation à 38 degrés.	Travail correspondant à un kilogramme de charbon ne produisant 7050 calories ou 10kil.,84 de vapeur.	Travail correspondant à un kilogramme de charbon ne produisant que six kilogrammes de vapeur.	Travail pour un kilogramme de vapeur, avec détente, jusqu'au terme de condensation à 38 degrés.	Travail correspondant à un kilogramme de charbon produisant 7050 calories ou 10kil.,84 de vapeur.	Travail correspondant à un kilogramme de charbon ne produisant que six kilogrammes de vapeur.
degrés.	atm.	un. dyn.	un. dyn.	un. dyn.	un. dyn.	un. dyn.	un. dyn.
142,70	3,75	19,290	209,104	115,740	67,729	734,182	406,374
140.55	3,50	19,155	207,640	114,930	66,544	719,169	398,064
137,70	3,25	19.007	206,036	114,042	64,894	703,461	389,364
135,00	3,00	18,840	204,226	113,040	63,319	686.378	379.914
132,15	2,75	18,672	202.404	112,052	61,704	668,871	370,224
128,85	2,50	18,476	200,280	110,856	59,846	648,731	359,076
125,50	2,25	18,269	198,036	109,614	57,895	627,582	347,370
121.55	2.00	18,016	195,295	108,096	55,614	602,856	333,684
117,10	1,75	17,731	192,204	106,386	53,186	576,536	319,116
112,40	1,50	17,410	188,724	104,460	50,416	546,509	302,496
106,60	1,25	17,000	184,280	102,000	47,065	510,163	282,578
100,00	1,00	16,473	178,567	98,838	43,108	467,291	258,648
92,00	0,75	15,765	170,895	94,590	38,199	414,077	229,194
82,00	0,50	14,629	158,578	87,774	31,474	341,178	188,844
66,00	0,25	12,087	151,025	72,522	20,729	224,702	124,374
38.00	0,0625	0,000					

192. Nous avons vu que la vapeur peut être la cause du mouvement, qu'elle possède même une grande puissance motrice. Nous avons appris à développer cette puissance, et à calculer tous ses effets. Il s'agit maintenant de l'approprier à notre usage, d'en retirer un *effet utile*, tel est l'objet des machines à vapeur.

193. Le jeu de ces machines est fondé sur les changements de volume que la chaleur fait subir à la vapeur, et sur la propriété qu'ont les corps de se transmettre le calorique lorsqu'on les met en contact à des températures différentes.

Le premier effet est la cause directe du mouvement, et s'obtient en élevant la température de la vapeur ; le second permet d'anéantir l'impulsion reçue en mettant la vapeur en contact avec un corps froid qui la condense, et de ramener le système au point de départ; de la combinaison de ces deux effets résulte le mouvement primitif de *va* et *vient*, que l'on peut appliquer directement, ou transformer à volonté suivant les besoins de l'industrie. C'est ce que l'on comprendra mieux lorsque nous aurons décrit les diverses parties qui composent une machine à vapeur.

194. Une machine à vapeur se compose en général

1° D'une *chaudière* où la vapeur se produit ;

2° D'un *cylindre* dans lequel se meut un piston par l'effet de la force expansive de la vapeur que l'on introduit soit au-dessus, soit au-dessous, en établissant une communication alternative avec la chaudière ;

3° D'un *condenseur isolé* où la vapeur se réduit en liquide par une injection d'eau froide, lorsque cette vapeur a exercé son effet pendant la course du piston ; de telle sorte que le vide le plus parfait possible existe dans toute la capacité du cylindre immédiatement opposée à celle où la vapeur de la chaudière afflue ;

4° D'un *balancier* ou *parallélogramme* qui transmet le mouvement de la tige du piston à la tige d'un autre piston placé dans un corps de pompe, ou à un arbre horizontal, en transformant alors, par un mécanisme particulier, le mouvement de va et vient en un mouvement circulaire continu. Dans ce cas, on place ordinairement un *volant* sur l'arbre, afin de régulariser le mouvement et d'augmenter l'effet.

195. Suivant que la vapeur agit à une pression plus ou moins forte, on distingue les machines en machines à *haute*, *moyenne* et *basse* pression. Dans les premières, la vapeur agit à plus de cinq atmosphères, dans les deuxièmes, elle agit de deux à cinq atmosphères, et dans les troisièmes, la vapeur n'agit qu'à une atmosphère et une fraction.

196. Dans chacun de ces systèmes, la vapeur peut agir par la seule puissance qui résulte de la *production,* ou bien on peut mettre à profit la *détente*.

La *condensation* peut être plus ou moins complète; mais il faut qu'il y ait toujours transmission de calorique d'un corps chaud, ou cylindre producteur, à un corps plus froid, ou condenseur. Car ce n'est que sur les circonstances qui accompagnent cette communication du calorique qu'est fondé le jeu des machines à vapeur et le développement de leur puissance mécanique.

197. Dans la machine de Watt, à double effet, la vapeur de la chaudière agit à une atmosphère. Elle arrive, par un tube convenablement disposé, tantôt en dessus et tantôt en dessous du piston, qu'elle doit faire descendre ou soulever : et tandis que la vapeur s'accumule d'un côté, la vapeur opposée, qui, l'instant d'avant, a produit le mouvement, va se liquéfier dans le condenseur.

La communication alternative de la capacité supérieure et de la capacité inférieure du cylindre, tantôt avec la chaudière, tantôt avec le condenseur, est établie, soit au moyen d'une tringle de bois verticale fixée au balancier et armée de chevilles qui viennent presser aux moments convenables, déterminés aussi par les excursions du balancier, les tiges des différentes *soupapes*, soit au moyen d'un *tiroir* qui monte et descend par l'impulsion d'un levier coudé qui reçoit un petit mouvement de va et vient d'une tringle qui tour à tour avance et recule par suite du mouvement de rotation d'un *excentrique*.

Un mouvement alternatif, comme celui du tiroir, réglé par un levier coudé, fait monter et descendre une tige verticale pour ouvrir et fermer le passage à l'eau qui se projette dans le condenseur.

L'eau réfrigérante, après avoir absorbé la vapeur, est élevée au moyen de pompes, dont les pistons reçoivent également leur mouvement du balancier.

198. Au lieu de laisser remplir la capacité du cylindre, tant au-dessus qu'au-dessous du piston, par de la vapeur à la pression d'une atmosphère, on peut fermer la soupape d'admission de la vapeur avant que le piston ait atteint le terme de sa course, de manière que le reste de l'excursion sera parcouru en vertu de la vitesse acquise, et surtout par l'action que la vapeur déjà introduite alors continuera à exercer. Cette action deviendra de moins en moins forte pendant le reste du mouvement du piston, attendu que la vapeur se dilatera graduellement, et qu'à mesure qu'elle occupera des espaces de plus en plus grands, son élasticité, comme celle de tout autre gaz, s'atténuera. L'effet utile, comparé au poids de combustible consommé, est plus considérable dans ce système que dans le premier.

199. Arthur Woolf a fait servir avec succès la force de la vapeur à des pressions plus élevées que la simple pression de l'atmosphère.

Sa machine présente deux cylindres au lieu d'un seul. Ces cylindres ont même hauteur ; ils sont placés l'un à côté de l'autre, et leurs axes sont verticaux, comme l'axe du cylindre unique employé dans le système de Watt.

Le premier cylindre a deux communications avec la chaudière qui fournit la vapeur motrice, l'une dans la partie supérieure qui permet d'accumuler la vapeur au-dessus du piston, l'autre dans la partie inférieure, qui permet d'accumuler la vapeur au-dessous du piston.

Le second cylindre, *d'un plus grand diamètre* que le premier, a deux communications semblables avec le condenseur, qui permettent de liquéfier la vapeur qui se dilate du premier cylindre dans le second, par un tuyau qui fait communiquer la partie inférieure de l'un avec la partie supérieure de l'autre, et réciproquement.

Le jeu des soupapes est tel qu'on peut alternativement ouvrir et fermer à la fois la première ou la seconde communication de chacun de ces systèmes, et que lorsque les unes sont ouvertes, les autres restent fermées.

Il s'ensuit

1° Que les pistons des deux cylindres montent et descendent en même temps ;

2° Que le piston du petit cylindre est poussé par une force qui augmente progressivement depuis le commencement de la course jusqu'à la fin, puisque d'un côté la vapeur conserve en arrivant de la chaudière toute la force élastique qui lui est propre, tandis que de l'autre la vapeur perd de sa force élastique à mesure qu'elle se dilate dans le grand cylindre ;

3° Que le piston du grand cylindre est au contraire poussé par une force qui diminue successivement, puisque la vapeur agit d'un côté en se dilatant, et que de l'autre le vide le plus parfait possible a été produit par la condensation ;

4° Que si chaque piston porte une tige verticale, et si elles sont attachées à deux points du balancier situés du même côté de son centre de rotation, les oscillations que ce balancier éprouvera s'opéreront en vertu des impulsions *réunies* des deux pistons ;

15.

5° Enfin que la même vapeur aura produit deux effets avant d'être con-
densée ; résultant, l'un de la puissance mécanique due à la formation de la
vapeur, l'autre de la puissance mécanique due à la détente de cette même
vapeur.

Les machines construites d'après ce système, doivent produire également une grande économie dans la consommation du combustible.

200. Dans les machines à haute pression, on fait travailler la vapeur
sous une pression de huit et même de dix atmosphères. En Angleterre
M. Trevithick, en Amérique M. Olivier Evans, ont les premiers exécuté
des machines de cette espèce.

Ces machines ont pour caractère de fonctionner sans condensation de
vapeur au moyen d'une injection d'eau froide. Quand la vapeur a poussé,
par exemple, le piston de bas en haut, l'ouverture d'un robinet lui permet de s'échapper dans l'air ; mais comme c'est la différence d'élasticité
qui détermine cet écoulement, il cesse dès que la pression de la vapeur
intérieure ne surpasse plus celle de l'atmosphère. Ainsi, le cylindre n'est
pas entièrement évacué comme dans le cas d'injection. La vapeur qui,
après l'oscillation ascendante, devra pousser le piston de haut en bas,
aura donc à surmonter une pression égale à la pression atmosphérique
avant de produire aucun effet utile. La même remarque s'applique à
l'oscillation ascendante qui succède, car le haut du cylindre renferme de
la vapeur quand elle s'opère, et ainsi de suite.

La température de la vapeur est si élevée qu'on ne se sert que de pistons *métalliques* dont la structure est telle qu'on peut empêcher toute déperdition de chaleur malgré l'usé des parties extérieures par le frottement, en exerçant une pression de dedans en dehors, contre les parois
intérieures des cylindres à vapeur.

201. M. Frimot a eu l'idée de tirer encore un certain parti de la vapeur
qui, dans les machines à haute pression, s'échappe dans l'air. Pour cela, il
la force à se répandre dans une seconde chaudière ; et cette vapeur ainsi
dilatée fait ensuite mouvoir une machine à *basse* pression, établie d'après
le principe de Watt.

Ainsi, la machine de M. Frimot est formée par la réunion de deux
machines agissant, l'une à haute pression, et l'autre à basse pression.

Elles peuvent fonctionner ensemble ou séparément. Dans le premier cas, les actions s'ajoutent et l'effet utile est doublé sans une plus grande consommation de combustible.

On voit que ce système a cela de commun avec celui de Woolf, que l'on met à profit la détente de la vapeur en la faisant agir successivement dans deux cylindres; mais ce qui les distingue, c'est que dans l'un, la vapeur agit à deux tensions différentes, après *s'être dilatée*, tandis que dans l'autre, elle agit en *se dilatant* (1).

202. Tels sont les divers systèmes de machines à vapeur généralement employés. Il s'agit de les comparer théoriquement entre eux, et de reconnaître quel est celui qui offre le plus d'avantages.

203. Quel que soit le mode de transmission et de distribution de la vapeur dans les parties intérieures d'une machine, l'effet produit est toujours dû à la tension d'un certain poids de vapeur ; seulement ce poids, pour obtenir un même effet, peut être plus ou moins grand, suivant le système de la construction de la machine et la tension à laquelle on emploie la vapeur. Cela fournit un moyen de juger des avantages et des inconvénients des différents systèmes de machines à vapeur, en comparant les effets produits avec les poids de vapeur engendrée, ou avec la quantité de charbon consommé, puisqu'on sait que pour former un certain poids de vapeur, quelle que soit la tension, il faut toujours la même quantité de combustible.

204. Il faut distinguer trois espèces d'effets.

L'*effet théorique,* qui se déduit des formules, en ayant simplement égard à la différence de la tension de la vapeur dans la chaudière et dans le condenseur, et au mode d'action de cette vapeur, soit qu'elle conserve la tension primitive ou qu'on mette à profit la détente dans des limites déterminées.

L'*effet réel,* que l'on constate par des expériences, en ayant égard non

---

(1) Il y a entre les deux systèmes des différences plus essentielles, mais nous ne croyons pas devoir en parler, parceque M. Frimot a pris un brevet d'invention, et qu'il ne désire faire connaître ses machines que par l'*effet utile* qu'elles peuvent produire.

seulement au mode d'action de la vapeur, mais encore à l'exécution plus ou moins parfaite des différentes parties de la machine.

Enfin l'*effet utile*, qu'il ne faut pas confondre avec le précédent parce-qu'il dépend de la manière dont la *puissance* due au jeu de la machine à vapeur est transmise à la *résistance* qu'il faut vaincre, soit qu'on veuille élever de l'eau au moyen de pompes, obtenir un mouvement de rotation, etc.

205. Pour calculer l'*effet théorique*, il nous suffira de faire une application de nos formules aux divers systèmes de machines à vapeur. Voici les résultats des calculs présentés dans un tableau.

DIVERS SYSTÈMES de MACHINES.	NOMS des AUTEURS.	PRESSION DE LA VAPEUR A SA NAISSANCE.		Température réelle de la condensation.	Pression de la vapeur à cette température.	PUISSANCE MÉCANIQUE DISPONIBLE DANS CHAQUE SYSTÈME.		
		en atmosphères.	en mètres d'eau.			pour un kilog. de vapeur ou 650 calories.	pour un kilog. de charbon ou 7050 calories.	pour un kilog. de charbon produisant 6 kilog. de vapeur.
		atm.	m.		m.	un. dyn.	un. dyn.	un. dyn.
1 Basses pressions, avec condensation et sans détente.	Newcomen, Smeaton, Watt et Boulton.	1 $\frac{1}{2}$	12,93	38	0,65	17,000	184,280	102,000
2 Basses pressions, avec condensation et avec détente jusqu'à $\frac{1}{2}$ atmosphère.	Watt et Boulton.	1 $\frac{1}{2}$	12,93	38	0,65	30,40	529,54	182,40
3 Moyennes pressions, avec condensation et avec détente jusqu'à $\frac{1}{2}$ atmosphère. (Grandes machines de Cornouailles.)	Watt et Boulton, Woolf.	2 $\frac{1}{2}$	25,84	38	0,65	43,07	466,87	258,42
4 Hautes pressions, sans condensation et sans détente.	Trevithick.	5	51,68	100	10,54	16,097	174,491	96,582
5 Hautes pressions, avec condensation et avec détente jusqu'à 1 atmosphère.	Hornblower, Woolf.	5	51,68	38	0,65	46,66	505,79	279,96
6 Hautes pressions, avec détente jusqu'à 8 atmosphères, et condensation à 1 atmosphère $\frac{1}{2}$. Basses pressions, avec détente jusqu'à 1 atmosphère, et condensation à 38°.	Frimot.	9 1 $\frac{1}{2}$	93,02 12,93	106,60 38	12,93 0,65	40,470 20,53	661,24	366,00

206. La quantité d'action fournie par la vapeur n'est pas transmise en entier par la machine : il s'en perd une partie par les frottements, par les résistances provenant du changement de direction des forces, etc. ; et une machine est plus ou moins parfaite suivant que le rapport de la quantité d'action utilisée à celle qui est dépensée sur la machine approche plus ou moins de l'unité.

Dans les machines qui ont pour moteurs les animaux, l'eau ou l'air, on compte ordinairement un tiers de déchet de l'effet total pour en conclure l'effet utile, et cette proportion est loin d'être exagérée lorsqu'on l'applique aux machines à vapeur.

En opérant cette réduction, nous trouverons que l'effet utile produit par les différents systèmes que nous avons examinés, en supposant qu'ils sont également bien exécutés, est de

un. dyn.

66,30 pour le 1er système.
118,56   —   2e   —
167,97   —   3e   —
62,78   —   4e   —
181,97   —   5e   —
237,90   —   6e   —

207. Il serait très essentiel de déterminer directement l'effet utile produit par chaque machine ; mais, pour arriver à des résultats certains et comparatifs, il faudrait que les expériences fussent faites par la même personne et dans des circonstances semblables. On peut citer comme un modèle celles qui ont été faites par M. de Prony sur l'ancienne et sur la nouvelle machine du Gros-Caillou, établies à Paris, la première, d'après le système de Watt, à un seul cylindre sans détente et avec condensation, la seconde d'après le système de Woolf, à deux cylindres avec détente et condensation (1).

Il a trouvé qu'un kilogramme de charbon produisait en *effet utile*

un. dyn.

pour la première machine 42,53
pour la deuxième . . . . 48,66.

---

(1) *Rapport sur la nouvelle et l'ancienne machine à vapeur, établies à Paris, au Gros-Caillou ; par M. de Prony*, etc. 1826.

Ces résultats sont bien peu favorables à l'effet de ces machines.

208. Des expériences publiées dans les rapports mensuels des mines de Cornouailles, en Angleterre, sembleraient au contraire indiquer des résultats qu'il est difficile de ne pas taxer d'exagération.

Les machines établies dans les mines de Wheal-Vor et Wheal-Abraham auraient élevé moyennement, d'après MM. Lean, 50,000,000 de livres à un pied de hauteur par boisseau de charbon brûlé (1). Le pied anglais étant égal à $0^m,3048$, la livre à $0^{kil},4534$, et le boisseau de charbon de 84 livres à $38^{kil},0856$; il s'ensuit que ces machines auraient produit 181 unités dynamiques par kilogramme de charbon brûlé.

On cite une autre machine dite *Wilson's Engine*, mine Wheal-Towan, qui a élevé à un pied de hauteur, et en ne consommant qu'un boisseau de charbon, savoir :

Dans le mois de juillet 1828 . . . . 75,843,662 livres.

Dans le mois d'août. . . . . 81,964,608.

Ce qui ferait de 275 à 297 unités dynamiques par kilogramme de charbon. On voit dans le tableau de l'article 205 que l'effet théorique est plus faible : et si l'on suppose même qu'on utilise toute la puissance mécanique due à la détente de la vapeur, depuis le terme de la production fixée à 5 atmosphères, jusqu'à celui de la condensation, on n'obtiendrait, d'après le tableau de l'art. 191, qu'un travail de $439^{un.\ dyn.},668$; ce qui donnerait pour l'effet utile, en opérant la réduction d'un tiers, $293^{un.\ dyn}$, 112, ou 4 unités de moins que dans l'exemple ci-dessus. On ne peut donc expliquer ce résultat avantageux qu'en admettant des perfectionnements dans les formes des chaudières et des fourneaux, qui permettraient d'utiliser plus de 6 kilogrammes de vapeur par kilogramme de charbon brûlé. Peut-être aussi cela tient-il à la manière de calculer l'effet utile.

Les ingénieurs anglais multiplient, je crois, le solide engendré par le piston de la pompe à eau, dans chaque course, par la hauteur à laquelle l'eau est élevée; mais il faudrait, pour que cela fût exact, que le vide se fît parfaitement sous le piston, qu'il n'y eût pas de pertes d'eau, etc., ce qui

____

(1) *Description des machines à vapeur*, par M. Nicholson; traduit de l'anglais, par M. Duverne. Paris, 1826.

n'a jamais lieu. On ne peut guère prendre, dans les cas les plus favorables, que les $\frac{2}{3}$ de ces évaluations pour avoir l'effet utile ; et s'il y a plusieurs étages de pompes, comme à Cornouailles, les pertes sont bien plus grandes. Peut-être faudrait-il réduire à la moitié pour avoir l'effet utile.

209. M. Mallet m'a communiqué les détails d'une expérience qui a été faite par M. Anderson pour évaluer le produit des machines à vapeur employées par la compagnie de Londres dite **Grand-Junction**, dans son établissement à **Chelsea**. Nous allons les transcrire, parcequ'ils nous semblent donner une idée plus précise du travail des machines anglaises.

On reçoit moyennement en douze heures de temps, dans un des réservoirs placés à **Paddington**, une hauteur d'eau de 21 pouces anglais = ... $0^{m},533$

La surface de ce réservoir, au point où la mesure est prise, est de 157,400$^{p.car.}$, = ... $14,622^{m},50$

Ainsi le cube d'eau reçu = ... $7,793^{me.},79$

La hauteur moyenne à laquelle l'eau est élevée est de 100^{pieds} = ... $30^{m},48$

Elle arrive au réservoir par une conduite de 5080^{yards} = . $4,643^{m},00$

Le diamètre moyen de cette conduite est de 25^{pouces} $\frac{1}{2}$ = . $0^{m},635$

Les 7793$^{me.}$,79 reçus dans le bassin y sont élevés par une machine à vapeur de la force de 100 chevaux.

La quantité de charbon consommé par cette machine dans les douze heures de travail est de 77 boisseaux, dont M. Anderson porte le poids à 78$^{liv.}$, répondant à 35$^{kil.}$,365. Ainsi la quantité totale de charbon employé est de 77$\times$35$^{kil.}$,365 = ... $2723^{kil.},10$

Le travail fait se mesure, dans ce cas particulier, 1° par le volume de l'eau reçue dans le bassin et la hauteur à laquelle elle est élevée ; 2° par la quantité d'action employée à pousser cette eau dans la conduite.

La première partie du travail rapportée à l'unité dynamique adoptée répond à . . . . $237,554^{un.dyn.},70$

Quant à la seconde, nous la regarderons comme représentée par le produit de la quantité d'eau ci-dessus et de la charge nécessaire pour lui imprimer la vitesse

A reporter. . . $237,554^{un.dyn.},70$

Report. . . . . . $237,554^{\text{un.dyn}},70$

convenable dans la conduite, charge, qui, d'après la formule simplifiée de l'art. 89, est $3^{\text{m}},29$.

D'où cette seconde partie du travail répondrait à un nombre d'unités dynamiques $=$ . . . . $25,641 \quad ,57$

Évaluation du travail total . . . . $263,196^{\text{un.dyn}},27$

La quantité de charbon brûlé pour obtenir ce travail étant de $2723^{\text{kil}},10$, chaque kilogramme aurait produit $96^{\text{un.dyn}},60$.

210. Une pompe à vapeur, construite d'après les idées de M. Frimot, est établie sur les bassins de radoub du port de Brest, où elle fonctionne pour le service de la marine depuis deux ans. Elle fournit un travail utile de 87 unités dynamiques par kilogramme de charbon dépensé, avec un seul cylindre, et le système des deux machines distinctes que nous avons décrit art. 201, en produira au moins 150.

211. La comparaison que nous venons d'établir entre les *effets utiles* de différentes machines à vapeur appliquées à l'élévation de l'eau, prouve au moins que les expériences sur lesquelles on les fonde ne pourront obtenir l'assentiment général qu'après qu'on aura décrit avec soin les diverses circonstances qui accompagnent la formation de la vapeur, le mode de dilatation, les limites entre lesquelles elle a lieu, la force des machines, et les méthodes employées pour évaluer le travail qui aura été produit.

212. Nous terminerons ces observations par un résumé succinct des divers résultats qui nous paraissent mériter le plus de confiance.

TABLEAU

indiquant le travail exécuté par différentes machines à vapeur.

DÉSIGNATION des MACHINES.	SYSTÈME des MACHINES.	NOMBRE d'unités dynamiques par kilogramme de charbon.	NOMS des AUTEURS des expériences.	OBSERVATIONS.
Machine de Bois-Bossu, en Hainaut, décrite dans l'Encyclopédie à l'article *Feu* (pompe à feu).	Watt.	36,50	Lavoisier.	Mémoires de l'Académie des sciences, année 1771. Les quantités d'eau élevée ayant été calculées par Lavoisier, d'après le diamètre et la course du piston des pompes, on a déduit un sixième de ses résultats pour avoir l'*effet réel*, conformément aux expériences de MM. Baillet et de Prony.
De Montrelais , près d'Ingrande-sur-Loire.	Id.	27,92		
Des fosses d'Anzin, près Valenciennes , dite *du Corbeau*.	Id.	30,26		
Machine de Chaillot, à Paris, en 1807.	Id.	21,50	"	Traité des machines , de M. Hachette , 1re édition.
De Tarnowitz.	Id.	56,90		
De Litri.	Id.	8,30		
Machine de Chaillot, en 1808.	Id.	23,00	"	Traité des machines , de M. Hachette , 2e édition.
Id., mais avec une nouvelle chaudière.	Id.	32,00		
Grandes machines de Cornouailles, en 1811.	Watt et Boulton.	55,10	MM. Lean.	Description des machines à vapeur, par M. Nicholson ; traduit de l'anglais , par M. Duverne. Paris , 1806. On ignore si les quantités d'eau élevée ont été mesurées effectivement , ou si elles ont été simplement déduites, par le calcul, du diamètre et de la course du piston des pompes.
1812.	Id.	64,30		
1813.	Id.	70,20		
1814.	Id,	73,60		
1815.	Id.	74,30		
Id. mine de Wheal-Vor.	Woolf.	181,00		

DÉSIGNATION des MACHINES.	SYSTÈME des MACHINES.	NOMBRE d'unités dynamiques par kilogramme de charbon.	NOMS des AUTEURS des expériences.	OBSERVATIONS.
Petite machine de l'abattoir Montmartre, à Paris, exécutée par M. Saulnier.	Watt et Boulton.	14,50	M. Baillet.	Bulletin de la Société d'encouragement, n° 205, mai 1821.
Petite machine de l'abattoir de Grenelle, exécutée par M. Manoury d'Ectot.	Système particulier.	20,15		
Petite machine de M. Edwards, établie sur le quai des Ormes.	Woolf.	18,58	MM. de Prony, Girard et Gay-Lussac.	Rapport fait à l'Académie des sciences, le 20 août 1821.
Petite machine de l'abattoir du Roule, exécutée par MM. Albert et Martin.	Watt et Boulton.	14,36		
Petite machine de l'abattoir de Villejuif, exécutée par M. Gengembre.	Watt et Boulton.	7,33		
Machines des mines d'Anzin, près Valenciennes.				
1.	Woolf.	22,36		Extrait d'une note insérée dans le Bulletin de la Société d'encouragement, n° 247, janvier 1825.
2.	Id.	24,20	Renseignements fournis en 1824 à M. Combes, ingénieur des mines.	Ces machines servant à élever des tonnes de charbon, il y a une transformation de mouvement qui absorbe une grande partie de la puissance.
3.	Id.	52,31		
4.	Id.	51,86		
5.	Id.	21,95		
6.	Watt.	6,65		
7.	Id.	5,57		
Machines du Gros-Caillou, à Paris.				
1.	Watt.	42,53	MM. de Prony et Mallet	Rapport sur la nouvelle et l'ancienne machines, établies à Paris, au Gros-Caillou; par M. de Prony, etc. Paris, 1826.
2.	Woolf.	48,66		

DÉSIGNATION des MACHINES.	SYSTÈME des MACHINES.	NOMBRE d'unités dynamiques par kilogramme de charbon.	NOMS des AUTEURS des expériences.	OBSERVATIONS.
Machine établie à Brest pour l'épuisement des bassins de radoub.			Commission d'ingénieurs de la marine.	Extrait d'un rapport fait à Brest, le 14 juillet 1826.
1 à un seul cylindre.	Frimot.	87,00		
2 a deux cylindres.	Id.	150,00		
Machines établies à Chelsea, par la compagnie de Londres, dite Grand-Junction.	Watt et Boulton.	96,60	M. Anderson.	Extrait d'une lettre écrite à M. Mallet, ingénieur en chef des ponts et chaussées, en 1828.
Machine dite Wilson's-Engine, établie à Cornouailles, mine Wheal-Towan.	Watt et Boulton.	275 à 297	MM. Lean.	Rapport mensuel de 1828. On ignore comment ont été mesurées les quantités d'eau élevée.
Machine de Marly.	Watt et Boulton.	34,00	M. Cécile.	Note communiquée en 1828 à M. Mallet.

COMPARAISON ENTRE LES DIFFÉRENTS MOYENS QUE L'ON PEUT EMPLOYER
POUR FOURNIR DE L'EAU A UNE VILLE.

213. Lorsqu'on veut fournir de l'eau à une ville, il faut examiner s'il existe dans les environs des sources, ruisseaux ou rivières dont les eaux saines et abondantes peuvent arriver avec une pente convenable sur les points les plus élevés du sol, et être distribuées dans toute son étendue, ou bien si l'on doit avoir recours aux machines afin d'élever les eaux au-dessus de leur niveau naturel. Bien souvent il est possible d'employer l'un ou l'autre de ces moyens, et le choix doit dépendre de la *qualité des eaux*, de la *sûreté de la distribution* et de l'*économie dans la dépense*.

Qualité des eaux. 214. Si l'on n'a pas encore fait usage des eaux que l'on veut amener, il est indispensable de s'assurer si elles sont salubres et propres à tous les besoins de l'économie domestique.

L'eau ne se trouve jamais pure dans la nature : l'eau de pluie ou de neige fait tout au plus exception; encore y existe-t-il de l'air en dissolution.

Elle contient presque toujours des matières salines, souvent du sel marin et des sels calcaires; quelquefois des sels ferrugineux, du sulfate de magnésie; quelquefois aussi de l'acide carbonique et de l'hydrogène sulfuré libre ou combiné, etc. Quand elle est sapide ou qu'elle contient une quantité remarquable de sels, et capables d'agir sur l'économie animale, elle prend le nom d'*eau minérale :* l'on donne plus particulièrement le nom d'*eau salée* à l'eau de mer et des sources abondantes en sel marin. Quant, au contraire, l'eau n'a pas de saveur sensible, etqu'elle ne contient que très peu de sels, elle prend le nom d'*eau douce* : telles sont les eaux de la plupart des rivières et des fontaines. On peut les regarder comme bonnes à boire lorsqu'elles sont vives, limpides, sans odeur; qu'elles cuisent bien les légumes ; qu'elles dissolvent le savon sans donner lieu à des grumeaux; qu'elles ne sont fortement troublées, ni par le nitrate de baryte, ni par le nitrate d'argent, ni par l'oxalate d'ammoniaque; et qu'enfin, évaporées jusqu'à siccité, elles ne laissent qu'un faible résidu (1).

Lorsqu'on veut avoir des indications plus précises que celles qui sont fournies par ces caractères physiques et chimiques, il faut avoir recours à une analyse exacte qui donne les moyens d'apprécier la quantité et la nature des substances gazeuses tenues en solution dans les eaux, les proportions des principes fixes ou matières inorganiques qu'elles renferment, et même la présence des substances organiques qui, par leur décomposition, peuvent non seulement donner à l'eau des qualités malsaines, mais peuvent la priver de tout le gaz oxygène qui rend les eaux potables.

Enfin, si les eaux doivent être amenées par un canal de dérivation, il faut avoir égard à la nature du terrain dans lequel le lit sera creusé, s'assurer s'il ne renferme pas des sels calcaires ou d'autres substances qui

---

(1) *Traité de chimie élémentaire théorique et pratique,* par M. Thénard. Paris, 1817.

puissent se dissoudre dans l'eau et la rendre impropre aux usages de la vie.

Sous ce rapport, les canaux en terre présentent des inconvénients très grands, lorsqu'il s'agit de conduire une faible quantité d'eau; mais ils diminuent sensiblement lorsque cette quantité est considérable; aussi observe-t-on que les eaux des ruisseaux et petites rivières qui sont pures à leur source perdent leur bonne qualité à mesure qu'elles s'en éloignent, tandis que dans les grandes rivières, telles que la Seine, par exemple, elles n'éprouvent pas la même altération en raison de leur grand volume et de leur vitesse. Le canal de l'Ourcq offre l'exemple d'une dérivation dont les eaux ayant peu de vitesse contractent un goût désagréable par leur séjour prolongé dans un lit composé de plusieurs sels calcaires et continuellement rempli de substances organiques dans tous les périodes de décomposition.

Les canaux couverts conservent à l'eau ses qualités primitives, et la considération de la dépense peut seule les faire rejeter.

Enfin lorsqu'une eau pure et saine se trouve sur les lieux mêmes où l'on veut en opérer la distribution, et qu'il n'y a qu'à l'élever par des machines, nul doute qu'il n'en résulte aucune altération et que, toutes choses égales d'ailleurs, ce mode ne doive être préféré.

Sûreté de la distribution.

215. Les canaux creusés en terre ont encore plusieurs inconvénients, sous le rapport de la sûreté de la distribution: 1° celui d'être exposés aux dégradations causées par la malveillance, l'intempérie des saisons, et les filtrations; 2° de faire éprouver une perte d'eau par l'évaporation, au moment où les sources sont le moins abondantes.

Dans les canaux nouvellement ouverts, les pertes d'eau sont toujours très considérables; elles diminuent à mesure que les terres s'abreuvent; et l'on parvient quelquefois en peu d'années à fermer les principales voies d'absorption, en sorte qu'il ne reste plus qu'une consommation moyenne et constante, qu'on ne cherche plus à combattre; il suffit alors de s'assurer si l'on peut disposer d'un assez grand volume d'eau pour faire la part de ces causes de déchet. Mais si le canal est ouvert dans un terrain aride et perméable, et sur des bancs de rochers parsemés de fentes verticales et horizontales, on ne doit plus compter sur une proportion fixe de déchet, on en doit plus s'attendre surtout à éviter les interruptions de service, même en augmentant les frais et les travaux de revêtement. On sait bien que lorsqu'une dégradation s'est manifestée on peut la réparer à prix d'argent : mais cela ne suffit plus lorsque les eaux doivent être distribuées dans une ville ; il faut que l'on ait la certitude que ces cas seront très rares et qu'ils ne produiront pas une suspension totale dans l'écoulement. Qu'on se figure l'anxiété d'une ville populeuse où l'eau manque subitement, et l'on n'hésitera pas à préférer les aqueducs ou les machines. Les aqueducs peuvent être construits avec solidité, et les machines peuvent se multiplier de manière à n'avoir à craindre aucune interruption.

Le canal de l'Ourcq a été construit avec beaucoup de soin, et l'on n'a rien épargné pour rendre les berges parfaitement étanches. Cependant, non seulement il y a encore beaucoup d'infiltrations, mais il arrive assez fréquemment des avaries qu'on ne peut réparer qu'en interceptant tout-à-fait l'écoulement des eaux. De là les réclamations de la part des concessionnaires. Que serait-ce, si l'approvisionnement de Paris dépendait uniquement de l'arrivée de ces eaux ?

216. Les frais que peuvent occasioner l'ouverture d'un canal ou la construction d'un aqueduc en maçonnerie dépendent des obstacles naturels résultant de la situation des ouvrages, de la distance à laquelle il faut prendre les eaux et du volume auquel il s'agit de fournir un écoulement. L'évaluation de ces dépenses ne peut pas être soumise à une règle générale, mais on peut reconnaître que dans chaque cas particulier elles varient avec le volume. La section d'eau vive est, en effet, proportionnelle à la dépense d'eau, la vitesse restant la même. Or, tout changement dans cette section en entraine un dans le travail du canal, puisqu'on ne peut l'obtenir qu'en augmentant la profondeur d'eau, ce qui exige qu'on l'enfonce davantage ou qu'on donne plus d'épaisseur aux digues, ou bien en élargissant le fond de la cuvette, ce qui produit également une augmentation dans le cube des ouvrages. Dans l'un et l'autre cas cette augmentation n'est pas exactement proportionnelle à la section : elle croit dans un moindre rapport.

Lorsqu'on emploie des machines, la dépense est au contraire proportionnelle au volume d'eau à fournir, parceque la valeur d'une machine est sensiblement proportionnelle à sa force ou au nombre de chevaux de

Économie dans la dépense.

17

vapeur qui l'exprime, et qu'un même poids de charbon doit développer le même nombre d'unités dynamiques, quelle que soit la puissance de cette machine.

Il résulte de cette différence dans le rapport d'accroissement de la dépense, selon qu'on emploie un canal, ou des machines, qu'il y a dans chaque cas particulier un certain volume d'eau pour lequel il est indifférent d'employer un canal de dérivation ou des machines à vapeur, et que, suivant que le volume d'eau se trouve au-dessus ou au-dessous de cette limite, il vaut mieux employer l'un ou l'autre de ces deux systèmes.

Application à Paris. 217. Nous allons appliquer ces observations à l'établissement du canal de l'Ourcq.

Si l'on considère ce canal comme devant former l'extrémité d'une ligne navigable qui établirait, par exemple, une communication entre Paris et la Meuse, et comme destiné à amener la quantité d'eau nécessaire tant aux besoins de Paris qu'à l'entretien du bassin de partage situé à la Villette, des canaux Saint-Denis et Saint-Martin ; si cette quantité d'eau est de 13,500 pouces et peut être réellement dérivée de la rivière d'Ourcq, en y joignant quelques affluents, nul doute qu'on ne pouvait atteindre ce double but que par son exécution.

Mais si son objet spécial est de fournir à Paris l'eau qui lui manque pour les besoins journaliers de ses habitants, et d'alimenter le canal de la Seine à la Seine ; s'il n'offre aucune utilité sous le rapport de la navigation ; si la quantité d'eau qu'il amène n'est que de 7,000 pouces environ, nous reconnaitrons qu'il aurait mieux valu renoncer à son établissement. Cela n'aurait pas empêché de construire le canal de la Seine à la Seine, puisqu'on aurait pu dériver de la Beuvronne les 1,200 pouces qui suffisent pour l'alimenter, au moyen d'une rigole ou d'un aqueduc en maçonnerie, ou mieux encore élever ce volume d'eau par les mêmes machines qui auraient fourni la quantité d'eau de Seine nécessaire à la consommation journalière des habitants de la capitale.

Entrons dans la discussion de ces deux moyens.

Les dépenses faites jusqu'au 1er janvier 1816, pour la construction du canal de l'Ourcq, s'élevaient à la somme de . . .   14,353,118 fr. 51 c.

A reporter. . . . . .   14,353,118 fr. 51 c.

Report. . . . .   14,353,118 f. 51 c.

les dépenses restant à faire furent estimées par
la commission nommée en 1816 (1), à la somme
de . . . .   9,973,150 f. 00 c.

Total   24,326,268 f. 51 c.

Les droits de navigation ont été évalués à . . . .   60,000 fr.
Les fermages des récoltes et de la pêche à   50,000

110,000

Il faut déduire pour salaires des percepteurs, pontonniers
et gardes . . . . 15,000 f.
pour l'entretien annuel et autres dépenses courantes 55,000 f.   } 50,000

Reste .   60,000

qui, à 5 p. %, représentent un capital de   1,200,000
La dépense s'élève à   24,326,278

excédant de la dépense sur le capital des revenus . . . .   23,126,278 fr.

Ce résultat prouve assez que le canal de l'Ourcq ne doit être considéré
que comme une rigole destinée à alimenter le canal de la Seine à la Seine
et le service de la distribution dans Paris, puisque, considéré comme
navigable, la dépense excède le revenu d'une somme aussi forte.

D'après les traités faits avec la compagnie qui l'a terminé, la ville s'est
réservé . . . . 4000 pouces
la quantité d'eau destinée à chacun des versants du canal
de la Seine à la Seine est de 1500 pouces 3000

Total . . . . . 7000 pouces.

Voyons si, pour obtenir ces 7,000 pouces d'eau, il était absolument
nécessaire de dépenser 23,126,278 francs.

Les 4,000 pouces d'eau destinés à la distribution, en les supposant

---

(1) Rapport d'une commission spéciale d'ingénieurs du corps royal des ponts et
chaussées, sur la situation des travaux du canal de l'Ourcq et de ses dépendances, à
l'époque du 1er janvier 1816, et sur les dépenses qui restent à faire pour terminer cette
entreprise. Paris, 1819.

17.

empruntés à la Seine, étant jetés immédiatement dans les conduites, il suffira de tenir compte de leur élévation à 25 mètres de hauteur, niveau fixé par le bassin de la Villette.

Les 5,000 pouces destinés à la navigation devraient être portés dans ce bassin. Plusieurs moyens se présentent pour atteindre ce but ; mais le plus simple consisterait à les élever successivement dans les cinq biefs dont se compose le canal Saint-Martin, qui établit la communication entre la Seine et le bassin de la Villette : ce qui reviendrait, en définitive, à élever les 3,000 pouces à 25 mètres de hauteur, sans se servir d'aucun intermédiaire d'aqueduc ou de conduite pour leur faire franchir la distance de 5,000 mètres environ qui sépare la rivière du réservoir supérieur formant le point de partage.

On aurait donc eu 7,000 pouces d'eau à élever à 25 mètres de hauteur : ce qui fait 3,500,000 unités dynamiques à développer. La force d'un cheval de vapeur étant de 6480 unités, produites en 24 heures, on eût obtenu l'effet demandé par l'établissement d'un système de machines de la force de 540 chevaux ; savoir : une machine de 40 à 50 chevaux à chacune des écluses accolées qui rachètent les différences de niveau de 5 à 6 mètres entre deux biefs consécutifs, et 3 machines de la force de 100 chevaux pour élever l'eau destinée à la distribution.

Ces huit machines pourraient coûter 810,000 f., à raison de 1500 f. par cheval, et si l'on suppose que l'on en ait huit de rechange il faudra tenir compte d'une dépense de. . . . .   1,620,000 f.

L'amortissement de ce capital   en supposant que les machines durent chacune 25 ans , exigera une annuité de 16,972 f. qui représente un capital de. . . . .   339,440 f.

Le charbon consommé se calcule à raison d'un kilogramme pour 100 unités dynamiques ; ce qui fait 35,000 kilogrammes à brûler par jour et 12,775,000 kilogrammes, par an, représentant, à 0,05 c. le kilogramme, une dépense annuelle de 638,750 fr., et un capital de. . . . . 12,775,000 f.

Les frais d'entretien des machines s'évaluent à 100 fr. par cheval, ce qui fait 54,000 fr. par an, ou un capital de   1,080,000 f.

Pour salaire du conducteur des machines, des chauffeurs

A reporter. . . . . 15,814,440 f.

Report. . . . . 15,814,440 f.

et autres ouvriers, 30,000 fr. par an, ou un capital de. . .   600,000

Total 16,414,440

Le canal de l'Ourcq revient à. 23,126,268

Différence . . . . 6,711,828 f.

Il en serait donc résulté une économie de près de sept millions, si l'on avait pris l'eau dans la Seine.

Et si l'on considère que, dans cette supposition, l'eau se trouvant au centre de Paris, il en aurait moins coûté pour la distribuer qu'en la dérivant du bassin de la Villette ; que la plupart des rues de Paris ne se trouvant qu'à 10 mètres au-dessus de l'étiage de la Seine, on n'aurait pas été obligé d'élever la totalité de l'eau à la hauteur constante de 25 mètres fixée par le niveau de ce bassin ; que la navigation ne consommant pas 3,000 pouces d'eau, on n'aurait élevé que la quantité nécessaire; que l'établissement des machines pouvant se faire promptement, les capitaux ne seraient pas restés improductifs pendant les 24 ans qu'a duré la construction du canal; si l'on ajoute, ainsi que nous l'avons déjà établi, que la qualité de l'eau aurait été meilleure, la distribution plus sûre et plus économique ; on en conclura nécessairement que la comparaison entre les deux projets est tout-à-fait favorable à l'emploi des machines à vapeur.

L'administration ne possédait pas, à l'époque où la construction du canal de l'Ourcq fut arrêtée, tous les éléments de la question ; aussi, notre intention, dans cet examen, est-elle simplement de prouver par un exemple l'importance d'une semblable discussion, et de mettre à profit les leçons de l'expérience (1).

----

(1) Une question semblable se présente dans le choix des moyens à employer pour procurer des eaux jaillissantes à la ville de Lyon.

Élèvera-t-on les eaux du Rhône au moyen de machines à vapeur, ou bien les amènera-t-on dans un bassin situé à 30 mètres au-dessus de l'étiage du Rhône par une dérivation de la Sereine ou de l'Ain ?

M. Favier, ingénieur en chef du département, s'est proposé de la résoudre, et il a démontré que si le volume d'eau nécessaire pour alimenter les fontaines publiques et satisfaire aux demandes des particuliers, est inférieur ou même égal à 20,000 mètres

SECTION TROISIÈME.

DE LA DISTRIBUTION DES EAUX.

Analyse des divers ouvrages qui entrent dans l'établissement d'un système de conduite servant à distribuer les eaux.

218. Lorsqu'on examine les ouvrages destinés à porter et à répandre les eaux dans une grande ville pour le besoin de ses habitants, ils frappent d'autant plus qu'ils sont en général d'une application peu connue. En les considérant de plus près, on s'aperçoit bientôt que plusieurs d'entre eux se ressemblent et qu'on peut les grouper de manière à ne former que quelques classes bien distinctes. Le but que l'on se propose est de faire circuler les eaux. Analysons les moyens dont on se sert pour l'atteindre. Pour cela, nous distinguerons le point de départ ou la *prise d'eau*, la *conduite*, le point d'arrivée ou le *dégorgement*.

219. La prise d'eau peut se faire : 1° dans une rivière, au moyen d'une pompe aspirante et foulante ; 2° dans un réservoir alimenté par des machines, ou par un aqueduc ; 3° enfin, sur une conduite principale pour former un branchement.

La conduite se compose de plusieurs parties ; on y voit *des tuyaux*, qui peuvent différer, et par la qualité de la matière qui sert à les former, et par le mode d'assemblage ; des *robinets*, qui servent à intercepter ou à rétablir l'écoulement des eaux ; des *ventouses*, qui donnent une issue à

---

cubes par jour, le système des machines à vapeur doit obtenir la préférence, et que la question du choix à faire entre ce moyen et celui du canal de dérivation se réduit à savoir quel est le volume d'eau que peuvent exiger les besoins généraux et particuliers de la ville de Lyon.

M. le maire, dans son prospectus du 24 mars 1824, a fixé à 3,000 mètres cubes le volume que la compagnie concessionnaire serait tenue de fournir chaque jour. Ainsi, même en supposant que l'on voulût doubler ce volume, pour que tous les besoins fussent amplement satisfaits, l'emploi des machines à vapeur semble mériter la préférence.

l'air, afin que sa présence dans la conduite ne gêne pas le mouvement de l'eau et ne tende pas à diminuer le produit de l'écoulement.

Le dégorgement, suivant que les eaux sont destinées au service public ou particulier, présente une grande variété d'effets. On peut faire servir les eaux à l'embellissement des places et des promenades, en les forçant à se répandre en nappes, à tomber en cascades, à jaillir en gerbes, à sortir avec impétuosité d'une masse de rochers, etc. On peut les faire concourir à la salubrité par le lavage des rues et des égouts, ou les employer aux divers usages de la vie en les distribuant à domicile.

220. Nous allons examiner successivement ces différents ouvrages après en avoir présenté l'ensemble dans un tableau synoptique.

TABLEAU

des ouvrages concernant l'établissement d'une conduite.

Prise d'eau	par une pompe. dans un réservoir ou aqueduc. sur une conduite principale ou secondaire.		
Conduite.	Tuyaux.	Fourniture.	Forme, dimensions, essai, etc.
		Assemblage.	Joints à brides, à renflement.
		Pose.	Dans une galerie. dans une rigole. dans terre.
	Robinets	d'arrêt.	conique. à coin. à vanne.
		de décharge.	
	Ventouses	à tuyau. à robinet. à flotteur.	
Dégorgement. fontaines, bornes, réservoirs, etc.			

PRISE D'EAU.

On peut alimenter les conduites, ou par des réservoirs, ou par des machines qui poussent directement l'eau dans les conduites.

221. Lorsque les eaux que l'on veut distribuer dans une ville sont amenées sur le point le plus élevé du sol par un canal de dérivation ou par un aqueduc, on les réunit ordinairement dans un réservoir, et c'est là que se font les prises d'eau qui doivent alimenter les conduites.

Mais lorsque les eaux sont élevées par des machines, il se présente alors deux systèmes ; ou celui d'un réservoir supérieur, ou celui dans lequel les pompes aspirantes et foulantes poussent directement l'eau dans les tuyaux de conduite et surmontent les résistances qui se développent dans le mouvement par les pressions que les pistons des pompes exercent sur la colonne d'ascension.

Considérations sur les avantages et les inconvénients de ces deux systèmes.

222. Le premier système rend la distribution plus sûre et la marche des machines plus régulière ; le second procure une grande économie dans les premiers frais d'établissement et même dans l'emploi des forces motrices, si les quartiers à desservir sont à des hauteurs très différentes les unes des autres. Il est donc essentiel de comparer leurs avantages et leurs inconvénients respectifs.

Pour que la distribution soit sûre, il faut que l'on ait la certitude que la force motrice nécessaire pour imprimer à l'eau sa vitesse exerce réellement son action. On obtient cette conviction en la mesurant par une colonne d'eau dont la hauteur est calculée d'avance et doit rester constamment la même. Si le *produit* des conduites diminue, on ne peut alors l'attribuer qu'à des *fuites*. La cause du mal est connue, rien n'empêche d'y porter promptement remède. Si l'eau n'arrive pas, au contraire, avec la même abondance au réservoir, c'est que la machine ne développe plus le même *effet utile*. On est également averti, et l'on peut reconnaître si cela tient à un dérangement dans le mécanisme, ou à la qualité du charbon, à la négligence du chauffeur, etc.

Pour que la marche d'une machine soit régulière, il faut que les résistances à vaincre, que l'effort à produire, n'éprouvent, autant que possible, aucune variation. Or, c'est ce qui n'aurait pas lieu si on supprimait le réservoir alimentaire. La marche de la distribution ferait changer successivement le développement des conduites remplies d'eau, et par suite les frottements ; la fermeture subite des robinets produirait des *coups de bélier*, dont l'effet se ferait nécessairement sentir sur tous les points ; suivant qu'il y aurait plus ou moins d'air dans les tuyaux, l'effort devrait être plus ou moins considérable ; en un mot, il serait difficile d'obtenir un mouvement uniforme et continu.

223. Ce sont sans doute ces différentes considérations qui ont fait adopter jusqu'à ce jour l'établissement de vastes réservoirs qui tiennent constamment les conduites en charge, en même temps qu'ils peuvent offrir de grandes ressources en cas d'incendie.

Quoique ces considérations soient fondées, il est impossible cependant de ne pas remarquer que dans l'établissement de Chaillot, par exemple, l'eau est portée à 57 mètres au-dessus de l'étiage de la Seine, tandis que les quartiers qu'elle doit alimenter ne sont élevés que de 10 ou 15 mètres au-dessus de ce même niveau. Cette disposition occasione une grande perte de *forces motrices*, puisque la vitesse de l'eau, au moment où elle arrive dans un bassin de fontaine ou de château d'eau est tout-à-fait inutile, et elle serait entièrement vicieuse s'il n'en résultait pas une diminution dans la grosseur des tuyaux de conduite. Mais cette compensation est illusoire parcequ'il y a des limites *minimum* dans la grosseur des diamètres qu'il ne faut pas dépasser, de manière que le prix des conduites reste toujours le même quel que soit l'excès de la hauteur des réservoirs.

224. La considération de la dépense est d'une trop grande importance lorsqu'il s'agit d'une distribution générale d'eau, pour qu'on ne doive pas chercher à éviter l'inconvénient que nous venons de signaler, et c'est ce qui nous engage à examiner avec attention s'il ne serait pas convenable de supprimer entièrement les réservoirs, en trouvant le moyen d'obtenir la même régularité.

225. On ne pourrait le faire qu'en ayant la possibilité de régler les pressions que les pistons des pompes exercent sur l'eau des tuyaux d'ascension. Les Anglais les mesurent au moyen d'un appareil qu'on nomme *Bang*. Il consiste en un cylindre vertical en fonte de fer, qui communique par le fond inférieur avec le tuyau d'ascension dans lequel une ou plusieurs pompes foulent l'eau. Le fond supérieur de ce cylindre est traversé par une tige verticale de piston qui glisse dans une boîte à cuir. Cette tige est terminée en T par une barre horizontale, aux deux extrémités de la-

quelle sont suspendus deux gros chaînons plats à charnières, qui, lorsque le piston est au point le plus bas de sa course, reposent sur une plateforme fixe. L'aire de la base horizontale du piston est connue, et lorsque la pression de l'eau s'exerce contre cette base, le piston monte jusqu'à ce que le poids des chaînes soulevées fasse équilibre à la pression. Le *bang* est ordinairement accolé à un mur ; une échelle tracée sur ce mur indique la hauteur de l'extrémité de la tige du piston, et par conséquent sert à mesurer la pression de l'eau dans le tuyau d'ascension des pompes.

Supposons que le piston ait 5 centimètres de diamètre, sa base sera à très peu près de 20 centimètres carrés. La mesure de la plus grande pression que l'on ait besoin d'obtenir à Paris pour élever l'eau est de 5 kilogrammes par centimètre carré, ce qui suppose qu'on la porte à 50 mètres de hauteur. Mais la surface de la base du piston est de 20 centimètres : en la faisant communiquer avec le tuyau d'ascension de la machine, elle éprouvera une pression de 100 kilogrammes qui devra être équilibrée par le poids du piston, de sa tige et de la portion des chaînes soulevées.

226. Cet appareil a le mérite de la simplicité. Mais si l'on avait à mesurer de très grandes pressions, les poids à soulever deviendraient trop considérables, parcequ'il y aurait de l'inconvénient à donner au piston des dimensions plus faibles que celles que nous avons indiquées et que d'ailleurs les frottements ne diminueraient pas dans le même rapport que les surfaces.

M. Louis Martin, mécanicien à Paris, a heureusement surmonté cette difficulté en apportant des perfectionnements à l'appareil. Le plus essentiel consiste dans la substitution de deux actions opposées, appliquées aux extrémités d'une tige rigide ou piston de diamètre différent, à une action unique qui ne serait exercée que sur une des extrémités. On peut se donner arbitrairement le plus grand des diamètres de la tige rigide et le poids total mesurant la plus grande des pressions dont on veut connaître la valeur, et il ne s'agit que de déterminer le petit diamètre de manière à satisfaire à la condition demandée.

227. On pourrait encore se servir d'une simple soupape placée sur la conduite et retenue par un levier. Le poids nécessaire pour tenir la soupape fermée donnerait la mesure de la pression de l'eau. C'est ce

procédé que l'on emploie pour mesurer la *tension* de la vapeur dans une
chaudière.

228. Quoi qu'il en soit, il résulte de cet exposé, qu'il est toujours facile,
au moyen d'un instrument, d'avoir la mesure immédiate de la pression
que l'eau éprouve dans un tuyau de conduite, et par suite celle de la hauteur à laquelle elle devra s'élever.

229. Mais est-il également facile de faire varier la pression d'après la
hauteur des quartiers où l'on veut distribuer l'eau, de manière qu'aux
heures déterminées du jour, le *bang* marque la pression convenable?
Cette opération délicate est confiée à l'homme qui fait l'office de *chauffeur*.
Il pousse ou ralentit la machine à vapeur, soit en ouvrant plus ou moins
le robinet de *mise en train* qui donne passage à la vapeur qui agit sur
le piston, soit en activant le feu pour augmenter la température et la
tension de la vapeur.

230. Le rapport entre la pression de la vapeur d'eau et les élévations
de température est indiqué par le tableau suivant :

TEMPÉRATURE DE LA VAPEUR.	PRESSION DE LA VAPEUR.
degrés.	atmosphères.
100,00	1
121,55	2
135,00	3
144,95	4
153,30	5
160,00	6
166,42	7
172,13	8

Par conséquent, si l'on a besoin dans quelque cas d'agir avec de la va-

pcur à 3 atmosphères, il faut, ou que la température soit constamment
à 153°,30, et alors pour agir à des tensions plus faibles, on n'a qu'à diminuer l'ouverture du robinet de mise en train , ou que le chauffeur augmente dans ce cas particulier l'action du feu, et alors la marche de la
machine dépend uniquement de sa surveillance. Dans la première supposition, il y a perte de forces motrices ou de combustible, dans la seconde peu de sûreté dans la distribution, ce qui présente également des
inconvénients.

231. D'ailleurs, une même machine ne peut pas fonctionner à toute
tension de vapeur. Il y a des limites qui dépendent de sa composition et
du système auquel elle appartient.

232. Nous en conclurons que lorsque les hauteurs des quartiers à desservir varient de beaucoup entre elles, comme à Paris où la différence
peut être de 10 à 40 mètres, il est convenable d'adopter des systèmes
de conduites indépendants entre eux, et de les alimenter par des réservoirs placés à de hauteurs différentes.

233. Un autre motif en faveur des réservoirs, c'est que lorsque les conduites se vident par l'effet de la distribution, l'air atmosphérique y remplace de suite l'eau ; et lorsqu'on veut les remettre en charge, il devient très difficile de chasser cet air, qui met un obstacle à l'écoulement
de l'eau, en même temps qu'il interrompt la marche régulière des
machines.

Ces réservoirs offrent de plus des ressources en cas d'incendie, puisque
en les adoptant, non seulement les conduites restent pleines, mais on y
trouve une réserve qui permet d'attendre qu'on élève une nouvelle quantité d'eau.

Enfin, lorsque les eaux sont chargées de matières étrangères, comme
en hiver, il est surtout indispensable de les élever dans des réservoirs
pour les y faire déposer. Mais lorsqu'elles seront limpides, comme en
été, on pourra les jeter directement dans les conduites. Dans tous les cas,
il sera bon de se ménager la possibilité de choisir à volonté l'un ou l'autre de ces moyens.

234. On distingue à Londres le service de distribution en *bas service*
et *haut service*. Le bas service est celui qui se fait dans la partie la plus
basse des habitations située à 8 ou 9 pieds au-dessous du sol des rues et
jusqu'à 5 pieds au-dessus du rez-de-chaussée. Le haut service est compté

depuis ce niveau qui correspond à 8 pieds environ au-dessus du pavé, jusqu'à celui de l'étage placé sous le comble.

Il était essentiel pour l'économie de satisfaire à ces deux services par un même système de conduites, et de n'avoir qu'à faire varier la *charge motrice*. Pour cela, les distributions se font à des heures différentes. L'on alimente le bas service par des réservoirs, tandis que pour le haut service l'eau est poussée directement dans les conduites par les machines.

Mais dans l'un et l'autre cas les pompes fonctionnent sous une pression constante, et qui ne varie, en passant d'un service à l'autre, qu'en raison de la hauteur peu considérable des maisons. On a donc pu se servir toujours des mêmes machines.

235. La prise d'eau dans un réservoir se fait au moyen d'un tuyau de fonte de fer recourbé à angle droit et incrusté dans le massif de la maçonnerie. On règle l'écoulement de l'eau par une *bonde* qui ferme hermétiquement l'orifice du tuyau, lorsqu'elle est baissée, et dont la manœuvre se fait, ou par une vis, ou par un levier coudé qui porte à son extrémité une gorge circulaire dans laquelle s'enroule la chaîne fixée à l'axe vertical de la bonde (pl. VII, fig. 1-2).

On peut encore employer un siphon, ainsi qu'on le voit fig. 3 et 4.

La prise d'eau sur une conduite se fait au moyen d'un tuyau qu'on ajuste sur une tubulure qu'on a réservée à cet effet (pl. VIII, fig. 1-2), ou plus ordinairement sur un orifice circulaire ouvert dans la paroi de la conduite principale. Dans ce dernier cas, le tuyau de prise d'eau est fixé sur la conduite par un *collier à lunette*, que l'on arrête au moyen de vis, après avoir interposé une rondelle de cuir gras (pl. VIII, fig. 3-4-5).

Lorsque le branchement a un très petit diamètre, on se contente de le visser sur la conduite principale, (pl. VIII, fig. 6).

Chaque tuyau de prise d'eau est garni d'un robinet au moyen duquel on peut suspendre, à volonté, l'introduction de l'eau dans le tuyau de branchement.

CONDUITE.

256. Dans l'établissement d'une conduite, nous allons examiner successivement les *tuyaux* dont elle est formée, les *robinets* qui servent à in-

tercepter ou à rétablir l'écoulement des eaux, et les *ventouses* qui facili-
tent leur mouvement en donnant une issue à l'air.

237. Les tuyaux de conduite étaient autrefois presque tous en poterie
ou en bois, ce qui les rendait fragiles, sujets à fuir et à s'engorger. On
se servit ensuite du plomb. La durée de ce métal, la facilité que l'on
avait de faire varier suivant les circonstances la forme des tuyaux, de les
réunir au moyen d'une soudure, en firent adopter l'usage. Mais lorsqu'on
voulut appliquer le plomb à des distributions d'eau qui exigeaient des
conduites d'un grand diamètre, on reconnut bientôt que son emploi entraînerait dans des dépenses considérables et l'on chercha à y substituer
la fonte de fer. C'est aujourd'hui le métal le plus généralement adopte.
On ne se sert du plomb que pour les raccordements et les extrémités des
branchements particuliers qui portent l'eau dans les édifices ou qui la
distribuent dans l'intérieur des fontaines parcequ'il se prête à toutes
les inflexions.

238. Avant de développer les raisons qui doivent diriger dans le choix
à faire entre les tuyaux de différentes matières, nous allons tracer les règles de calculs qui servent à déterminer leurs diamètres et l'épaisseur de
leurs parois, d'après le volume d'eau qu'ils ont à porter et les fonctions
de résistance qu'ils ont à remplir.

239. Lorsqu'il s'agit d'une conduite isolée, recevant l'eau d'un bassin supérieur, et l'introduisant dans un bassin inférieur nous avons vu, art. 89,
que l'on pouvait établir une relation entre la dépense d'eau, le diamètre
de la conduite, sa longueur et la charge motrice au moyen de l'équation

$$Q = c \sqrt{ \frac{ H + \zeta - H' }{ \lambda } } \, D^5$$

Dans laquelle
Q représente la dépense d'eau par seconde de temps,
λ, la longueur de la conduite,
D, son diamètre,
ζ, la différence de niveau entre les orifices extrêmes,
H et H', les charges d'eau qui pèsent sur ces orifices et que nous avons
supposé devoir produire exactement les *pressions réelles* qui ont lieu
contre les parois,

c, une constante.

240. Ce cas est encore le seul que l'on ait examiné et pour lequel l'expérience ait confirmé les résultats de la théorie. Mais la formule ne peut pas s'appliquer immédiatement à un système de conduites recevant l'eau d'un réservoir supérieur et l'introduisant dans plusieurs bassins inférieurs, comme lorsqu'il s'agit d'une distribution d'eau, soit à des fontaines publiques, soit à domicile pour le service des particuliers, au moyen de branchements sur une conduite principale.

Dès lors λ et ζ sont pour chaque tuyau du système les seuls éléments dont on puisse avoir la mesure immédiate, et les hauteurs H et H', représentatives des pressions extrêmes qui s'exercent sur deux bouts de chaque partie de conduite, entre deux branchements consécutifs, deviennent des inconnues du problème.

241. Pour bien apprécier les différences entre ces deux systèmes, analysons ce qui se passe dans le phénomène du mouvement de l'eau dans une conduite isolée.

Considérations sur la pression variable qui s'exerce à chaque point sur la paroi d'une conduite

L'eau se meut en vertu de la charge qui s'exerce sur l'orifice d'amont et du poids de la masse d'eau dans les parties descendantes de la conduite, le tout diminué de la portion de charge absorbée par les frottements contre les parois et par le poids de la masse d'eau dans les parties ascendantes de la conduite, ou sur l'orifice d'aval.

Il s'ensuit qu'il se fait constamment une espèce de division de la *puissance motrice*. Une première partie est employée à produire la vitesse de l'eau dans la conduite, une deuxième à vaincre les frottements contre les parois, et une troisième à surmonter la résistance provenant du poids de l'eau qui agit en sens contraire du mouvement.

242. C'est cette partie de la puissance qui détermine principalement une *pression* contre les parois de la conduite. Elle est très faible dans les canaux à découvert où toute la force motrice est pour ainsi dire employée à imprimer la vitesse ou à vaincre les frottements contre les bords, mais dans les conduites *forcées* elle peut être très considérable, et c'est ce qui donne la facilité de distribuer l'eau en établissant des branchements sur la conduite principale, quoique les points de jonction se trouvent plus bas que ceux où l'eau doit arriver.

Si l'on perçait la conduite et qu'on y implantât dessus un tuyau vertical, l'eau s'élèverait à une certaine hauteur, et c'est cette hauteur qui mesurerait la *pression* dans cette partie de la conduite.

La pression qui s'exerce sur la paroi d'un branchement, à l'origine du point de réunion, diffère de la pression sur la paroi de la conduite principale.

245. En établissant un branchement, la hauteur de la colonne d'eau représenterait évidemment la *charge* sur l'orifice, et cette charge produirait une pression sur la paroi de cet orifice qui servirait à établir la formule d'écoulement de l'eau dans ce tuyau secondaire.

244. De même qu'on a supposé, dans le cas d'une conduite isolée, que la hauteur de la charge sur l'orifice supérieur était égale à la hauteur de la colonne d'eau qui mesure la pression, il était tout naturel de faire la même hypothèse pour chaque branchement, c'est-à-dire de supposer que la pression que supporte la conduite principale à l'origine de chaque branchement est la même que celle du tuyau secondaire. Cela donnait le moyen de mettre le problème en équation et de traiter la question de l'écoulement dans toute son étendue.

Évaluation de la différence entre ces deux pressions pour les vitesses ordinaires qui ont lieu dans la pratique.

245. M. Bélanger, que j'ai déjà eu l'occasion de citer, m'en fit le premier la remarque, et plus nous reconnûmes combien il serait alors facile de résoudre toutes les difficultés, plus nous sentîmes combien il était nécessaire d'apprécier l'étendue de l'erreur que l'on commettait en faisant varier la vitesse, de fixer les limites qu'il ne fallait pas dépasser dans la pratique pour obtenir des résultats suffisamment approchés.

246. Nous avons entrepris, de concert avec M. Mallet, pour atteindre ce but, une suite d'expériences dont je vais présenter la description.

247. L'instrument qui nous a servi se compose d'un tube en verre recourbé dont les deux branches sont graduées (pl. VIII, fig. 7). On les fait communiquer au moyen de tubes en plomb avec l'intérieur des conduites. L'eau s'élève dans ces tubes et se rend dans l'instrument en comprimant l'air qu'il renferme. Un petit trou percé au sommet et recouvert par une tige qui tourne dans un écrou permet de faire sortir de l'air à volonté, jusqu'à ce que l'eau paraisse dans les branches graduées et soit visible à travers le verre. L'instrument est porté par un pied ordinaire de graphomètre et on le place de manière que les divisions correspondantes soient sur une même ligne de niveau : voici maintenant son usage.

248 Je suppose que l'on ait une conduite de 0^m,25 centimètres de diamètre sur laquelle on établit un branchement de 81 millimètres de

diamètre. L'eau prendra une certaine vitesse dans le petit tuyau qui dépendra de la *pression* qu'elle exerce à son origine. Il s'agit de vérifier si cette pression est égale à celle qui s'exerce sur la paroi du gros tuyau au point où l'on a fait l'érogation, ou si elle en diffère.

Pour cela, on perce un petit trou sur chaque tuyau et l'on établit une communication avec les branches de l'instrument. Si les deux pressions sont égales, l'eau s'élèvera au même niveau dans les deux branches ; si elles sont inégales, l'eau s'élèvera à des hauteurs différentes, et la différence entre les deux hauteurs mesurera la différence des pressions.

249. Il faut bien remarquer que quoique les trous percés dans les tuyaux ne soient pas à la même hauteur, cela ne cause aucune erreur, parceque les pressions sont toujours rapportées au même niveau déterminé par celui des deux branches de l'instrument.

250. De plus, on avait placé un robinet d'arrêt sur chaque conduite, afin de régler la vitesse de l'eau, et pris les mesures nécessaires pour jauger exactement l'eau qu'elles débitaient.

251. Nous avons commencé par fermer le robinet du branchement, de manière que toute l'eau s'est écoulée par la conduite principale. L'eau s'est élevée à la même hauteur dans les deux branches de l'instrument et y est restée stationnaire. Nous en avons conclu : 1° que la pression était la même sur la paroi des deux tuyaux ; 2° que les petits mouvements qui pouvaient avoir lieu à la rencontre des deux tuyaux et altérer l'uniformité du mouvement ne produisaient en effet aucune influence.

Nous avons ensuite ouvert le robinet d'arrêt du tuyau secondaire, l'eau a baissé de $0^m,12^c$ dans la branche de l'instrument qui était en communication avec lui.

Jaugeant les quantités d'eau fournies par les deux conduites, nous avons trouvé que la conduite de $0^m,081$, avait fourni en 15 minutes 3,920 litres, ce qui fait par seconde $4^{lit},355$. Divisant par la section du tuyau égale à $0^m,005153o$, on trouve que la vitesse était de $0^m,847$ par seconde.

Cette vitesse est due à une hauteur de $0^m,036569$.

La différence de pression étant de $0^m,12$, il s'ensuit que la perte aurait été un peu plus de *trois fois* la hauteur due à la vitesse.

La conduite de $0^m,25$ avait fourni à l'aval du branchement $20,724^{lit},48$ en 19 minutes ou $18^{lit},179$ par seconde : ce qui fait à l'amont du branchement, en y ajoutant le produit de la conduite de $0^m,081, 22^{lit},534$

par seconde. Divisant par la section de la conduite qui est égale à 0^{ms},0490875, on trouve que la vitesse était de 0^m,459 par seconde.

252. Le gros tuyau peut être considéré comme un réservoir par rapport au petit branchement; d'où l'on voit qu'en prenant la pression qui s'exerce sur la paroi de ce gros tuyau comme mesure de la *pression* ou de la *charge* qui a lieu à l'origine du branchement, on aurait commis une erreur de 12 centimètres.

253. Dans une seconde expérience, nous avons fermé le robinet sur la conduite principale, de manière que toute l'eau s'écoulait par le branchement.

La différence de pression indiquée par l'instrument a été de 153 millimètres.

La quantité d'eau fournie a été de 3,100 litres en 10 minutes, ce qui fait par seconde 5^{lit},1666.

Divisant ce produit par la section, on trouve que la vitesse était de 1^m,003 par seconde, qui est due à une hauteur de 0^m,05128, ou le tiers environ de la perte réelle.

La section de la conduite principale étant de 0^{ms},0490875 et la dépense de 5^{lit},1666 par seconde, nous aurons pour la vitesse 0^m,105 : qui est due à une charge de 0^m,00056198.

254. Nous avons répété plusieurs fois la même expérience en faisant varier la vitesse, et nous sommes toujours parvenus au même résultat; d'où l'on peut conclure que pour des vitesses de 0^m,20e à 1^m par seconde, telles qu'elles ont lieu dans la pratique, on pourra substituer la charge à la pression qu'elle produit, pourvu qu'on ajoute à cette charge le triple de la hauteur due à la vitesse. Cette correction devra se répéter autant de fois qu'il y aura d'embranchements de tuyaux, suivant que l'on passe d'une conduite principale dans un répartiteur, et de là dans un tuyau de service, pour arriver enfin au tuyau du particulier (1).

---

(1) Nous avons également cherché à évaluer avec le même instrument la diminution de pression due à l'influence d'un coude, au point où la conduite de 0^m,25 s'élevait perpendiculairement pour arriver au château d'eau de Bondi.

Cette diminution a été de 12 millimètres; la vitesse de la masse fluide était de 0^m,591 par seconde.

255. Cela posé, nous allons établir les formules qui pourront représenter les phénomènes de l'écoulement de l'eau dans un système de conduites qui s'embranchent les unes sur les autres.

Cette supposition fournit le moyen de mettre en équation le problème de l'écoulement de l'eau dans ces systèmes de conduites, qui toutes s'embranchent sur une conduite principale. Le problème est indéterminé.

Nous allons vérifier si cela s'accorde avec la formule de Dubuat.

L'expression qui donne la résistance ou perte de charge produite par un coude, est (art. 93),

$$0,0123 \ s^2 \ v^2.$$

Dans laquelle s^2 représente la somme des carrés des sinus des angles de réflexion, et v la vitesse.

D'un autre côté, le sinus verse de l'angle de réflexion est égal au demi-diamètre intérieur de la conduite, divisé par le rayon de l'arc du coude.

Dans ce cas,

Le demi-diamètre $= 0^m,125$;

Le rayon de l'arc $= 1^m,125$;

D'où sinus verse $= 0^m,1111 \ldots$

Co-sinus $\ldots = 1 - 0^m,1111 \ldots = 0^m,8888 \ldots$

Le logarithme du co-sinus est $9,9488480$, qui correspond à un angle de $27^\circ 16'$.

Le nombre d'angles de réflexion est égal à l'arc du coude divisé par l'angle de réflexion. Il y en a donc deux.

Nous aurons :

$$s^2 = 2 \ (\sin. 27^\circ 16')^2,$$

ce qui donne :

$$s^2 = 0,41977 ;$$

de plus, $v = 0,591$.

Substituant dans l'équation précédente, nous en conclurons que la perte de charge est égale à $0,0018034$.

Il faut y ajouter la portion de charge absorbée par les frottements contre la paroi du coude, afin de pouvoir la comparer avec la perte indiquée par l'instrument.

La longueur développée du coude était de $3^m,24$.

La valeur de cette portion de la perte de charge est donnée par la formule :

$$Q = c \ \sqrt{\frac{Z \, D^5}{\lambda}}$$

pour laquelle on a

$$\lambda = 3^m,24 \ldots \ldots D = 0^m,25 \qquad Q = 0,0290107125$$
$$c = 20,205 \ (\text{art. } 90).$$

Substituant et effectuant les calculs, on trouve

$$Z = 0,0068400$$

La perte de la charge totale est donc

$$0,0086434.$$

L'expérience nous a donné $0,012$, ou un tiers en sus.

Soient (pl. VIII, fig. 8)

Q le volume d'eau que le tuyau principal doit débiter par seconde, à l'origine de la prise d'eau, ou avant le premier branchement;

D le diamètre de ce tuyau;

L sa longueur;

λ, λ', λ'', λ''' . . λ^{n-1} les longueurs partielles comprises entre deux branchements consécutifs: de manière que $L = \lambda + \lambda' + \lambda'' . . + \lambda^{n-1}$;

Z la différence de niveau entre la superficie de l'eau dans le réservoir de prise d'eau, et l'origine du premier branchement;

Z', Z'', Z''' . . . . Z^{n-1} les différences de niveau entre deux branchements consécutifs;

H', H'', H'''. . . . H^n la hauteur de la colonne d'eau représentant la *charge* à l'origine de chaque branchement, ou la **pression** contre la paroi de la conduite principale;

$\left.\begin{array}{l} q',\ d',\ l',\ z' \ . \ . \\ q'',\ d'',\ l'',\ z'' \ . \\ q''',\ d''',\ l''',\ z''' \ . \\ . \ . \ . \ . \ . \ . \ . \ . \\ q^n,\ d^n,\ l^n,\ z^n \ . \ . \end{array}\right\}$ Les éléments pour chaque branchement analogues aux éléments Q, D, L, Z du tuyau principal;

$c =$ constante.

On aura, en considérant successivement chaque partie de tuyau;

$$Q = c \sqrt{\frac{Z - H'}{\lambda} D^5} \ \ldots \ldots \ldots (1)$$

$$q' = c \sqrt{\frac{H' - z'}{l'} d'^5} \ \ldots \ldots \ldots (2)$$

$$Q - q' = c \sqrt{\frac{H' + Z' - H''}{\lambda'} D^5} \ \ldots (3)$$

$$q'' = c \sqrt{\frac{H'' - z''}{l''} d''} \ \ldots \ldots \ldots (4)$$

$$Q - q' - q'' = c \sqrt{\frac{H'' + Z'' - H'''}{\lambda''} D^5} \ (5)$$

. . . .

$$q^n = c \sqrt{\frac{H^n - z^n}{l^n}}\; d^{n5} \ldots\ldots\ldots\ldots (2n)$$

En tout $2n$ équations, dont les indéterminées sont :

$$D,\ d',\ d'',\ d''' \ldots\ldots d^n$$

$$H',\ H'',\ H''' \ldots\ldots H^n$$

Mais on peut éliminer facilement les quantités H', H'', H'''... H^n. En effet, en combinant successivement les équations (1) et (3), (1) (3) et (5), etc., on aura

$$Q^2 \lambda + (Q - q')^2 \lambda' = c^2 D^5 (Z + Z' - H'') \ldots\ldots (A)$$

$$Q^2 \lambda + (Q - q')^2 \lambda' + (Q - q' - q'')^2 \lambda'' = c^2 D^5 (Z + Z' + Z'' - H''') \quad (A')$$

$$\ldots\ldots\ldots\ldots\ldots\ldots\ldots$$

$$Q^2 \lambda + (Q - q')^2 \lambda' \ldots + (Q - q' \ldots - q^{n-1})^2 \lambda^{n-1} = c^2 D^5 (Z + Z' \ldots + Z^n - H^n)$$

De plus en combinant les équations

(1) et (2), (4) et (A), (6) et (A') . . . . . . on aura :

$$Q^2 \lambda d'^5 + q'^2\, l'\, D^5 = c^2\, D^5\, d'^5\, (Z - z') \ldots\ldots\ldots\ldots (B)$$

$$\left(Q^2 \lambda + (Q - q')^2 \lambda' \right) d''^5 + q''^2\, l'\, D^5 = c^2 D^5 d''^5 (Z + Z' - z'') \ldots (B')$$

$$\ldots\ldots\ldots\ldots\ldots\ldots\ldots\ldots$$

$$\left(Q^2 \lambda + (Q - q')^2 \lambda' \ldots + (Q - q' \ldots - q^{n-1})^2 \lambda^{n-1} \right) d^{n5} + q^{n2} l^n D^5 = c^2 D^5 d^{n5} (Z + Z' \ldots + Z^n - z^n)$$

Ce qui fait en dernière analyse n équations, et $n + 1$ indéterminées

$$D,\ d',\ d'',\ d''' \ldots\ldots d^n.$$

256. Il ne suffirait pas de se donner une des quantités D, d', d'' . . . . d^n pour être sûr de résoudre la question ; on trouverait le plus souvent pour les valeurs des autres inconnues des expressions imaginaires.

Il est facile de s'en rendre compte en cherchant, au moyen des équations (B) (B') (B'') . . . . (B^n) les valeurs de d', d'', d''' . . . . . d^n ; on trouve :

$$d'^5 = \frac{q'^2\, l'\, D^5}{c^2\, D^5\, (Z - z') - Q^2 \lambda}$$

$$d''^5 = \frac{q''^2\, l''\, D^5}{c^2\, D^5\, (Z + Z' - z'') - \left(Q^2\lambda + (Q - q')^2\lambda' \right)}$$

. . . .

$$d^{n5} = \frac{q''^2\, l^n\, D^5}{c^2\, D^5\, (Z + Z'\ldots + Z^{n-1} - z^n) - \left(Q^2\lambda + (Q-q')^2\lambda' + \ldots (Q-q'\ldots - q^{n-1})^2\lambda^{n-1} \right)}$$

Or, pour que toutes les valeurs de d', d'', d'''. . . . d^n soient applicables à la question, il faut que les dénominateurs soient positifs, ou que l'on ait en général

$$c^2\, D^5\, (Z + Z'\ldots + Z^{n-1} - z^n) > Q^2\,\lambda + (Q-q')^2\,\lambda' + \ldots (Q-q'\ldots - q^{n-1})^2\,\lambda^{n-1}$$

Ce qui renferme dans des limites assez resserrées les valeurs de D qui peuvent satisfaire à cette condition.

257. Dans l'établissement d'un système de conduites pour la distribution des eaux, la considération de la dépense est très importante ; il faut donc chercher à déterminer la grosseur des tuyaux de manière à obtenir un *minimum*. Pour cela, on fera varier successivement la valeur de D, en partant de celle qui réduirait le dénominateur de la dernière fraction à zéro, et l'on calculera le prix correspondant du système. L'inspection du tableau que l'on formera suffira dès lors pour montrer quelle est la combinaison la plus économique et la plus avantageuse.

258. Jusqu'ici nous avons supposé que le niveau du réservoir supérieur, d'où dépend la charge motrice, était fixé d'avance. Cela peut avoir lieu lorsque ce réservoir est alimenté par des eaux qu'on amène de loin, en leur faisant suivre une pente naturelle ; mais s'il s'agit d'une distribution d'eau élevée par des machines, la hauteur du réservoir et les diamètres des tuyaux sont des éléments qui peuvent varier, et cette nouvelle indéterminée du problème doit naturellement influer sur sa solution.

Les n équations (B) (B') (B''). . . . .(B^n) ne changent pas ; elles contiennent seulement $n + 2$ indéterminées

$$D,\ d',\ d'',\ d''' \ldots \ldots d^n$$

et Z

259. L'établissement du système de distribution exige, dans ce cas particulier, l'exécution de deux sortes d'ouvrages.

Les premiers sont relatifs à l'établissement des machines nécessaires pour élever l'eau ; les seconds consistent dans la fourniture et la pose des conduites.

La dépense en argent relative à l'élévation de l'eau par les machines, se compose des premiers frais d'établissement et de ceux qui dépendent des intérêts de la mise de fond, de la consommation annuelle du charbon, des frais d'entretien et de surveillance. Elle est proportionnelle à la hauteur à laquelle il faut élever l'eau, et croît avec cette hauteur.

La dépense relative à l'établissement des conduites augmente avec les diamètres des tuyaux ; mais comme les tuyaux diminuent de grosseur à mesure que la hauteur à laquelle on élève l'eau est plus considérable, parceque cette eau y prend plus de vitesse par l'augmentation de charge, il s'ensuit que l'une de ces dépenses diminue lorsque l'autre augmente, et qu'il y a un rapport de variation qui donne un *maximum* d'avantages.

260. Pour le trouver, examinons comment les accroissements des diamètres font varier la dépense.

Formule qui sert à régler l'épaisseur des tuyaux.

Désignons par e l'épaisseur d'un tuyau de conduite, par r le rayon du tuyau, par P la pression normale qu'il éprouve rapportée à l'unité de surface, et par R' la plus grande tension que l'on veut faire supporter aux fibres sur cette unité superficielle.

On ne changera rien à l'état d'équilibre si, au moment de la rupture, on suppose que le tuyau est séparé en deux par une paroi fixe dirigée suivant un diamètre.

La pression que le liquide exerce sur cette paroi est exprimée par $2Pr$.

La résistance qui s'opère aux points de contact est exprimée par $2eR'$.

On a donc :

$$eR' = Pr,$$

pour l'équation qui servira à régler l'épaisseur des tuyaux.

261 La quantité R' dépend de la matière dont le tuyau est formé, et est toujours donnée par l'expérience.

Détermination de la valeur des constantes qui entrent dans cette formule.

La quantité P exprime la pression normale que le tuyau éprouve, rapportée à l'unité de surface. Elle est donc variable. Mais comme les tuyaux sont exposés, par la fermeture subite des robinets, à des *coups de bélier* dont l'effet se développe en raison de la masse liquide en mouvement, multipliée par le carré de la vitesse, il faut que ces tuyaux puissent supporter une pression considérable que l'on constate par leur essai avant l'emploi. Il s'ensuit que P doit être également regardé comme constant dans l'équation.

262. Par conséquent, l'épaisseur des tuyaux est simplement proportionnelle à leur diamètre, et le poids qui constitue la dépense augmente comme le carré de ces diamètres.

263. Connaissant ainsi les expressions des dépenses en argent relatives à l'établissement des machines et des conduites, et l'influence contraire qu'une variation dans la hauteur à laquelle on élève l'eau peut exercer sur elles, il s'agira, dans chaque cas particulier, de déterminer le niveau des réservoirs et les diamètres des conduites, de manière que les sommes de ces deux dépenses soient un *minimum*.

264. Si l'on veut calculer les valeurs de H′, H″, H‴... Hⁿ qui donnent la charge à la naissance de chaque branchement, on n'a qu'à reprendre les équations (1) (A) (A′) (A″) . . . . . . etc.

On en tire

$$H' = Z - \frac{q^{2}\lambda}{c^{2}D^{5}}$$

$$H'' = Z + Z' - \frac{Q^{2}\lambda + (Q - q')^{2}\lambda'}{c^{2}\,D^{5}}$$

$$H''' = Z + Z' + Z'' - \frac{\left(Q^{2}\lambda + (Q - q')^{2}\lambda' + (Q - q' - q'')^{2}\lambda'' \right)}{c^{2}\,D^{5}}.$$

$$. \quad . \quad . \quad . \quad . \quad . \quad . \quad . \quad . \quad . \quad . \quad . \quad . \quad . \quad . \quad . \quad .$$

$$H'' = Z + Z' + Z''.. + Z^{n-1} - \frac{Q^{2}\lambda + (Q - q')^{2}\lambda' + .. + (Q - q' - q'.. - q^{n-1})^{2}\lambda^{n-1}}{c^{2}\,D^{5}}$$

On voit par ces équations que les quantités
$Q, q', q'', q'''... q^{n-1}, \lambda, Z, Z', Z''...Z^{n-1}$ restant les mêmes H′, H″, H‴...Hⁿ et D augmentent et diminuent ensemble.

265. Enfin v étant la vitesse de l'eau dans le tuyau de conduite dont le diamètre est D, et la dépense Q; π la circonférence dont le diamètre $= 1$, g la vitesse que la pesanteur engendre dans une seconde de temps, et h la hauteur due à la vitesse v, on a

$$v = \frac{4Q}{\pi D^2} = 1{,}2732\,\frac{Q}{D^2}$$

$$h = \frac{v^2}{2g} = 0{,}0509736 v^2$$

Ces équations serviront à calculer la vitesse et la hauteur due à cette vitesse lorsque les diamètres auront été déterminés par les formules précédentes.

266. Nous allons faire l'application de ces diverses considérations à l'établissement d'un système de conduites servant à distribuer l'eau dans Paris.

267. L'évaluation de la quantité d'eau nécessaire pour satisfaire aux besoins d'une population déterminée, n'a pas encore été faite d'une manière précise. En France, on est dans l'habitude de la fixer à raison de 19,195 litres (1 pouce) par mille habitants; les ingénieurs écossais ne regardent l'approvisionnement comme complet, pour une ville, que lorsqu'on peut fournir 9 gallons par jour à chaque individu (1). Si l'on compare la distribution d'eau à Londres avec la population, on trouvera que l'approvisionnement est de 20 gallons. Mais il faut observer qu'il n'y a pas de fontaines publiques dans cette capitale, et que les habitants ne reçoivent d'autre eau que celle qui leur est fournie par les compagnies. A Paris, on peut disposer de 4,000 pouces d'eau de l'Ourcq pour le nettoiement des rues et le service des fontaines, de manière qu'il ne resterait à élever que l'eau de Seine à distribuer à domicile pour les usages de la vie. La consommation actuelle n'est pas de plus de 200 pouces et elle coûte la somme énorme de 4,300,000 fr. d'après l'évaluation exacte

---

(1) Ce qui représente 41 litres 58°.

et détaillée que nous en avons faite (1). Pour suppléer à l'eau de Seine dont le prix est trop élevé pour qu'on puisse en étendre l'emploi, on établit des pompes dans presque toutes les maisons particulières, et l'on se sert des eaux de sources ou de puits, quoiqu'elles ne possèdent pas les qualités qui les rendraient profitables à l'industrie.

Mais si l'on parvient à opérer une distribution générale d'eau de Seine à domicile, telle que chaque habitant puisse en user à discrétion sans

---

(1) Comme cette évaluation peut paraître exagérée, nous allons en présenter les éléments.

Le produit brut de la vente des eaux de toute nature faite par la ville de Paris, soit aux fontaines marchandes, soit par abonnement, s'est élevé en 1827 à la somme de 643,000 fr. La vente des eaux de l'Ourcq y est comprise pour une somme de 62,000 fr. environ. Le prix des eaux de Seine étant de 0f.09e l'hectolitre, et celui des eaux de l'Ourcq de 0f,0137, il s'ensuit qu'on vend annuellement 92 pouces d'eau de Seine, et 62 pouces d'eau de l'Ourcq.

La vente des eaux de Seine se fait par l'intermédiaire des porteurs d'eau à tonneau, et l'eau qu'ils paient à raison de 0,09e l'hectolitre, ou de 6,305f le pouce, est ensuite livrée aux particuliers à raison de 0f,10e la voie (23 litres) ou de 30,462f le pouce. Les 92 pouces déterminent donc en définitive une dépense de . . . . 2,802,504 fr.

La somme qui correspond à la vente des eaux de l'Ourcq est de. . . .   62,000

Il faut ajouter à cela le produit de la vente faite par les porteurs d'eau à bretelles, qui puisent gratuitement aux fontaines du second ordre ou à la Seine, et par l'établissement des eaux filtrées du quai des Célestins. Toutes ces eaux sont vendues à raison de 0f,10e la voie, ou 30,462f le pouce.

L'établissement du quai des Célestins peut fournir moyennement à la consommation 300 kilolitres par jour, ou 15 pouces, qui, à raison de 30,462f l'un, produisent.   456,930

On ignore combien il y a dans Paris de porteurs d'eau à bretelles, parcequ'ils ne sont pas tenus de se présenter ni d'être inscrits à la Préfecture de Police ; mais on ne s'éloignera pas beaucoup de la vérité en supposant qu'ils distribuent une quantité d'eau égale au tiers du volume vendu par la ville aux porteurs d'eau à tonneau, ou 30 pouces environ, lesquels, à raison de 30,462f, produisent..   944,322

Le produit total de la vente peut donc être évalué, dans l'état actuel des choses, à la somme de. 4,265,756

Et cette somme s'applique à la fourniture de 200 pouces d'eau.

Une compagnie pourrait livrer à domicile dix fois plus d'eau pour le même prix.

augmenter la rétribution annuelle qu'il paie aujourd'hui , on ne doit pas mettre en doute que la consommation s'élèvera et ne sera pas moindre de 40 à 50 litres par individu. L'usage des bains se multiplie. Il n'en existait qu'un seul établissement à Paris à la fin du dix-huitième siècle et l'on en compte aujourd'hui près de cent. On porte même les bains à domicile, et le pauvre peut se les procurer à un prix très modique par la concurrence qui s'établit. Qu'on ajoute à ces causes de consommation l'emploi de l'eau dans une foule d'opérations industrielles, les blanchisseries, les papeteries, les teintureries, les brasseries, l'affinage des métaux, etc.; les avantages qui résultent de son application comme force motrice, soit lorsqu'elle est en mouvement, soit lorsqu'on la convertit en vapeur ; et l'on sentira que , dans une ville populeuse comme Paris , on ne saurait la répandre avec trop d'abondance sur tous les points.

268. On peut distinguer en général deux modes de distribution des eaux.

269. Dans le premier, les eaux sont portées directement au centre des quartiers que l'on veut approvisionner, par des dérivations que l'on rend indépendantes les unes des autres, en affectant à chacune d'elles une conduite particulière.

On choisit autant que possible pour *centre* le point le plus élevé au-dessus du sol adjacent, et l'on termine la conduite par une fontaine monumentale ou château-d'eau, dont le bassin inférieur devient une cuvette de distribution pour le service des bornes d'arrosement établies dans les rues environnantes. Ce procédé, dont nous avons retrouvé la tradition en Italie, a été long-temps employé en France. Il est même le seul convenable lorsqu'on a principalement pour but de décorer les places publiques et les promenades. La détermination du diamètre de chaque conduite n'offre dans ce cas aucune difficulté : on connait le volume d'eau qui doit alimenter la fontaine, la distance qui la sépare du réservoir, et la différence de niveau entre les deux points extrêmes, d'où résulte la charge motrice : il ne reste plus qu'à faire une application simple de la formule du mouvement uniforme (art. 84—88).

La planche IX présente un système général de conduites pour distribuer aux fontaines que l'on se propose d'élever dans l'intérieur de Paris, les 4,000 pouces d'eau réunis au bassin de la Villette et dans l'aqueduc de ceinture qui contourne la partie septentrionale de cette ville, en soutenant les eaux à la même hauteur que dans les bassins de la Villette.

270. Le second mode de distribution s'applique plus spécialement au service des concessions particulières. Il se compose d'un tuyau *principal* qui part du réservoir, et suit, autant que possible, la ligne milieu de l'arrondissement à desservir. Sur ce tuyau, sont branchés d'autres tuyaux *répartiteurs* qui parcourent les rues les plus populeuses et les plus importantes. Ces conduites secondaires sont accompagnées de tuyaux dits de *service*, qui leur sont parallèles, ou qui se dirigent vers les rues où il ne se trouve aucun tuyau répartiteur. Ils forment un réseau qui embrasse toutes les rues du quartier que l'on considère. Ce n'est que sur les tuyaux de service qu'on branche ceux des *particuliers*, lesquels viennent aboutir à des *réservoirs* placés aux différents étages des maisons.

Les planches X et XI offrent un système général de conduites pour opérer la distribution à domicile, dans l'intérieur de Paris, de 2,000 pouces d'eau de Seine.

Le calcul des diamètres des tuyaux présente dans ce cas de grandes difficultés. Nous allons essayer de les résoudre au moyen des formules des art. 255 à 266, en choisissant de préférence pour exemple ce système de conduites.

271. Nous avons vu que le relief du terrain exerçait une grande influence sur la position des réservoirs, sur le choix de l'emplacement des conduites principales et sur leurs dimensions. On sent en effet que lorsque les différents quartiers d'une ville se trouvent situés sur une plaine de niveau, que l'on doit par conséquent élever toutes les eaux à la même hauteur, un tuyau *annulaire* occupant une position moyenne entre le centre et la circonférence, donne l'écoulement le plus naturel; et les eaux, pour se diviser dans toutes les rues, n'ont alors qu'à rayonner suivant les normales à la courbe.

Mais si les maisons sont bâties sur le penchant d'une colline, on doit diviser les quartiers à desservir par zones comprises entre des plans horizontaux placés à différentes hauteurs, et établir dans la partie supérieure de chaque zone un tuyau principal alimenté par un réservoir particulier.

272. A Paris, sur la rive droite de la Seine, on remarque que la ville (pl. X) est renfermée dans une enceinte de collines qui, partant à l'amont de Bercy, et à l'aval de Chaillot, vont se réunir au plateau de la Villette. Le pied des revers suit le grand égout construit dans l'emplacement de l'ancien cours d'eau qui recevait les eaux pluviales et les portait à la Seine, au-delà de l'emplacement actuel de la Savonnerie. Le terre-plein compris entre ce grand égout et la Seine, offre peu de variations dans les hauteurs, et peut être regardé comme de niveau sous le rapport de la distribution, de manière que nous n'avons à considérer que trois parties : deux revers de collines dont le dessus forme plusieurs plateaux élevés de dix-huit à vingt mètres au-dessus du fond de la vallée, et un terre-plein demi-circulaire élevé de dix à quinze mètres au-dessus du point zéro de l'échelle du pont de la Tournelle. Il en résulte que sur la rive droite nous devons placer deux réservoirs à des hauteurs différentes et alimentant des conduites dont l'emplacement et les dimensions dépendront également de la configuration du sol.

273. L'étude du terrain montre que le tuyau principal de la partie basse doit être formé par un tuyau *annulaire* suivant les boulevarts intérieurs, les rues Saint-Honoré, des Lombards, de la Verrerie, du Roi de Sicile et Saint-Antoine, et que les tuyaux principaux des deux revers pourront être droits. L'un suivra l'aqueduc de ceinture et se prolongera jusqu'à la barrière de Longchamps le long des rues de Valois, de Berry et de Chaillot ; l'autre se développera sur le penchant des collines de Belleville, de Ménilmontant et de Charonne, en suivant les rues Saint-Maur, de la Muette, des Boulets et l'avenue de Saint-Mandé jusqu'à la barrière de ce nom.

274. Sur la rive gauche, on n'aperçoit qu'un revers, qui, d'un côté s'incline par une pente assez douce jusqu'au niveau de la plaine de Grenelle et de Vaugirard, et de l'autre, se retourne pour former une portion de bassin de la rivière de Bièvre. Il convient dans ce cas de placer un réservoir au sommet du plateau et un tuyau principal contournant la montagne Sainte-Geneviève, dans la direction des rues de Grenelle.

du Vieux-Colombier, du Petit-Bourbon, du Petit-Lion, de l'École-de-Médecine, des Mathurins, des Noyers et Saint-Victor.

275. La limite entre le haut et le bas service sur les deux rives sera déterminée par un plan passant à $16^m,239$ au-dessus du point zéro de l'échelle du pont de la Tournelle.

276. Pour compléter le système général des conduites, il ne restera qu'à tracer les tuyaux répartiteurs ou secondaires qui s'embranchent sur la conduite principale et parcourent les rues les plus importantes, et les tuyaux de service qui s'embranchent sur les répartiteurs et se ramifient dans toutes les rues. C'est sur les tuyaux de service seulement que se font les prises d'eau des particuliers.

Le nombre et l'emplacement des répartiteurs dépend de la population des différents quartiers. Il faut autant que possible leur donner une direction qui permette de les vider facilement. Le terrain s'inclinant vers la rivière, on doit choisir de préférence la direction du nord au sud. Et outre que cette disposition rendra plus facile la distribution de l'eau dans les tuyaux de service, elle offrira un grand avantage en cas de gelée.

Calcul déterminant les hauteurs de chaque réservoir et les diamètres des tuyaux.

277. Les éléments qui influent sur les diamètres des tuyaux sont : 1° les *différentes hauteurs* auxquelles il faut élever les eaux : 2° le *nombre et l'emplacement des prises d'eau*; 3° le *volume d'eau* à débiter ; 4° la *durée de l'écoulement*.

Les *différentes hauteurs* auxquelles il faut élever les eaux dans Paris, dépendent des hauteurs respectives de ses différents quartiers au-dessus du niveau de la Seine. Un nivellement général pouvait seul faire connaître ces dernières, et quelque longs et difficiles que fussent les détails de cette opération graphique, elle a dû précéder tout projet de distribution. On doit à M. Égault le nivellement le plus complet et le plus exact de Paris. Cet ingénieur a porté sur un plan de grande dimension, aux intersections de toutes les rues, les hauteurs correspondantes du sol ; et comme ces hauteurs diffèrent de quantités inégales, il a cherché à deux intersections consécutives, en supposant la pente du terrain uniforme, un ou plusieurs points de la même rue, dont les hauteurs variassent d'une quantité constante qu'il a fixée à un mètre. Tous les points des diverses rues qui ont été trouvés à la même hauteur, ont ensuite été réunis par des lignes droites ; il a obtenu ainsi le tracé de plusieurs polygones qui représentent évidemment les intersections du sol par une suite de plans horizontaux élevés d'un mètre les uns au-dessus des autres.

Ces polygones, plus ou moins rapprochés, suivant que les pentes sont plus ou moins rapides, indiquent à l'œil, de la manière la plus sensible et la plus rigoureusement exacte, le penchant des collines qui bordent les deux rives de la Seine.

On voit sur ce plan que tous les quartiers inférieurs ne sont élevés que de 10 à 15 mètres au-dessus de l'étiage de la Seine; que sur la rive droite, les points les plus élevés se trouvent, du côté de Ménilmontant, à 54 mètres, et, du côté de Montmartre, à 39 mètres au-dessus du même niveau; enfin, que sur la rive gauche le point culminant est à $56^m,659$. Il faut ajouter ensuite à ces différentes côtes, la hauteur à laquelle on veut que les eaux jaillissent au-dessus du sol, soit pour l'embellissement des fontaines, soit pour les distributions intérieures dans les maisons, ainsi que la hauteur ou charge nécessaire pour imprimer à l'eau le mouvement et vaincre les résistances. Cette dernière hauteur ne peut se déterminer que par le calcul, et c'est leur somme qui fixera la hauteur des réservoirs alimentaires ou qui donnera la mesure de la pression à exercer par les machines à vapeur.

La position des *prises d'eau* n'est pas arbitraire. Moins l'eau a de distance à parcourir pour arriver à sa destination, plus les résistances sont faibles, et plus aussi l'on peut diminuer la force motrice ou la grosseur des tuyaux : ce qui détermine dans tous les cas une réduction dans la dépense. Il faut donc autant que possible se rapprocher des quartiers à desservir à moins que des considérations relatives à la salubrité ne forcent à s'éloigner pour avoir une eau dont la qualité ne soit pas altérée par les immondices qui coulent dans les égouts.

Sous le rapport de l'économie, il paraîtrait convenable d'établir à Paris quatre prises d'eau : deux au-dessus de la ville, du côté de la Gare et de Bercy ; et deux au-dessous, du côté de Chaillot et du Gros-Caillou. Ces deux dernières existent, et l'on n'aurait qu'à augmenter la force des machines, en profitant des bâtiments, des conduites et des réservoirs actuels (1). Mais si l'on considère que la quantité des substances

____

(1) C'est ce que nous avions supposé dans la note imprimée en 1827 ; mais nous

organiques contenues dans l'eau s'accroît dans la traversée de Paris, et parvient à son maximum au sortir de cette ville, que cette quantité ne pourra qu'augmenter à mesure que l'on consacrera un volume d'eau plus considérable au lavage des rues et des égouts, on pensera, sans doute, que, pour assurer le succès de la distribution et prévenir toutes les plaintes, il faut faire le sacrifice des établissements existants et placer les nouveaux au-dessus de Paris, hors de l'enceinte des barrières ; ce n'est que là d'ailleurs qu'on pourra creuser des réservoirs assez vastes pour que les matières tenues en suspension dans l'eau aient le temps de se précipiter, et assez élevés pour que la distribution de cette eau s'opère par la pression naturelle.

Le désir d'obtenir une eau plus pure encore a fait proposer de remonter la prise d'eau au-dessus de l'embouchure de la Marne. Mais l'analyse chimique n'indique que des nuances bien faibles entre les eaux de la Seine et de la Marne avant leur jonction. Ces dernières sont un peu plus chargées de matières en suspension, qui n'altèrent point leur qualité, et le *trouble* se fait-il encore peu sentir du côté de Bercy, où serait placée la prise d'eau principale. On ne voit donc pas pourquoi l'on tiendrait à ne distribuer que l'eau de Seine, en remontant la prise d'eau à 2,000 mètres au-dessus de Paris, ce qui nécessiterait non seulement la construction d'un canal ou d'un aqueduc, mais encorecelle d'un barrage, afin de se ménager une assez forte pente.

Nous supposerons dans le projet que nous discutons, et dont la planche X présente l'ensemble, qu'il y a deux prises d'eau, l'une du côté de Bercy, l'autre du côté d'Ivry (1).

---

avons pensé depuis, d'après les observations de M. Mallet, qu'il était préférable de prendre toutes les eaux avant leur entrée dans Paris.

(1) L'exemple de ce qui arrive à Londres prouve qu'on ne saurait apporter trop d'attention dans le choix de l'emplacement des prises d'eau. Plusieurs compagnies distribuent des eaux puisées dans l'intérieur de la ville, près de l'embouchure des égouts. Des plaintes se sont élevées sur leur mauvaise qualité, et l'on a reconnu qu'on ne devait l'attribuer qu'aux immondices que les eaux des égouts charrient continuellement, et qui sont retenues en suspension par le reflux qui se fait sentir dans la Tamise. On a présenté plusieurs projets pour remédier à ces inconvénients ; mais tous reposent sur l'idée de placer les prises d'eau au-dessus de la ville, et à une distance assez grande pour que

Le *volume d'eau* peut être calculé à raison de 5o litres par individu.

La *durée de l'écoulement* dépend du mode de distribution. 1° On peut supposer que les eaux coulent pendant 24 heures d'un mouvement continu dans tous les tuyaux ; 2° on peut laisser seulement les répartiteurs toujours ouverts, et régler l'écoulement des tuyaux de service de manière que chaque concession soit servie en une heure de temps, par exemple ; 3° on peut diviser le sol de Paris en un certain nombre d'arrondissements, et laisser couler alternativement tous les répartiteurs et tuyaux de service dans chaque arrondissement.

Le premier mode serait le plus économique, et il devrait être adopté si l'on pouvait sans inconvénient employer des tuyaux de service d'un diamètre assez petit pour ne débiter en vingt-quatre heures que le volume d'eau nécessaire à la consommation.

Le second entraine dans de plus grandes dépenses, puisqu'il exige un plus grand diamètre dans les tuyaux de service ; mais il rend aussi la distribution plus sûre et plus facile.

Le troisième serait encore plus coûteux que le précédent, parceque l'augmentation dans les diamètres s'étend aussi aux répartiteurs ; et comme il ne présenterait pas d'ailleurs de nouveaux avantages, nous pensons que c'est le deuxième qui doit être préféré.

278. Pour faire l'application des formules et mettre le problème en équation, il ne nous reste qu'à délimiter la portion du sol qui doit être alimentée par chaque tuyau principal ; à faire ensuite le classement des rues desservies par chacun des répartiteurs, et à indiquer pour ces différentes rues le nombre de maisons, la population et la longueur des tuyaux de service. Cette longueur ne doit pas être de plus de 4oo mè-

---

le reflux ne s'y fasse pas sentir. Leur exécution ne peut qu'entraîner dans des dépenses énormes , puisqu'il ne suffira pas de changer l'emplacement des machines et des réservoirs, de creuser des canaux ou de construire des aqueducs en maçonnerie pour amener les eaux , mais qu'il faudra probablement aussi changer la grosseur des tuyaux ou augmenter la charge motrice, en élevant les eaux à une plus grande hauteur.

A Paris , les circonstances sont plus favorables : les immondices étant successivement emportées par le courant , on est sûr de trouver dans la Seine , avant son entrée dans la ville , une eau parfaitement pure , dont la transparence seule peut quelquefois être troublée par de la silice tenue en suspension.

tres, et c'est ce qui dirige dans le choix de l'emplacement des répartiteurs.

279. Le tableau suivant montre le résultat d'un pareil travail pour les quartiers inférieurs de la rive gauche de la Seine. Seulement, comme il aurait été trop long d'écrire les noms des rues parcourues par les tuyaux de service et leurs longueurs partielles, on s'est contenté d'indiquer le nombre de tuyaux de service correspondant à chaque répartiteur et leur longueur totale.

TUYAU PRINCIPAL.		TUYAUX RÉPARTITEURS.			TUYAUX DE SERVICE.				
Rues qu'il parcourt.	Longueurs interceptées sur le tuyau principal par les répartiteurs, ou valeurs de $\lambda, \lambda', \lambda''$, etc.	N° des répartiteurs.	Rues qu'ils parcourent.	Longueur ou valeurs de l, l', l'', etc.	Nombre.	Longueur totale.	Nombre de maisons à desservir.	Population.	Cube d'eau à fournir.
	m			m		m			kilol.
Des réservoirs au premier répartiteur	1500	I	de Poliveau	1080	12	3515	122	6837	341,850
Carrefour Poliveau	2	II	des Fossés-Saint-Marcel	540	8	2380	235	3947	197,350
du Jardin-du-Roi	150	III	Censier, Moufftetard	1730	26	6890	509	9936	496,800
idem	200	IV	de Seine	230	4	1040	94	1984	99,200
Saint-Victor	480	V	du Cardinal-Lemoine	940	14	4055	398	9674	483,700
idem	260	VI	des Bernardins	260	8	2080	303	8022	401,100
des Noyers	365	VII	Saint-Jacques, etc.	990	26	6115	1017	26505	1325,250
de l'École-de-Médecine	260	VIII	Hautefeuille	460	13	2950	375	8605	430,250
Carrefour de l'Odéon	250	IX	des Fossés-Saint-Germain	1200	21	5565	816	20282	1014,100
du Petit-Lion	120	X	de Tournon	230	7	2115	203	4932	246,600
du Petit-Bourbon	230	XI	des Canettes, etc.	750	18	4890	666	20432	1021,600
Place Saint-Sulpice	130	XII	du Gindre	300	9	1820	124	3200	160,000
du Vieux-Colombier	180	XIII	du Cherche-Midi	800	8	2060	140	4187	209,350
Place de la Croix-Rouge	3	XIV	de Sèvres	2020	23	6995	416	15485	774,250
idem	100	XV	des Saints-Pères	690	10	2841	271	8600	430,000
de Grenelle	420	XVI	du Bac	380	5	1315	124	3287	164,350
idem	2	XVII	idem	580	13	3125	279	9023	451,150
idem	300	XVIII	Hillerin-Bertin	980	9	2470	113	3918	195,900
idem	2	XIX	de Belle-Chasse	540	11	2790	159	4924	246,200
idem	290	XX	de Bourgogne	550	8	2290	117	7156	357,800
idem	160	XXI	Boulevard des Invalides	2360	29	8230	235	5165	258,250
idem	130	XXII	de Grenelle	1160	13	4160	187	5362	268,100
Esplanade des Invalides	500	XXIII	de l'Université	130	3	890	48	1385	69,250
de la Boucherie	1	XXIV	idem	900	12	3790	152	3393	169,650
	6125			19800	310	84371	7103	196241	9812,050

21.

280. La méthode de calcul que nous avons développée art. 255 pour déterminer les diamètres des tuyaux, n'embrassant qu'un tuyau principal et des tuyaux secondaires qui s'embranchent dessus, nous supposerons que les eaux que chaque répartiteur doit distribuer sont portées en entier à l'extrémité du répartiteur, comme s'il y avait à ce point une fontaine, et qu'elles dégorgeront à 3 mètres au-dessus du sol.

281. Nous admettrons, pour plus de sécurité, que les extrémités de tous les répartiteurs se trouvent dans le plan formant la limite du service que nous avons tracé (art. 275) à $16^m,139$ au-dessus du point zéro de l'échelle du pont de la Tournelle, c'est-à-dire, que les eaux dégorgeront à la côte $19^m.239$.

Enfin nous fixerons à 16 heures la durée de l'écoulement.

282. Cela posé, il sera facile de former le tableau suivant, comprenant toutes les données du calcul.

Numéro des répartiteurs.	Cube d'eau à débiter en 16 heures.	Cube d'eau à débiter par seconde.	VALEURS DE		
			Q, $Q - q'$, $Q - q' - q''$, $Q - q' - q'' - q'''$, etc.	$Q^2\lambda$, $(Q - q')^2\lambda'$, $(Q - q' - q'')^2\lambda''$.	$Q^2\lambda$, $Q^2\lambda + (Q - q')^2\lambda'$, $Q^2\lambda + (Q - q')^2\lambda' +$, etc.
	kilol.	kilol.	kilol.		
I	341,850	0,0059349 $= q^{\mathrm{i}}$	0,1703486	43,529	43,529
II	197,350	0,0034262 $= q^{\mathrm{ii}}$	0,1644137	0,054	43,583
III	496,800	0,0086250 $= q^{\mathrm{iii}}$	0,1609875	3,888	47,471
IV	99,200	0,0017222 $= q^{\mathrm{iv}}$	0,1523625	6,732	54,203
V	483,700	0,0083976 $= q^{\mathrm{v}}$	0,1506403	10,893	65,096
VI	401,100	0,0069636 $= q^{\mathrm{vi}}$	0,1422427	5,260	70,356
VII	1325,250	0,0230080 $= q^{\mathrm{vii}}$	0,1352791	6,680	77,036
VIII	430,250	0,0074696 $= q^{\mathrm{viii}}$	0,1122711	3,277	80,313
IX	1014,100	0,0176060 $= q^{\mathrm{ix}}$	0,1048015	2,746	83,059
X	246,600	0,0042813 $= q^{\mathrm{x}}$	0,0871955	0,912	83,971
XI	1021,600	0,0177361 $= q^{\mathrm{xi}}$	0,0829142	1,581	85,552
XII	160,000	0,0027778 $= q^{\mathrm{xii}}$	0,0651781	0,552	86,104
XIII	209,350	0,0036346 $= q^{\mathrm{xiii}}$	0,0624003	0,701	86,805
XIV	774,250	0,0134420 $= q^{\mathrm{xiv}}$	0,0587657	0,010	86,815
XV	430,000	0,0074653 $= q^{\mathrm{xv}}$	0,0453237	0,205	87,020
XVI	164,350	0,0028533 $= q^{\mathrm{xvi}}$	0,0378584	0,602	87,622
XVII	451,150	0,0078324 $= q^{\mathrm{xvii}}$	0,0350051	0,002	87,624
XVIII	195,900	0,0034011 $= q^{\mathrm{xviii}}$	0,0271727	0,221	87,845
XIX	246,200	0,0042743 $= q^{\mathrm{xix}}$	0,0237716	0,001	87,846
XX	357,800	0,0062118 $= q^{\mathrm{xx}}$	0,0194973	0,110	87,956
XXI	258,250	0,0044835 $= q^{\mathrm{xxi}}$	0,0132855	0,028	87,984
XXII	268,100	0,0046545 $= q^{\mathrm{xxii}}$	0,0088020	0,010	87,994
XXIII	69,250	0,0012022 $= q^{\mathrm{xxiii}}$	0,0041475	0,009	88,003
XXIV	169,650	0,0029453 $= q^{\mathrm{xxiv}}$	0,0029453	0,000	88,003
	9812,050	0,1703486 $= Q$			

283. L'équation générale qui donne la valeur du diamètre est (art. 256.)

$$d^{n5} = \frac{q^{n2}\,l^{n}\,D^{5}}{c^{2}D^{5}(Z+Z'+Z''..+\,{}^{n-1}\!-z^{n}) - (Q^{2}\lambda+(Q-q')^{2}\lambda'+..+(Q-q'-q''..-q^{n-1})^{2}\lambda^{n-1})}$$

En se rappelant ce que représentent les différentes lettres qui entrent dans cette expression, il sera facile de voir que dans le cas particulier qui nous occupe

$$Z' + Z'' + \ldots + Z^{n-1} - z^{n}$$

est une quantité constante, indiquant la différence de niveau entre l'origine du premier répartiteur et le point de dégorgement que nous avons fixé à $19^{m},239$ au-dessus de l'étiage de la Seine.

L'origine du premier répartiteur étant à $9^{m},489$ au-dessus de ce même niveau, il s'ensuit que :

$$Z' + Z'' \ldots + Z^{n-1} - z^{n} = 19,239 - 9,489 = 9^{m},75.$$

De plus, le *minimum* de vitesse que l'eau puisse prendre dans les tuyaux de conduite est de $0,10$ par mètre, nous ferons donc

$$c = 17,22 \ (\text{art. } 90).$$

D'où en substituant dans l'équation précédente

$$d^{n5} = \frac{q^{n2}\,l^{n}\,D^{5}}{(17,22)^{2}D^{5}(Z-9,75) - \left(Q^{2}\lambda+(Q-q')^{2}\lambda'..+(Q-q'-q''..-q^{n-1})^{2}\lambda^{n-1}\right)}$$

La valeur du diamètre du répartiteur n° XXIV, par exemple, s'obtiendra en substituant à la place de

$$q^{XXIV},\ l^{XXIV},\ Q^{2}\lambda+(Q-q')^{2}\lambda'\ldots+(Q-q'-q''\ldots-q^{XXIII})^{2}\lambda^{XXIII}$$

les valeurs fournies par les deux tableaux. On aura

$$d^{5} = \frac{(0,0029453)^{2}\,900\,D^{5}}{(17,22)^{2}\,D^{5}\,(Z-9,75)-88,003}$$

Équation dans laquelle on peut faire varier D et Z pourvu que le dénominateur reste positif.

284. Pour reconnaître la combinaison la plus avantageuse, celle qui

s'accorde le mieux avec les dimensions généralement employées dans l'établissement des conduites, faisons varier la valeur de D et cherchons les valeurs correspondantes de Z qui rendraient le dénominateur égal à zéro

$$D = \left| \begin{array}{c|c|c|c|c} 0,30 & 0,40 & 0,50 & 0,60 & 0,70 \end{array} \right.$$
$$Z = \left| \begin{array}{c|c|c|c|c} 131,88 & 38,73 & 19,25 & 13,57 & 11,52 \end{array} \right.$$

Ce tableau nous montre que les charges croissent dans un très grand rapport lorsqu'on diminue les diamètres.

Ainsi, avec un diamètre de 30 centimètres, il faudrait élever les eaux à plus de 131 mètres 88 centimètres au-dessus de l'origine du premier répartiteur, ou à plus de 141 mètres 369 millimètres au-dessus du point zéro de l'échelle du pont de la Tournelle. Il en résulterait des vitesses si grandes dans les répartiteurs, et, par suite, des diamètres si petits, qu'une pareille supposition ne peut pas être admise.

Celle que nous adopterons sera de faire D=0,60. Alors, pour que le dénominateur de la fraction qui donne la valeur des diamètres des répartiteurs reste toujours positif, il suffira de faire Z plus grand que $13^{m},57$ ou d'élever les eaux à plus de $23^{m},059$ au dessus de l'étiage. Supposons que ce soit à $23^{m},239$ ou que $Z = 13^{m},750$, et substituons dans l'expression de d^{xxiv} à la place de D et de Z leurs valeurs ; nous en conclurons

$$d^{\mathrm{XXIV}} = 0,170.$$

En formant des équations semblables et substituant toujours à la place de D et Z les valeurs précédentes, on calculerait successivement celles de d', d, d, etc.

Nous allons les présenter dans un tableau en indiquant dans deux colonnes séparées les vitesses que l'eau prendra dans les répartiteurs et dans les différentes parties du tuyau principal interceptées par deux répartiteurs consécutifs.

Numéros des répartiteurs.	Diamètres.	Vitesses de l'eau dans les répartiteurs.	Vitesses correspondantes dans la conduite principale.	OBSERVATIONS.
	m	m	m	
I	0,143	0,37	0,60	Le diamètre de la conduite principale est égal à 0^m,60° sur toute la longueur, ce qui fait que la vitesse de l'eau qu'il contient diminue successivement à partir de l'origine , suivant que les érogations sont plus ou moins considérables.
II	0,100	0,43	0,58	
III	0,186	0,32	0,57	
IV	0,067	0,48	0,54	
V	0,180	0,33	0,53	
VI	0,135	0,49	0,50	
VII	0,306	0,31	0,48	
VIII	0,176	0,31	0,40	
IX	0,316	0,22	0,37	
X	0,132	0,31	0,31	
XI	0,307	0,24	0,29	
XII	0,124	0,23	0,23	
XIII	0,172	0,16	0,22	
XIV	0,350	0,14	0,21	
XV	0,225	0,19	0,16	
XVI	0,139	0,19	0,13	
XVII	0,227	0,19	0,13	
XVIII	0,182	0,13	0,10	
XIX	0,177	0,17	0,08	
XX	0,208	0,18	0,07	
XXI	0,244	0,10	0,05	
XXII	0,215	0,13	0,03	
XXIII	0,081	0,23	0,01	
XXIV	0,170	0,13	0,01	

285. Jusqu'à présent nous avons considéré les tuyaux répartiteurs en les regardant comme destinés à débiter en seize heures à leur extrémité, par un écoulement continu et simultané, tout le volume d'eau nécessaire pour desservir les quartiers qu'ils traversent. Mais les choses ne se passent pas ainsi. Les répartiteurs alimentent des tuyaux de service qui s'embranchent sur les différents points de leur longueur , c'est-à-dire qu'ils remplissent à leur égard les fonctions de tuyau principal. Seulement il faut observer que les tuyaux de service ne restent pas tous ouverts pendant les seize heures d'écoulement. Comme il est important que les concessions soient servies en un temps très court, qu'on peut fixer à

une heure, on détermine le diamètre de ces tuyaux de manière à pouvoir satisfaire à cette condition, et l'on n'ouvre à la fois que le nombre nécessaire pour débiter le volume d'eau fourni par le répartiteur. Il est facile d'évaluer la charge d'eau qui pèse à l'origine de chaque branchement, et comme on connaît d'ailleurs la dépense par seconde, on en conclut le diamètre. Nous avons trouvé que lorsqu'il ne faut ouvrir qu'un seul tuyau de service pour débiter tout le volume d'eau fourni par le répartiteur, il convient de lui donner le diamètre de $0^m,15^c$; mais que lorsqu'il faut en ouvrir plusieurs, il suffit alors d'un diamètre de 81 à 108 millimètres (1).

---

(1) Pour évaluer l'influence que le mode d'écoulement peut avoir sur la hauteur du réservoir et le diamètre des tuyaux, voyons ce qui se passerait si l'on adoptait le troisième mode d'écoulement décrit, art. 277.

Supposons que la portion du sol qui doit être alimentée par le tuyau principal est divisée en quatre arrondissements, et que la distribution se fait successivement dans chacun d'eux en quatre heures.

Le cube total d'eau à fournir est de $9812^{kilol.},050$ (art. 279) : celui correspondant à chaque arrondissement sera de $\dfrac{9812,050}{4} = 2453^{kilol.},0125$, et il devra être distribué, par exemple, par les répartiteurs n°s 24, 23, 22, 21, 20, 19, 18, 17, 16, et une partie du 15, dans la proportion indiquée par le tableau suivant.

N.os des réparti-teurs.	Cube d'eau à débiter en 4 heures.	Cube d'eau à débiter par seconde.	VALEURS DE		
			$Q, Q - q',$ $Q - q' - q'',$ etc.	$Q^2 \lambda, (Q - q')^2 \lambda',$ $(Q - q' - q'')^2 \lambda'',$ etc.	$Q^2 \lambda, Q^2 \lambda + (Q - q')^2 \lambda',$ etc.
xv	272,3625	$0,0189140 = q^{xv}$	0,1703480	125,36	125,36
xvi	164,350	$0,0114132 = q^{xvi}$	0,1514340	9,63	134,99
xvii	451,150	$0,0315299 = q^{xvii}$	0,1400208	0,04	135,03
xviii	195,900	$0,0136042 = q^{xviii}$	0,1086909	3,54	138,57
xix	246,200	$0,0170972 = q^{xix}$	0,0950867	0,02	138,59
xx	357,800	$0,0248472 = q^{xx}$	0,0779895	1,76	140,35
xxi	258,250	$0,0179340 = q^{xxi}$	0,0531423	0,46	140,81
xxii	268,100	$0,0186181 = q^{xxii}$	0,0352083	0,16	140,97
xxiii	69,250	$0,0048090 = q^{xxiii}$	0,0165902	0,14	141,11
xxiv	169,650	$0,0117812 = q^{xxiv}$	0,0117812	0,00	141,11
	2453,0125	$0,1703480 = Q$			

286. Si l'on s'en tenait aux diamètres trouvés par le calcul on s'exposerait à ce que le service de la distribution ne se fît pas avec toute la promptitude et l'exactitude qu'on doit désirer. Mais on peut les regarder comme des limites dont il faut chercher à s'approcher le plus possible, sans perdre de vue les résultats de l'expérience. Le rapport à établir entre les différentes grosseurs de tuyaux suivant leur position dans le système général était surtout important à établir et la théorie seule pouvait en fournir le moyen. Nous pensons que pour avoir égard à ces différentes considérations, et ne pas trop multiplier dans les fonderies les modèles des tuyaux, il est convenable de fixer à $0^m,15^c$ le *minimum* de

---

L'équation qui donnera la valeur du dernier répartiteur n° 24 sera (art. 283)

$$\overset{\text{xxiv}}{d} = \frac{(0,0117812)^2\, 900\, D^5}{(17,22)^2\, D^5\, (Z - 9,75) - 141,11}$$

équation dans laquelle on peut faire varier D et Z pourvu que le dénominateur reste positif.

Pour reconnaître la combinaison la plus avantageuse , faisons varier la valeur de D , et cherchons les valeurs correspondantes de Z qui rendraient le dénominateur égal à zéro ; on trouve :

D =	0,30	0,40	0,50	0,60	0,70
Z =	205,58	56,22	24,98	15,87	12,58

Ce tableau, comparé avec celui de l'art. 284, montre qu'aux mêmes valeurs de D correspondent des valeurs de Z plus grandes. Ainsi, en adoptant , comme nous l'avons déjà fait , pour le diamètre de la conduite principale la valeur de 0,60, nous avons $Z = 15,87$, au lieu de 13,57 , et les eaux devront être élevées à plus de $25^m,359$ au-dessus de l'étiage. Supposons que ce soit à 25,739 ou que $Z = 16,25$, nous aurons, en substituant à la place de D et Z , leurs valeurs dans l'équation précédente ,

$$\overset{\text{xxiv}}{d} = 0,256$$

Nous avions trouvé , art. 284, que le diamètre du 24e répartiteur était égal à 0,170.

Ainsi, en distribuant les eaux par arrondissements successifs , il faut une charge motrice plus considérable et des tuyaux plus grands , ce qui détermine une augmentation de dépense.

grosseur d'un répartiteur et de prendre ensuite dans la série des diamètres de 0,20,0,25,0,30,0,35 etc., le diamètre immédiatement supérieur à celui que donne le calcul.

287. Enfin, nous avons vu dans les expériences déjà citées (art.251) sur le mouvement de l'eau dans les tuyaux qui s'embranchent les uns sur les autres, qu'il y avait à chaque changement de direction une perte de pression qu'on pouvait évaluer au triple de la hauteur due à la vitesse. Depuis le tuyau principal jusqu'au réservoir placé dans chaque maison, il y a trois changements suivant que l'eau passe dans le répartiteur, le tuyau de service et le tuyau du particulier ; il convient donc d'ajouter à la charge, ou hauteur à laquelle il faut élever les eaux, neuf fois la hauteur due à la vitesse. Dans le cas que nous avons traité, ce ne serait pas tout-à-fait un mètre. Si le niveau du réservoir supérieur était fixé d'avance, la correction devrait porter sur les diamètres des tuyaux.

288. On déterminerait, d'après la même méthode, les diamètres des conduites de la rive droite, ainsi que la hauteur à laquelle il faudrait élever les eaux. Mais nous ne présenterons pas les détails de ces calculs, puisqu'ils n'offriraient qu'une répétition de ce qui précède.

Nous allons parler maintenant des différentes espèces de tuyaux, de leur mode d'assemblage et de leurs prix.

289. Les tuyaux qui servent à la conduite des eaux peuvent être faits : 1° en bois naturel ; 2° en bois courbé; 3° en poterie; 4° en pierre naturelle; 5° en pierre artificielle; 6° en plomb ; 7° en tôle de fer ; 8° en fonte de fer. Il s'agit de les comparer entre eux sous le double rapport de la résistance et de la dépense, en ayant égard, non seulement aux efforts qu'ils ont à supporter, mais aux différentes causes de destruction, comme la rouille, l'humidité, le mode d'assemblage, etc.

Des différentes espèces de tuyaux.

290. Nous avons vu (art. 260) que l'équation qui sert à régler l'épaisseur des tuyaux a pour expression

De la résistance des tuyaux.

$$eR' = Pr$$

Dans laquelle P indique la pression normale que la paroi éprouve rapportée à l'unité de surface et R' la plus grande tension que l'on veut faire supporter aux fibres sur cette unité superficielle.

22.

291 . La quantité R' dépend de la matière dont le tuyau est formé et elle
doit être fixée de manière qu'en supposant que la paroi supporte la charge
permanente qu'elle indique, sa constitution physique n'en soit pas altérée. Il existe peu d'expériences spéciales qui fassent connaitre avec certitude, pour les différentes substances qui servent à former les tuyaux,
la limite dont il s'agit. Nous allons réunir dans un tableau ce que nous
avons pu recueillir de plus précis.

DÉSIGNATION des SUBSTANCES.	Poids par millimètre carré, produisant la rupture.	Poids supporté sans altération permanente.	Extension que ce poids peut produire.	Noms des auteurs des expériences.	OBSERVATIONS.
	kil.	kil.	kil.		
Chêne.	6,00	0,60	0,0006	Navier.	
Id.	»	2,78 (1)	0,0023	Tregold.	(1) Le résultat ne paraît pas applicable aux constructions qui doivent durer long-temps.
Pierre blanche, d'un grain fin et homogène.	0,144	»	»	Coulomb.	La rupture est instantanée et n'est point précédée par un changement produit par l'élasticité du corps.
Brique.	0,187	»	»	Id.	
Id.	0,193	»	»	Tregold.	
Mortiers bien faits, à sable quartzeux, et chaux éminemment hydraulique.	0,096	»	»	Vicat.	
Mortiers bien faits, à sable quartzeux, et chaux hydraulique ordinaire.	0,060	»	»	Id.	
Mortiers bien faits, à sable quartzeux, et chaux communes, moyennes ou grasses.	0,036	»	»	Id.	
Mortiers mal faits, communément au plus.	0,015	»	»	Id.	
Mortiers de sable et tuileaux pilés avec chaux de Marly.	0,0556 (2)	»	»	Rondelet.	(2) Un huitième du poids nécessaire pour produire l'écrasement.
Maçonnerie ordinaire.	0,007	»	»		
		6,00 (3)	»	Navier.	(3) Ne comprenant que la charge permanente.
Fer forgé.	40,00	10,00 (4)	0,0005	Id.	(4) Charge permanente et accidentelle.
		12,50	0,00071	Tregold.	Id.
		6,00	0,0003	Duleau.	

DÉSIGNATION des SUBSTANCES.	Poids par millimètre carré produisant la rupture.	Poids supporté sans altération permanente.	Extension que ce poids peut produire.	Noms des auteurs des expériences.	OBSERVATIONS.
	kil.	kil.	kil.		
Fonte de fer.	28,00	7,00	0,00064	Navier.	
		10,70	0,00083	Tregold.	
	1,58	1,22	»	Jardine.	
Plomb moulé.	1,37	1,14	»	Id.	
	»	1,05	»	Tregold.	
Plomb laminé.	1,35	0,79 (1)	»	Navier.	(1) Le plomb commence à s'étendre sous une charge qui est entre la moitié et les deux tiers de celle qui cause la rupture.
Tôle tirée dans le sens du laminage.	40,80	13,60	»	Id.	Les pièces commencent à s'alonger sensiblement sous des poids égaux à la moitié ou aux deux tiers de ceux qui produisent la rupture.
Tôle tirée perpendiculairement au sens du laminage.	36,40	12,13	»	Id.	
Vase sphérique en tôle de fer.	46,50	»	»	Id.	
Cuivre rouge laminé.	21,10	10,55	»	Id.	

292. Les notions présentées dans ce tableau font connaître d'une manière approximative les limites des efforts à faire, soit pour opérer la rupture des corps, soit pour en altérer la constitution physique. Mais elles ne suffisent pas pour mettre à même de régler les dimensions des pièces employées dans les travaux hydrauliques. Ce n'est pas assez, en effet, d'être assuré que les forces agissant sur chaque pièce n'en cause-

ront point immédiatement la rupture, ni même que l'action permanente ou fréquemment répétée de ces forces ne produira point des altérations qui puissent faire avec le temps des progrès et en amener la destruction ; on doit encore, autant qu'il est possible, déterminer les épaisseurs de tuyaux, de manière à prévenir les causes de dépérissement qui dépendent des actions chimiques des corps. Ainsi, l'humidité tend sans cesse à détruire les tuyaux de bois, la rouille attaque les tuyaux de fonte, les acides se combinent avec le plomb : de manière que si l'on ne leur donnait que les dimensions qui résultent de la solution directe des problèmes relatifs à la résistance des solides, on n'aurait pas encore assez fait pour la sécurité.

293. Les déterminations dont il s'agit ne sont pas susceptibles d'une aussi grande précision que celle dont on s'est occupé précédemment et l'expérience n'a fourni que peu de résultats sur ce sujet.

Cependant, comme il est très essentiel d'avoir une règle qui serve de guide dans les différentes circonstances, nous allons comparer les épaisseurs des tuyaux que la formule donne avec celles que l'on emploie ordinairement, et nous essaierons d'en conclure la valeur de la constante ou sur-épaisseur qu'il faudra ajouter pour chaque espèce de tuyau.

294. La pression normale qu'un tuyau de conduite éprouve varie à chaque point : mais, ainsi que nous l'avons fait observer, on lui suppose dans la pratique une valeur constante et assez forte pour que le tuyau puisse résister à l'action des forces vives produites par l'arrêt instantané de l'eau sur la conduite. A Paris, où la plus grande charge est de 15 à 20 mètres, on l'a faite égale à dix atmosphères, c'est-à-dire que chaque bout de tuyau est éprouvé, en sortant du moule, par le moyen d'une pompe foulante et d'une pression égale à une colonne d'eau de 100 mètres de hauteur. On met au rebut tout ce qui se trouve le moins du monde défectueux.

Dans cette supposition, P sera égal au poids d'une colonne d'eau de 100 mètres de hauteur et d'un millimètre carré de base, ou au poids de 0^{lit},10. Or, un litre d'eau pèse 1,000 grammes, d'où $P = 0^{kil}$,10.

L'équation de l'art. 290 devient, en substituant à la place de P, sa valeur :

$$e = \frac{0,10}{R'} \quad r = \frac{0,05}{R'} d.$$

d étant le diamètre du tuyau.

295. En général, en représentant par n le nombre d'atmosphères sous lequel on veut faire l'essai, on aurait $P = n\, 0^{kil.},01$.

$$\text{d'où } e = 0,005\ \frac{nd}{R'}$$

La pression d'épreuve doit être au moins trois fois plus forte que celle qui sera produite par le poids habituel de l'eau renfermée dans la conduite.

296. R' varie pour chaque substance, et le tableau précédent montre qu'on peut faire

Pour le bois . . . . R' = 0,60,

Pour la pierre . . . . R' = 0,10,

Pour le mortier . . . . R' = 0,050,

Pour la maçonnerie ordinaire . . . . . R' = 0,007,

Pour le plomb . . . . R' = 1,00,

Pour la tôle et le cuivre . . . . R' = 10,00,

Pour la fonte de fer. . . . . R' = 7,00.

297. Substituant ces valeurs dans la formule et faisant varier d, nous pourrons former le tableau suivant :

DÉSIGNATION des TUYAUX.	Diamètre.	Épaisseur de leur paroi calculée d'après la formule.	Épaisseur ordinaire dans la pratique.	Différences.	OBSERVATIONS.
	m	m	m	m	
	0,108	0,0090	0,050	0,041	
	0,135	0,0112	»	»	
	0,162	0,0134	»	»	
	0,216	0,0179	»	»	
Tuyaux de bois.	0,25	0,0207	»	»	
	0,32	0,0266	0,0540	0,0274	En deux morceaux réunis par des cercles en fer.
	0,65	0,0540	0,054	0,000	Formé de douves consolidées par des cercles en fer.
Tuyaux de pierre naturelle.	0,081	0,0405	0,0695	0,0290	
	0,108	0,0540	»	»	
	0,135	0,0675	»	»	
	0,216	0,1080	»	»	
Tuyaux Fleuret, en ciment.	0,054	0,0540	0,0800	0,0260	Tuyaux envoyés par madame veuve Fleuret pour la conduite du marché Saint-Martin, à Paris. (Cette conduite n'a pas réussi.)
	0,081	0,0810	0,0950	0‘0140	
	0,108	0,1080	0,1025	(—0,0050)	
	0,162	0,1620	0,1600	(—0,0020)	
	0,32	0,3200	0,4000	0,0800	Fleuret.
	0,027	0,0013	0,0068	0,0055	Tuyaux moulés, employés dans les travaux de distribution des eaux de Paris.
	0,041	0,0020	0,0090	0,0070	
	0,054	0,0027	0,0090	0,0063	
	0,068	0,0034	0,0123	0,0089	
	0,081	0,0041	0,0123	0,0082	
Tuyaux en plomb.	0,108	0,0054	0,0123	0,0069	
	0,135	0,0067	0,0135	0,0068	
	0,162	0,0081	0,0135	0,0054	Tuyaux soudés, idem.
	0,216	0,0108	0,0135	0,0027	
	0,25	0,0125	0,0158	0,0053	
	0,32	0,0160	0,0158	(—0,0002)	
	0,65	0,0325	0,0350	0,0025	Tuyaux du parc de Versailles.

DÉSIGNATION des TUYAUX.	Diamètre.	Épaisseur de leur paroi calculée d'après la formule.	Épaisseur ordinaire dans la pratique.	Différences.	OBSERVATIONS.
	m	m	m	m	
	0,216	0,0011	0,002	0,0009	Tuyaux employés dans la distribution du gaz pour l'éclairage.
	0,52	0,0016	0,002	0,0004	
Tuyaux de tôle en fer.	0,80	0,0040	0,007	0,0030	Chaudières de machine à vapeur, à basse pression, mais pouvant être essayées à dix mètres de pression.
	0,80	0,012	0,012	0,0000	Chaudières de machine à vapeur, à haute pression, supportant un essai de trente atmosphères.
Tuyaux de fonte de fer.	0,054	0,0004	0,0105	0,0101	Tuyaux employés dans les travaux de distribution des eaux de Paris.
	0,081	0,0006	0,0113	0,0107	
	0,108	0,0008	0,0123	0,0115	
	0,135	0,0010	0,0140	0,0130	
	0,162	0,0012	0,0150	0,0138	
	0,216	0,0015	0,0160	0,0145	
	0,25	0,0018	0,0170	0,0152	
	0,52	0,0023	0,018	0,0157	

298. Il nous reste à conclure de ces faits les règles que l'on doit suivre dans la détermination de l'épaisseur des tuyaux.

Les tuyaux de bois pourrissent facilement lorsqu'on les pose en terre ; on trouve rarement des arbres sains et qui présentent une résistance uniforme, de manière qu'on ne doit en général employer ces tuyaux que pour des conduites isolées où l'eau n'éprouve pas une pression de plus de 2 atmosphères. Les conduites pour la distribution des eaux dans les différents quartiers de Londres et de Paris étaient autrefois toutes en bois. Mais lorsqu'on voulut établir des machines à vapeur et augmenter la pression, il se manifesta des fuites sur tous les points, et l'on fut obligé de les remplacer par des tuyaux de fonte. Il n'en existe plus aujourd'hui.

La moindre épaisseur qu'on puisse leur donner paraît être de o ,027 et l'on doit même regarder cette quantité comme la valeur de la constante, ce qui transforme l'équation de la résistance en

$$e = 0,855\,nd + 0,027.$$

Les tuyaux en pierre naturelle ou artificielle sont peu employés. Et comme il n'existe d'ailleurs à leur égard aucune cause particulière de destruction, on peut suivre avec confiance les résultats de la théorie, d'où

$$e = 0,05nd \text{ pour la pierre naturelle ;}$$
$$e = 0,10nd \text{ pour la pierre artificielle.}$$

Les tuyaux en plomb éprouvent une altération sensible par l'action des acides, lorsqu'on les place, par exemple, dans des terres salpêtrées ; s'ils forment une conduite où l'eau peut prendre une certaine vitesse, et produire des *coups* de *bélier* par la fermeture subite des robinets, il se manifeste assez souvent des *soufflures* qui diminuent l'épaisseur de la paroi , parceque le plomb est compressible mais non pas élastique. La prudence exige qu'on adopte une sur-épaisseur de $0^m,0045$ (2 lignes) ; ce qui donne pour l'équation de la résistance

$$e = 0,005\,nd + 0,0045.$$

Les tuyaux de tôle ne s'emploient pas dans les travaux de distribution des eaux, a cause de la difficulté de former les joints par des rivures à froid et de la dépense qui en résulterait. On en fait des récipients et des chaudières, et on donne aux feuilles de tôle une sur-épaisseur de $0^m,005$ pour obvier à l'inconvénient de l'oxidation, d'où

$$e = 0,0005nd + 0,003.$$

Les tuyaux de fonte de fer sont ceux dont on se sert de préférence par la facilité qu'on a, en les moulant, d'en faire varier le diamètre et de leur donner une épaisseur capable de les faire résister aux plus fortes pressions. Ils s'oxident comme la tôle : de plus, on obtient rarement de la fonte d'un grain parfaitement homogène , ce qui a déterminé à augmenter l'épaisseur d'un centimètre, quel que fût le diamètre des tuyaux.

Nous aurons donc

$$e = 0,0007nd + 0,01.$$

299. La force des tuyaux de fonte dépend beaucoup des procédés employés dans le moulage.

De la visite et de l'essai des tuyaux de fonte de fer.

25

On est dans l'usage de placer le noyau horizontalement dans le moule :
il en résulte 1° que la matière fluide dérange le noyau et le soulève,
d'où il arrive que le tuyau a moins d'épaisseur en dessus qu'en dessous
et qu'il est sujet à être ovale au lieu d'être rond ; 2° que les bulles d'air
et les scories s'élèvent à la partie supérieure, et forment des crevasses
qui affaiblissent beaucoup le tuyau.

On remédierait en partie à ces inconvénients en plaçant le noyau verticalement dans le moule : mais les maîtres de forges ne veulent pas
suivre ce procédé , parcequ'il exige plus de soins et qu'il augmente un
peu le prix de la main-d'œuvre. Aussi n'y a-t-il guère que les deux tiers
de leurs tuyaux qui résistent à l'essai qu'on leur fait subir avant l'emploi.

La visite et l'essai des tuyaux ont pour but de faire rejeter ceux qui
ont les défauts suivants :

1° Ceux dont l'épaisseur, au lieu d'être uniforme dans tout le pourtour,
est plus faible d'un côté de $0^m,002$ qu'elle ne doit être.

2° Ceux dont le pourtour, soit intérieur, soit extérieur, est elliptique
au lieu d'être rond , et dont la différence des deux diamètres
excède $0^m,003$.

3° Ceux dans lesquels on reconnaît des chambres ou des soufflures
qui tendent à diminuer la force de la fonte ;

4° Enfin , ceux qui étant soumis à la charge d'une colonne d'eau de
100 mètres de hauteur laissent échapper l'eau par de petits jets ou même
par des suintements.

Les vérifications relatives au poids et aux dimensions se font au moyen
d'une balance, du mètre et du compas d'épaisseur.

On constate les chambres et les soufflures en frappant sur les tuyaux
à petits coups de marteau.

La charge de 100 mètres de hauteur d'eau s'obtient au moyen
d'une pompe de pression , dont on peut voir les détails (pl. XII
et XIII).

Il ne faut pas s'en rapporter aux essais qu'on a pu faire des tuyaux
dans la fonderie, du moins il est prudent de les renouveler au lieu de
l'emploi avant de les mettre en place. L'expérience a prouvé que le cahot
des voitures, sans précisément occasioner de fente, ou autre solution
remarquable de continuité, agit sensiblement sur les parties les plus dé-

fectueuses du métal, au point que souvent il n'est plus possible d'en faire usage.

Autrefois on ne donnait que trois pieds de longueur aux tuyaux de fonte, mais aujourd'hui que l'on a perfectionné leur fabrication, on leur donne de 2 mètres à 2ᵐ,70, afin de ne pas trop multiplier les joints.

300. Les tuyaux en bois naturel se forment de corps d'arbres forés. Les dimensions ordinaires pour les tuyaux de chêne, d'aulne et d'orme, varient, pour la longueur, de 4 à 5 mètres, et pour le diamètre intérieur de 10 à 20 centimètres.

De l'assemblage des tuyaux.

Il y a deux modes d'assemblage. Le premier, généralement employé, a lieu par emboiture et frettes ; on obtient le second au moyen d'une virole en fer, qui pénètre à mi-bois dans les tuyaux.

Le premier assemblage consiste à agrandir le diamètre intérieur du tuyau *a* en forme de cône (pl. XIV fig. 1), et à diminuer le diamètre intérieur du tuyau *b* également en forme de cône, pour le faire entrer dans celui *a*. On consolide le tuyau *a* par une frette *c*, en même temps qu'on calfate les joints des deux cônes avec de la filasse goudronnée.

Le second assemblage s'opère en introduisant dans les tuyaux *a* et *b* (fig. 2) une virole en fer *d*, d'un diamètre moyen entre celui intérieur et celui extérieur du tuyau.

La figure (4) représente la virole ou bague *d* dans son état primitif en plan et en coupe, et la figure (5) la fait voir toute préparée. Pour l'exécuter, l'anneau (fig. 4) étant sur la bigorne (enclume), on commence, au moyen d'un marteau à rainure, sur lequel on frappe, à former tout autour et au milieu la saillie *e* (fig. 5); on continue en émincissant en forme de cône le surplus de l'anneau, de façon que les bords deviennent tranchants.

La saillie ou languette *e* sert à régler la pénétration dans chaque tuyau ; pour enfoncer plus facilement cette virole dans l'un et l'autre tuyau, on mouille les joints, où l'on pratique une rainure de même diamètre. On termine le joint en le calfatant comme dans la fig. (2).

On assemble aussi les tuyaux de bois par emboiture cylindrique à mi-bois ; fig. (3).

Lorsque le diamètre des tuyaux dépasse 20 centimètres, on les fait en deux morceaux, et pour rendre les joints longitudinaux étanches, on met dans l'épaisseur du bois une espèce de clef en mastic d'huile de lin, d'étoupe hachée et de chaux éteinte à l'air. Les deux pièces sont de plus liées entre elles par des cercles en fer dont la force et le nombre varient en raison de la pression.

Pour les diamètres supérieurs à 32 centimètres, on emploie des *douves* qu'on réunit de la même manière.

301. On a fait des essais pour construire des tuyaux d'un grand diamètre avec des *madriers courbés* sur leur longueur, à l'aide de la vapeur. Chaque madrier forme un anneau. Pour réunir et maintenir cet anneau, une bague ou virole, semblable à celle fig. (5), pénètre de 25 millimètres dans la rainure qui a été tracée avant la courbure sur le milieu de chaque rive du madrier. Les joints bien calfatés, après cette opération, ont parfaitement réussi.

La plus grande largeur de madrier qu'on puisse employer est de o^m,525, parcequ'on se sert seulement du cœur du bois. Un tuyau de cette espèce peut être soumis à une pression de trois atmosphères. Il est relativement plus léger que les autres tuyaux en bois, et moins sujet à pourrir.

302. Les tuyaux en *poterie* dont on se sert ordinairement n'ont que 10 centimètres de diamètre et 80 centimètres de longueur ; ils s'assemblent à emboîture, et le joint doit être enveloppé de filasse goudronnée ou de bon ciment. Lorsque les tuyaux sont soumis à une pression de plus d'une demi-atmosphère, il est nécessaire d'envelopper le tuyau (qui n'est, pour ainsi dire, que l'enduit intérieur de la conduite) d'une maçonnerie qui fasse résistance à la pression, quelle qu'elle soit : tout diamètre de poterie peut servir dans ce cas.

303. Lors du projet d'amener les eaux de l'Yvette à Paris, M. Molard avait proposé de construire des tuyaux en *pierre forée*, de 4 mètres de longueur sur 22 centimètres carrés et 8 centimètres de diamètre intérieur. Le forage qu'il indiquait devait se faire de bas en haut, au moyen de l'aiguille de mineur : de cette manière, le *machon* (ou éclats de pierre) tombait de suite.

En opérant le forage de haut en bas, il avait imaginé, pour retirer le *machon*, de descendre au fond du tuyau creusé un vase portant sur trois pieds, et dans lequel retombait la pierre en poussière, en soufflant autour et au-dessous du vase percé dans son milieu pour le passage du soufflet.

La jonction de deux tuyaux se serait faite dans l'intérieur d'une forte borne scellée, le pourtour des tuyaux à leur entrée dans la borne étant garni de ciment.

Cet assemblage présente l'avantage de donner des points d'appui solides aux tuyaux, surtout à l'endroit des joints, et de suivre les sinuosités ou inclinaisons du terrain. Il existe d'ailleurs peu de conduites en pierre naturelle.

304. Fleuret, dans son ouvrage sur les ciments et la pierre artificielle, donne les moyens pour établir des tuyaux soit continus et faits sur place, soit par parties, fabriqués d'avance (voy. fig. 6, 7 et 8).

Les conduites faites sur place sont établies de deux manières, soit en formant le passage de l'eau au centre du ciment avec un noyau cylindrique du diamètre donné, soit, après avoir établi le fond et les côtés en ciment, en recouvrant le dessus de grandes dalles, tuiles, etc., recouvertes en outre d'une couche de ciment (voy. le plan, fig. 7 et les coupes *abc* fig. 8).

Ceux fabriqués d'avance sont moulés et portent une emboîture à ressaut que l'on scelle facilement avec le même ciment.

Le plus fort diamètre pour conduite qu'ait exécuté Fleuret, est de trois pouces ($0^m,081^{mil.}$); il a fait confectionner des pompes de différents diamètres, où quelques parties de tuyaux portaient $0^m,30^c$ environ.

Deux maçons et trois manœuvres peuvent préparer le mortier ou ciment, mouler et terminer vingt-quatre tuyaux de $0^m,14^c$ carrés sur $0^m,054$ de diamètre intérieur et de $1^m,15^c$ de longueur dans une journée.

Le mètre courant pèse 75 livres ; le poids du mètre cube est de 3,240 livres ou 1,620 kilogrammes.

Le mortier ou ciment composé par Fleuret est un mélange de trois parties de sable et une partie de tuileaux pilés, avec deux parties de chaux ou un tiers de chaux. Ce mortier, auquel on ajoute une légère quantité de chaux fusée, pour le corroyer de nouveau, ne doit son excellente qualité qu'aux soins que l'on apporte à le bien corroyer avec un pilon dans une auge qui contient 3 pieds cubes, et à l'extinction de la chaux.

Il existe de grandes parties de conduites en pierre factice construites par Fleuret dans les départements de la Meurthe et de la Moselle.

305. Les tuyaux dont se composent les conduites de plomb peuvent être *étirés, moulés* ou *soudés de long*.

Les tuyaux étirés ou moulés ont ordinairement $3^m,8981$ (12 pieds) de longueur, et le diamètre peut varier depuis 1 jusqu'à 4 pouces. Lorsque le diamètre doit être plus grand, on se sert de tables de plomb que l'on roule, et dont on réunit les bords par un joint longitudinal en *soudure* ou alliage composé de deux parties de plomb et d'une partie d'étain.

Pour employer la soudure, les plombiers la versent sur l'endroit à souder avec une cuillère en fer, lorsque cet endroit est bien avivé, l'y retiennent avec une poignée faite en lisière de drap, et l'étendent avec un fer chaud enduit de poix résine pour que cette poignée ne s'y attache point et que la matière coule mieux : la jonction terminée, ce fer sert de même à parer et à unir le métal, et à enlever la matière excédante.

Les tuyaux de plomb se réunissent par emboîtement, mais sans ren_flement et sans laisser de vide entre les deux bouts qui se pénètrent. On les enveloppe de *soudure* pour empêcher les fuites.

On peut aussi les réunir par un procédé qui consiste à faire un rebord à chaque tuyau, à placer dans le joint un cuir gras, et à comprimer les rebords au moyen de brides en fer à oreilles placées derrière.

306. Les récipients du gaz portatif et divers tuyaux employés dans les gazomètres sont en *tôle*. La forme des récipients est un cylindre d'une seule feuille de tôle brasée au feu, terminée par deux calottes sphériques en fer forgé de 5 millimètres. La tôle n'a que 2 millimètres d'épaisseur, et supporte une pression de soixante atmosphères à l'épreuve, et de trente atmosphères seulement pour le service journalier ; le diamètre du cylindre est de $0^m,525$. Les autres tuyaux peuvent être employés de toute longueur, et sont formés de feuilles de tôle de 2 millimètres d'é-paisseur, $1^m,62^c$ de longueur et $0^m,21^c$ de diamètre. Les joints longitudi-naux et ceux bout à bout ou transversaux sont à recouvrement, mainte-nus par des clous rivés très rapprochés, avec une bande de carton frite dans l'huile sous le recouvrement. Ces tuyaux sont essayés à l'eau avant d'y introduire le gaz, et la pression est d'une atmosphère.

307. Les tuyaux en fonte de fer s'obtiennent par le moulage comme les

tuyaux de plomb. On les réunit par des joints à brides ou par des joints à emboitement.

Dans le premier cas (fig. 9 et 10), chaque tuyau porte à ses extrémités une bride en retour d'équerre, qui saille sur le corps du tuyau et est percée de plusieurs trous. On pose les tuyaux bout à bout et on les place de manière que les trous des brides de deux tuyaux contigus se raccordent les uns aux autres. On garnit l'intervalle entre les deux brides d'une rondelle en plomb, à laquelle une rondelle en cuir est attachée de chaque côté. Enfin on serre le joint au moyen de boulons qui entrent dans les trous dont les brides des tuyaux sont percées.

Dans le second cas (fig. 11 et 12), les tuyaux sont unis par un emboitement de cylindre. Pour cela, on termine un bout de chaque tuyau par un renflement dans lequel emboîte le petit bout du tuyau suivant.

L'intervalle qui les sépare, ou le vide compris entre la surface extérieure du tuyau mâle et la surface intérieure du tuyau femelle, est rempli de filasse ou de corde goudronnée sur la moitié de la longueur du joint gg. On lute ensuite avec de la terre glaise le tour de l'ouverture laissée entre les deux bouts ; on pratique un trou dans la partie supérieure du lut, puis on y fait couler du plomb fondu qui remplit tout l'espace hh resté vide ; on enlève la terre et on comprime fortement à coups de marteau l'anneau de plomb coulé.

La profondeur e de l'emboitement varie entre 16 et 9 centimètres, depuis les plus grandes dimensions jusqu'aux plus petites.

Pour remédier à l'inconvénient des trous percés dans les brides et destinés à recevoir les boulons, on a proposé de les remplacer par une bague creusée de manière à recouvrir les deux brides. Elle est représentée (fig. 13) vue en coupe longitudinale et transversale sur le tuyau. Cette bague est en deux parties demi-circulaires k,l, portant chacune deux oreilles mm, percées d'un trou pour placer une vis n. En tournant les deux vis nn, on approche nécessairement les deux brides oo, qui se terminent en biseau, et on obtient un joint très solide, facile à faire et à réparer, mais qui n'a pas l'avantage, comme le précédent, ainsi que nous allons le voir, de se prêter aux variations produites dans la longueur des conduites par les changements de température.

308. Un bon mode d'assemblage est ce qu'il y a de plus essentiel dans l'établissement d'une conduite, parceque c'est surtout dans les

joints que se manifestent les fuites et toutes les causes de dégradation.

Lorsqu'une conduite est posée sur un sol mobile, comme l'est celui de Paris, il est nécessaire qu'elle soit flexible, afin qu'elle puisse céder aux mouvements du terrain. Lorsqu'elle est en fonte, il faut en outre que les tuyaux dont elle est formée puissent s'alonger et se raccourcir suivant que la chaleur augmente ou diminue.

Si des tuyaux étaient ajustés sur une grande longueur sans que leurs bouts pussent se mouvoir librement, ils se briseraient. C'est ce que l'expérience avait appris avant que l'on eût trouvé la loi de la dilatation des corps par les variations de la température. Mais elle n'avait pas pu donner la mesure de la force qui produit ces changements, ni indiquer la manière dont elle exerce son action.

Si une conduite était posée sur une surface plane, et qu'aucune de ses parties ne fut intimement liée avec les parties fixes du plan sur lequel elle reposerait, il est évident que quel que fût le mode d'assemblage des joints des tuyaux, il ne s'opèrerait aucune rupture, puisque la conduite entière pourrait se mouvoir librement.

Si les deux extrémités de la conduite étaient fixes, il n'en serait pas de même. Alors, si la température augmente, la conduite prenant plus de longueur tendra à repousser les deux obstacles fixes ; si la température diminue, au contraire, elle tendra à les rapprocher. Dans cette dernière supposition, l'effort se reporte sur les assemblages des tuyaux, et si ces assemblages sont tels que les bouts ne puissent se prêter à aucun mouvement, comme dans le cas où ce sont des brides réunies avec des boulons, la force qui se développe dans le sens de la longueur peut bien n'être pas assez forte pour séparer les parties de la fonte, et opérer cependant la rupture des brides et des boulons.

Dans la pratique, non seulement les extrémités d'une conduite sont fixes, mais il se trouve encore sur la longueur un certain nombre de points qui se prêtent plus ou moins difficilement au mouvement général, comme aux inflexions dans le sens vertical, aux changements brusques de direction, dans les traversées des murs des regards, des égouts, des galeries, etc., de manière que l'action n'est pas uniforme et qu'il y a des parties plus ou moins tendues.

Pour obvier à cet inconvénient, on imagina, lorsqu'on ne connaissait d'autre moyen de réunir les tuyaux que d'une manière fixe avec brides et boulons, de placer de distance en distance, des tuyaux *compensateurs* composés de deux parties qui s'emboîtaient l'une dans l'autre, et qui étaient ajustées de telle sorte que le champ de la compensation pût s'étendre plus ou moins (pl. XIV, fig. 14, 15, 16).

La dilatation linéaire de la fonte, pour un intervalle de 100 degrés du thermomètre centigrade, est de 0,00111. On peut supposer que cette dilatation se fait proportionnellement à la température, dans les limites que nous considérons, et estimer à vingt-quatre degrés la plus grande différence de température des conduites posées dans des galeries souterraines, ce qui donne un alongement de $0^m,02664$ sur une longueur de 100 mètres.

En plaçant par conséquent les compensateurs à cette distance les uns des autres, il faudrait que leur jeu eût une étendue de 3 centimètres au moins, dans l'hypothèse où les effets de la dilatation et de la condensation se manifesteraient également sur toute la longueur de la conduite. Si chaque tuyau remplissait cette fonction, le jeu ne serait que d'un millimètre environ. C'est ce qui a déterminé les Anglais à unir par un emboîtement de cylindres les grandes lignes de tuyaux qu'ils emploient pour conduire les eaux de leurs villes. On termine, ainsi que nous l'avons décrit, un bout de chaque portion de tuyau par un cylindre plus large que le corps du tuyau. Dans cette partie plus large s'emboîte le petit bout du tuyau suivant. L'emboîtement est tel que les deux tuyaux peuvent un peu glisser l'un dans l'autre malgré la soudure qui les unit, et se prêter de la sorte, soit aux alongements soit aux raccourcissements produits par les variations de température. On a fini par adopter en France ce mode d'assemblage et par renoncer aux compensateurs, qui d'ailleurs ne sont applicables qu'aux conduites en plein air, comme à Marly, ou à celles placées dans les galeries. Si d'un côté ce mode d'assemblage présente des difficultés lorsqu'il s'agit de remplacer un tuyau, ces difficultés sont plus que compensées par ses autres avantages.

309. La garniture des joints doit être élastique, afin de les rendre constamment étanches, en se prêtant aux inflexions de la conduite. On la fait ordinairement avec de la corde humidifuge goudronnée et du plomb fondu. La corde se place dans le fond du joint et n'a pour but que d'empêcher le plomb de couler dans le corps du tuyau au moment où on le verse. C'est sur ce métal que l'on compte uniquement pour assurer la stabilité du joint.

24.

Le plomb se prête bien, par sa ductilité, aux inflexions de la conduite, mais comme il est dépourvu d'élasticité, toutes les fois qu'il éprouve une compression sur une des faces du joint, il en résulte une ouverture du côté opposé. Un nouveau matage devient alors nécessaire à chaque mouvement de la conduite pour ramener le joint dans son état primitif et empêcher les fuites d'eau. Cet inconvénient se fait surtout sentir à Paris, dont le pavé des rues est généralement établi sur des remblais et des terres rapportées. On a proposé, pour le diminuer, de poser les tuyaux sur des appuis solides, formés de maçonnerie dont la résistance prévienne autant que possible les inflexions de la conduite qui entraîneraient la rupture, ou dans des galeries voûtées construites sous ces rues ; mais nous verrons plus loin que ce mode de pose entraînerait dans des dépenses considérables ou dans des inconvénients tout aussi graves que ceux que l'on veut éviter. Aussi pensons-nous que l'on doit plutôt changer la garniture des joints.

M. Gueymard, ingénieur des mines, qui a fait établir des conduites d'eau à Grenoble, a employé un mastic connu depuis quelques années sous le nom d'aquin. Il se forme en mélangeant 98 parties de limaille de fonte passée au gros tamis, non oxidée, avec une partie de fleurs de soufre. Lorsque ce mélange est intime, on prend une partie de sel ammoniac gris du commerce, que l'on fait dissoudre dans l'eau bouillante ; on verse cette dissolution sur le mélange précédent et l'on brasse fortement. La quantité d'eau doit être calculée de manière que le mélange de limaille de fonte et de fleurs de soufre prenne la consistance du mortier ordinaire.

Ce mastic dégage une grande quantité de calorique et d'ammoniaque et doit être employé de suite. Il ne faut le préparer qu'au fur et à mesure de l'emploi. On l'introduit dans les joints, on l'enfonce avec des bourroirs en fer, et on frappe avec des massettes en bois. On laisse sécher le mastic pendant 2 ou 3 jours au grand air pendant l'été, et 7 à 8 jours pendant l'hiver. On peut ensuite recouvrir les tuyaux et être assuré de leur solidité. Ce mastic prend au moins la dureté et la compacité de la bonne fonte (1).

____

(1) *Mémoire sur la conduite des eaux dans les tuyaux métalliques de forme cy-*

Le mastic d'aquin n'est point élastique et ne se prête pas aux mouvements de la conduite produits soit par les variations de température, soit par les tassements du terrain, ce qui a déterminé M. Gueymard à assembler avec le plomb et la corde goudronnée un assez grand nombre de joints, pour que les alongements ou les raccourcissements ne fussent pas de plus d'un millimètre. Nous croyons d'après cela que ce mastic ne doit pas être d'un bon usage dans la pratique.

M. Frimot m'a indiqué la composition d'un mastic dont il s'est servi avec avantage dans l'assemblage des colonnes montantes de ses pompes, qui est inaltérable à l'eau et reste élastique quoiqu'en prenant une grande consistance. Il se forme en mélangeant de l'huile de lin, de l'étoupe hachée et de la chaux éteinte à l'air. Il faut l'employer à la consistance du mastic de vitrier.

310. La seule objection que l'on fait ordinairement contre les tuyaux à emboîtement est fondée sur l'embarras de changer une pièce cassée ; mais on peut le prévenir en plaçant de distance en distance des manchons en fonte qu'on fait glisser à droite et à gauche lorsqu'on veut relever ou simplement faire des réparations à la portion de conduite comprise entre deux manchons. Il suffit de les espacer de 100 mètres sur les grosses conduites et de 50 mètres sur les petites.

On peut employer le même moyen pour réparer un tuyau cassé, sans démonter la conduite. Il suffit pour cela de poser un manchon en plomb laminé contre la fonte sur place. On serre ensuite fortement le plomb contre la fonte avec deux cercles en fer à vis, et on rive les extrémités. Le manchon pourrait également être en fonte en le composant de deux pièces assemblées avec des vis et des écrous. Par l'un ou l'autre de ces moyens, on répare un tuyau cassé dans moins de 5 heures.

311. Il y a plusieurs manières de poser les conduites, qui ont chacune leurs avantages et leurs inconvénients.

De la pose des conduites.

1° Sous des galeries voûtées (pl. XV, fig. 1—2).

On les place dans ce cas sur des massifs en maçonnerie fondés solide-

---

lindrique, par E. Gueymard, ingénieur au corps royal des mines, professeur d'histoire naturelle à la faculté des sciences de Grenoble.

ment. Elles n'ont à supporter d'autres charges que leur propre poids et celui de l'eau qu'elles contiennent. Enfin on peut les visiter à toute heure, dans toute leur étendue, et réparer sans recherches inutiles les accidents qui peuvent survenir.

Mais la dépense que ce système entraine est si considérable, qu'on ne peut l'adopter que pour les artères principales, et dans les cas fort rares où le niveau supérieur du terrain que l'on veut traverser est plus élevé que celui de la prise d'eau ; dans ce dernier cas, une galerie voûtée est indispensable, parceque sans cela on n'aurait aucun moyen de reconnaitre les fuites.

2° Sous d'anciens égouts (pl. XV, fig. 3, 4 et 5).

On ne prend ce parti que pour diminuer la dépense ; et l'avantage qui en résulte s'achète par une foule d'inconvénients. La pose et la visite des conduites deviennent plus difficiles. Les ouvriers sont exposés à être asphyxiés. On ne peut pas multiplier les robinets parcequ'ils seraient constamment recouverts par les matières que l'eau de l'égout entraine et que leur manœuvre ne saurait se faire sans inconvénients.

D'après ce système, les conduites sont posées sur les consoles en pierre encastrées dans les murs latéraux, ou supportées par des chevalets en fonte scellés dans le dallage de ces égouts, et appliqués le plus près possible le long de leurs pieds-droits.

3°. Dans de petites rigoles de maçonnerie établies sous le pavé des rues et recouvertes d'un madrier (pl. XV, fig3 .)

Les mêmes motifs qui exigent que les conduites principales soient placées dans des galeries spacieuses, semblent exiger aussi que l'on isole les tuyaux de branchement destinés à alimenter les bouches de lavage et les concessions particulières. Mais on ne satisfait, par ce moyen, qu'à la condition d'asseoir la conduite sur un sol affermi. La recherche des fuites devient aussi longue que dispendieuse, parceque l'eau peut couler dans le fond de la rigole sans se faire jour jusqu'à la superficie du pavé et sans donner lieu à un enfoncement qui fasse reconnaitre le point fixe où la perte d'eau a lieu.

La conduite de la rue de Bondy, posée d'après ce système , nous en offre un exemple. On ne peut reconnaitre les fuites que par les infiltrations qui se forment dans un jardin situé à 80 mètres environ de distance de la rue. Il est même à remarquer que le sol de ce jardin est à 9 ou 10 mètres au-dessous du sol de la rue de Bondy, tandis que les caves des maisons qui la bordent, ont leur sol à 3 ou 4 mètres au-dessous de celui de cette rue, et n'ont cependant éprouvé aucune infiltration : ce qui semble démontrer qu'il existe sur quelque point de la rue de Bondy, une espèce de puisard ou d'entonnoir où les eaux des fuites ont pu s'écouler et se rendre, en passant au-dessous du sol des caves, dans le jardin dont nous avons parlé.

Cette circonstance nous a déterminé à supprimer successivement la rigole en brique dans les parties où l'on était forcé de découvrir la conduite pour y faire des réparations.

4°. Enfin, en pleine terre, sous le pavé des rues (pl. XV, fig. 7).

Ce moyen est généralement adopté comme le plus simple et le plus économique. Les conduites participent moins aux variations de température. La moindre fuite donne lieu à un enfoncement de pavé qui, indiquant bientôt le mal, en rend la réparation prompte et facile. On peut multiplier sans difficulté les branchements : aussi ce procédé se prête-t-il essentiellement à une distribution à domicile.

On place les conduites à un mètre de profondeur, pour les soustraire à l'effet de la gelée et aux vibrations produites par le mouvement des voitures. L'effet qui résulte de ces vibrations peut être très considérable. C'est ainsi que l'on a remarqué que lorsque des conduites se trouvent placées dans des lieux qui servent de chantiers de pierre, comme on en rencontre beaucoup sur les boulevards, les fuites sont beaucoup plus fréquentes et les frais d'entretien plus considérables.

312. Il ne faut pas combler la tranchée, lorsqu'on pose une conduite, avant de s'être assuré de l'état des joints. Pour cela, on bouche l'orifice de sortie, puis on laisse arriver l'eau pour faire supporter aux joints la pression due à la hauteur du réservoir supérieur, et on examine si les joints perdent.

313. Pour montrer la différence entre les prix d'établissement d'une conduite, suivant que l'on adopte l'un ou l'autre système de pose, nous allons présenter un résumé des dépenses faites, par mètre courant, pour une conduite de $0^m,25^c$ de diamètre.

Dans terre . . . . 69 fr. »
Dans une rigole. 75   »

Dans un égout. 77   »
Dans une galerie pouvant contenir quatre conduites . . . 182   »
Dans une galerie ne contenant qu'une conduite. 318   »

Si l'on fait abstraction de ce qui est commun à tous les systèmes, c'est-à-dire de la fourniture des tuyaux et de leur pose, ce qui comprend l'essai, le transport, le bardage et mise en place, le chanvre goudronné, le plomb fondu, les façon, épreuve et garantie des joints, nous aurons le rapport suivant entre les dépenses qui s'appliquent aux parties qui constituent essentiellement la différence entre les systèmes.

Dans terre. 7   55
Dans une rigole. 13   40
Dans un égout 15   47
Dans une galerie pouvant contenir quatre conduites . . . 120   84
Dans une galerie ne contenant qu'une seule conduite. . . 257   00

L'on voit qu'en prenant pour terme de comparaison ou d'unité les frais d'établissement d'une conduite posée dans terre, le deuxième et le troisième système doublent la dépense, le quatrième la rend seize fois plus grande, et le cinquième trente-quatre fois. Il n'y a donc pas à hésiter entre le choix que l'on doit faire, surtout si l'on considère que d'après le premier système, les réparations d'entretien sont tout aussi faciles et aussi économiques.

Du prix des diffé-rentes espèces de conduites.

314. Nous terminerons nos recherches sur l'établissement des conduites, par un exposé succinct des prix des ouvrages de fontainerie.

Tableaux des prix des différentes espèces de conduites.

315. Quoique les ouvrages de fontainerie soient très diversifiés on peut cependant en établir facilement les prix. Il suffit pour cela de connaître les dimensions et d'évaluer le poids des différentes matières dont ils sont composés.

Nous allons présenter cette analyse dans une suite de tableaux. Les titres en indiqueront suffisamment l'objet.

1. TABLEAU

des éléments *pour établir les prix des ouvrages de fontainerie.*

1. Un kilogramme de plomb en saumon. . . . . » fr. 68 c.
2. Un kilogramme d'étain , dit de Cornouailles. 3   40
3. Un kilogramme de cuivre fondu pour bondes , robinets , soupapes , etc. 5   »
4. Un kilogramme de fer pour clavettes , boulons et autres petits objets pesant moins de cinq kilogrammes. 2   »
5. Un kilogramme de fer pour brides , colliers et autres grosses pièces. 1   50
6. Un kilogramme de corde humidifuge pour les joints des tuyaux de fonte. 2   20
7. Un kilogramme de corde goudronnée pour *idem*. 1   »
8. Un kilogramme de mastic de fontainier. . . . . » 80
9. Bois, la voie ou double stère. 34   »
10. Charbon de bois , la voie de Paris , compris transport. 10   »
    C'est l'hectolitre. 5   »
    Le décalitre. . . . . » 50
    Et le boisseau. . . . . » 65
11. Charbon de terre , la voie ou muid , compris transport. 68   »
    C'est l'hectolitre. 4   54
    Le pied cube. 1   50
    Le kilogramme. . . . . » 05
12. Journée de compagnon plombier ou fontainier , de dix heures de travail. 4   »
    C'est chaque heure. . . . . » 40
Journée de garçon. 2   75
    C'est chaque heure. . . . . » 28
C'est pour les deux , par jour. 6   75
    C'est pour chaque heure. . . . . . . » 68
13. Un kilogramme de plomb pour tuyaux moulés. . . . . . . » 80

 Pour une fonte de 734ᵏⁱˡ.,26 il faut :
 748ᵏⁱˡ.,95 de plomb, à 0 fr. 63 c. (n⁰ 1). . . . . 509 fr. 28 c.
 ¼ de voie de bois , à 34 fr. 8   50
 20 heures de compagnon et garçon , à 0 fr. 68 c. 13   60
 ¼ de la main-d'œuvre pour faux-frais. 2   27
             ———————
             533   65
 1/10 pour bénéfice. 53   37
             ———————
     Total pour 734ᵏⁱˡ.26. 587   02
             ═══════
 Et pour 1 kilogramme. . . . . »   80

Nota. Si le plomb est fondu et coulé sur l'atelier de travail, comme lorsqu'il s'agit de faire des joints d'assemblage de tuyaux, la dépense en charbon et les faux-frais sont plus considérables : il faut payer un quart en sus, ci 1   »

14. Un kilogramme de vieux plomb.

Les vieux plombs, donnés en compte à l'entrepreneur, sont pesés ; il est déduit quatre au cent pour compenser le déchet de la refonte ; et le plombier paie ce plomb dix centimes de moins par kilogramme que le plomb neuf, lorsqu'il en fournit la même quantité. Les dix centimes et la déduction de quatre au cent le dédommagent des frais de refonte et de transport.

15. Un kilogramme de soudure avec emploi à la boutique. 2 08

DÉTAIL POUR 100 KILOGRAMMES.

68 kilogrammes de plomb, à o fr. 68 c. . . . . 46 fr. 24 c.
34 d'étain fin, à 3 fr. 40 c. 115 60
12 boisseaux de charbon, à o fr. 65 c. 7 80
24 heures de compagnon et garçon, à o fr. 68 c. 11 32
$\frac{1}{4}$ de la main-d'œuvre pour faux-frais. 2 72

          188 68
$\frac{1}{10}$ pour bénéfice. 18 87

Total pour 100 kilogrammes. . . . 207 55

Et pour 1 kilogramme. 2 08

16. Un kilogramme de soudure avec emploi sur l'atelier de travail. . . 2 45

Fournitures. 116 84
20 boisseaux de charbon, à o fr. 65 c. . . . . 13 »
60 heures de compagnon et garçon. 40 80

          215 64
$\frac{1}{4}$ pour faux-frais. 6 80

          222 44
$\frac{1}{10}$ pour bénéfice. 22 24

Total pour 100 kilogrammes. . . . 244 68

Et pour un kilogramme. 2 45

17. Cuirs gras pour les assemblages des tuyaux à brides.

m. c.

Pour tuyaux de 0,06 de diamètre. . . . . » 30
—   0,081   — . . . . » 45
—   0,108   — . . . . » 65
—   0,15   — . . . . » 95
—   0,20   — 1 20

			m. c
Pour tuyaux de 0,25 de diamètre.	1	45
— 0,30 —	1	95
— 0,35 —	2	25
— 0,40 —	2	50
— 0,45 —	2	80
— 0,50 —	3	10
— 0,55 —	3	35
— 0,60 —	3	65
— 0,65 —	3	95
— 0,70 —	4	20
— 0,75 —	4	50
— 0,80 —	4	80
— 0,85 —	5	10
— 0,90 —	5	40
— 0,95 —	5	65
— 1,00 —	5	90

18. Boulons en fer, à tête d'un bout et pas de vis de l'autre, garni d'écrou. (Voyez le tableau ci-après.)

DÉSIGNATION.	Diamètre.	Longueur.	Poids.	Prix à 2 francs. le kilogramme.		OBSERVATIONS.
	m.	m.	kil.	fr.	c.	
Boulons en tringle de.	0,005	0,10	0,020	»	04	Les têtes des bou-
Pour chaque décimètre en sus.	»	»	0,014	»	03	lons auront la forme
Idem en tringle de.	0,0075	»	0,051	»	10	d'un carré dont le
Pour chaque décimètre en sus.	»	»	0,032	»	06	côté soit égal à deux
Idem en tringle de.	0,010	»	0,103	»	21	fois le diamètre des
Pour chaque décimètre en sus.	»	»	0,057	»	11	boulons; elles auront
Idem en tringle de.	0,0125	»	0,179	»	36	une épaisseur égale
Pour chaque décimètre en sus.	»	»	0,088	»	18	au diamètre; les di-
Idem en tringle de.	0,015	»	0,284	»	57	mensions des écrous
Pour chaque déc.mètre en sus.	»	»	0,127	»	25	seront les mêmes que
Idem en tringle de.	0,0175	»	0,422	»	84	celles des têtes des
Pour chaque décimètre en sus.	»	»	0,173	»	35	boulons.
Idem en tringle de.	0,020	»	0,597	1	19	
Pour chaque décimètre en sus.	»	»	0,226	»	45	
Idem en tringle de.	0,0225	»	0,814	1	63	
Pour chaque décimètre en sus.	»	»	0,287	»	57	
Idem en tringle de.	0,025	»	1,078	2	16	
Pour chaque décimètre en sus.	»	»	0,354	»	71	
Idem en tringle de.	0,0275	»	1,392	2	78	
Pour chaque décimètre en sus.	»	»	0,428	»	86	
Idem en tringle de.	0,0300	»	1,760	3	52	
Pour chaque décimètre en sus.	»	»	0,509	1	02	

2. TABLEAU

indiquant le poids d'un mètre courant de tuyaux de fonte, depuis le diamètre de 0^m,05 jusqu'à celui de 1 mètre.

DIAMÈTRE INTÉRIEUR.	ÉPAISSEUR du TUYAU.	POIDS.	DIAMÈTRE INTÉRIEUR.	ÉPAISSEUR du TUYAU.	POIDS.
m. c.	m.	kil.	m. c.	m.	kil.
0,05	0,01035	14,46	0,40	0,01280	119,64
0,06	0,01042	16,61	0,41	0,01287	123,24
0,07	0,01049	19,12	0,42	0,01294	126,84
0,08	0,01056	21,01	0,43	0,01301	130,52
0,09	0,01063	24,22	0,44	0,01308	134,12
0,10	0,01070	26,82	0,45	0,01315	137,94
0,11	0,01077	29,45	0,46	0,01322	141,69
0,12	0,01084	32,11	0,47	0,01329	145,37
0,13	0,01091	34,81	0,48	0,01336	149,18
0,14	0,01098	37,53	0,49	0,01343	153,08
0,15	0,01105	40,29	0,50	0,01350	156,97
0,16	0,01112	43,08	0,51	0,01357	160,86
0,17	0,01119	45,91	0,52	0,01364	164,80
0,18	0,01126	48,76	0,53	0,01371	168,79
0,19	0,01133	51,65	0,54	0,01378	172,82
0,20	0,01140	54,56	0,55	0,01385	176,79
0,21	0,01147	57,52	0,56	0,01392	180,90
0,22	0,01154	60,50	0,57	0,01399	185, »
0,23	0,01161	63,51	0,58	0,01406	189,11
0,24	0,01168	66,56	0,59	0,01413	193,29
0,25	0,01175	69,63	0,60	0,01420	197,47
0,26	0,01182	72,75	0,61	0,01427	201,65
0,27	0,01189	75,89	0,62	0,01434	205,98
0,28	0,01196	79,06	0,63	0,01441	210,23
0,29	0,01203	82,27	0,64	0,01448	214,62
0,30	0,01210	85,50	0,65	0,01455	218,95
0,31	0,01217	88,78	0,66	0,01462	223,34
0,32	0,01224	92,07	0,67	0,01469	227,67
0,33	0,01231	95,41	0,68	0,01476	232,21
0,34	0,01238	98,78	0,69	0,01483	236,68
0,35	0,01245	102,18	0,70	0,01490	241,22
0,36	0,01252	105,60	0,71	0,01497	245,76
0,37	0,01259	109,11	0,72	0,01504	250,30
0,38	0,01266	112,57	0,73	0,01511	254,91
0,39	0,01273	116,10	0,74	0,01518	259,52

DIAMÈTRE INTÉRIEUR.	ÉPAISSEUR du TUYAU.	POIDS.	DIAMÈTRE INTÉRIEUR.	ÉPAISSEUR du TUYAU.	POIDS.
m. c.	m.	kil.	m. c.	m.	kil.
0,75	0,01525	264,21	0,88	0,01616	327,92
0,76	0,01532	268,89	0,89	0,01623	332,96
0,77	0,01539	273,65	0,90	0,01630	338,22
0,78	0,01546	278,40	0,91	0,01637	343,34
0,79	0,01553	283,24	0,92	0,01644	348,60
0,80	0,01560	288,06	0,93	0,01651	353,86
0,81	0,01567	292,96	0,94	0,01658	359,05
0,82	0,01574	297,87	0,95	0,01665	364,46
0,85	0,01581	302,84	0,96	0,01672	369,72
0,84	0,01588	307,81	0,97	0,01679	375,12
0,85	0,01595	312,71	0,98	0,01686	380,53
0,86	0,01602	317,76	0,99	0,01693	386,01
0,87	0,01609	322,80	1,00	0,01700	391,48

516. Pour déduire de ce tableau le poids des tuyaux de conduite, il faut avoir égard, 1° à leur longueur; 2° à l'emboîtement, dont le diamètre intérieur est de 2 centimètres plus grand que le diamètre extérieur du corps du tuyau ; 3° aux filets ou cordons que l'on place aux deux extrémités du tuyau et sur le milieu de la longueur; 4° aux sur-épaisseurs produites par les défauts de moulage.

Nous avons tenu compte de cette dernière cause d'augmentation en ajoutant un dixième du poids total.

Nous ajouterons également $\frac{1}{10}$ du poids du plomb et de la corde goudronnée qui forment la garniture des joints, à cause des inégalités des surfaces.

5. TABLEAU

servant à évaluer le prix des conduites en fonte, lorsque les joints d'assemblage sont à emboîtement.

Diamètre des tuyaux.	Longueur des tuyaux.	Longueur de l'emboîtement.	Poids d'un tuyau.	Nombre de tuyaux formant cent mètres.	Poids d'un mètre courant de conduite.	Poids de la corde goudronnée,		Poids du plomb,	
						par joint.	par mètre courant.	par joint.	par mètre courant.
m.	m.	m.	k.		k.	k.	k.	k.	k.
0,06	1,60	0,100	50,56	67	30,24	0,18	0,12	1,78	1,19
0,08	2,10	0,105	49,81	50	24,97	0,23	0,12	2,54	1,17
0,108	2,10	0,110	69,34	50	34,84	0,31	0,15	3,06	1,55
0,15	2,70	0,115	120,10	40	46,85	0,41	0,16	4,08	1,63
0,20	2,70	0,120	165,63	40	63,42	0,55	0,22	5,48	2,19
0,25	2,70	0,125	208,54	40	80,99	0,70	0,28	6,95	2,78
0,30	2,70	0,130	255,84	40	99,35	0,85	0,34	8,51	3,40
0,35	2,70	0,135	306,06	40	119,32	1,02	0,41	10,19	4,08
0,40	2,70	0,140	358,15	40	139,90	1,20	0,48	11,96	4,78
0,45	2,70	0,145	412,72	40	161,53	1,38	0,55	13,85	5,53
0,50	2,70	0,150	469,47	40	184,10	1,58	0,63	15,80	6,32
0,55	2,70	0,155	528,59	40	207,70	1,79	0,71	17,86	7,14
0,60	2,70	0,160	590,26	40	252,59	2, »	0,80	20,03	8,01
0,65	2,70	0,165	654,52	40	258,11	2,23	0,89	22,50	8,92
0,70	2,70	0,170	720,75	40	284,87	2,47	0,99	24,67	9,87
0,75	2,70	0,175	789,29	40	312,59	2,71	1,09	27,14	10,86
0,80	2,70	0,180	860,42	40	341,44	2,97	1,19	29,70	11,88
0,85	2,70	0,185	953,91	40	571,55	3,24	1,29	32,36	12,94
0,90	2,70	0,190	1010,00	40	402,59	3,51	1,41	35,12	14,05
0,95	2,70	0,195	1088,24	40	434,43	3,80	1,52	58, »	15,20
1,00	2,70	0,200	1169,97	40	467,99	4,10	1,64	40,95	16,58

4. TABLEAU

servant à évaluer le prix des conduites en fonte, lorsque les joints d'asssemblage sont à brides.

Diamètre des tuyaux.	Poids par mètre courant.	Nombre de joints par cent mètres.	DANS CHAQUE JOINT IL ENTRERA							
			UNE RONDELLE EN PLOMB.			Cuirs gras.	BOULONS.			
			Diamètre extérieur.	Épaisseur.	Poids.		Nombre.	Diamètre.	Longueur.	Poids d'un boulon.
m.	kil.		m.	m.	kil.			m.	m.	kil.
0,06	20,24	67	0,110	0,007	0,53	2	3	0,10	0,0100	0,020
0,081	24,97	50	0,140	0,007	0,82	2	3	0,11	0,0125	0,188
0,108	34,84	50	0,180	0,010	1,81	2	3	0,11	0,0125	0,188
0,15	46,85	40	0,23	0,011	2,98	2	4	0,12	0,0150	0,309
0,20	63,42	40	0,28	0,012	4,10	2	4	0,12	0,0150	0,309
0,25	80,99	40	0,33	0,013	5,58	2	6	0,13	0,0175	0,474
0,30	99,55	40	0,39	0,014	7,75	2	6	0,13	0,0175	0,474
0,35	119,32	40	0,44	0,015	9,51	2	8	0,14	0,0200	0,687
0,40	139,90	40	0,49	0,015	10,71	2	8	0,14	0,0200	0,687
0,45	161,53	40	0,54	0,015	11,92	2	10	0,15	0,0225	0,958
0,50	184,10	40	0,59	0,015	13,12	2	10	0,15	0,0225	0,958
0,55	207,70	40	0,64	0,015	14,32	2	10	0,15	0,0225	0,958
0,60	232,39	40	0,69	0,015	15,53	2	12	0,16	0,0250	1,290
0,65	258,11	40	0,74	0,015	16,73	2	12	0,16	0,0250	1,290
0,70	284,87	40	0,79	0,015	17,94	2	12	0,16	0,0250	1,290
0,75	312,59	40	0,84	0,015	19,14	2	14	0,17	0,0275	1,692
0,80	341,44	40	0,89	0,015	20,34	2	14	0,17	0,0275	1,692
0,85	371,35	40	0,94	0,015	21,55	2	14	0,17	0,0275	1,692
0,90	402,39	40	0,99	0,015	22,75	2	16	0,18	0,0300	2,167
0,95	434,43	40	1,04	0,015	23,98	2	16	0,18	0,0300	2,167
1,00	467,99	40	1,09	0,015	25,16	2	16	0,18	0,0300	2,167

5. TABLEAU

indiquant les prix des mains-d'œuvre à exécuter pour l'établissement des conduites en fonte.

DÉSIGNATION des OUVRAGES.	PRIX POUR CENT MÈTRES DE LONGUEUR DE CONDUITE, AYANT DE DIAMÈTRE INTÉRIEUR																							
	0^m,06		0^m,081		0^m,108		0^m,15		0^m,20		0^m,25		0^m,30		0^m,35		0^m,40		0^m,45		0^m,50		0^m,65	
	fr.	c.	fr.	c.	fr.	c.	fr.	c.	fr.	c.	fr.	c.	fr.	c.	fr.	c.	fr.	c.	fr.	c.	fr.	c.	fr.	c.
1. Déblocage et reblocage du pavé, à 0 fr. 50 c. le mètre superficiel.	50	»	52	25	55	»	57	60	61	»	63	50	66	»	68	50	72	10	74	50	77	50	85	50
2. Fouille et jet sur berge de la terre de la tranchée, y compris chambres, éboulis, etc., à 0 fr. 65 c. le mètre cube.	56	55	56	55	56	55	64	51	72	80	82	06	92	95	104	16	115	70	127	56	139	75	172	41
3. Plus valeur pour les difficultés des chambres, à 0 fr. 20 c. par chambre.	13	40	10	»	10	»	8	»	8	»	8	»	8	»	8	»	8	»	8	»	8	»	8	»
4. Régalage du fond de la tranchée, à 0 fr. 05 c. le mètre superficiel.	3	50	3	50	3	50	3	75	4	»	4	25	4	50	4	75	5	»	5	25	5	50	6	25
5. Transport aux décharges publiques des remblais excédants, à 2 fr. 75 c. le mètre cube.	11	»	13	75	15	75	20	32	26	62	34	29	43	48	53	54	65	15	77	99	91	63	139	29
6. Remblais et pilonage des terres dans la tranchée, à 0 fr. 50 c. le mètre cube.	24	38	24	38	24	38	27	56	30	70	34	13	38	16	42	25	46	29	50	37	54	50	64	38
7. Essai des tuyaux sous une colonne de 100 mètres, à 3 fr. 50 c. les 1000 kilogrammes.	7	08	8	74	12	19	16	40	22	20	28	55	34	84	41	76	48	97	56	54	64	44	90	34
A reporter.	165	91	169	17	177	55	198	14	225	52	254	58	287	95	322	94	361	21	400	21	441	32	566	17

DÉSIGNATION des OUVRAGES.	PRIX POUR CENT MÈTRES DE LONGUEUR DE CONDUITE, AYANT DE DIAMÈTRE INTÉRIEUR																							
	0m,06		0m,081		0m,108		0m,15		0m,20		0m,25		0m,30		0m,35		0m,40		0m,45		0m,50		0m,65	
	fr.	c.	fr.	c.	fr.	c.	fr.	c.	fr.	c.	fr.	c.	fr.	c.	fr.	c.	fr.	c.	fr.	c.	fr.	c.	fr.	c.
Report.	165	91	169	17	177	55	198	14	225	32	254	58	287	93	322	94	361	21	400	21	441	32	566	17
8. Transport à cause de l'essai des tuyaux, charge, décharge, calage avec des meulières fournies exprès, et responsabilité des avaries, à 4 fr. les 1000 kilogrammes.	8	10	9	99	13	94	18	74	25	37	32	40	39	82	47	73	55	96	64	61	75	64	103	24
9. Bardage, descente dans la tranchée, mise en place et responsabilité des avaries, à 7 fr. les 1000 kilogrammes.	14	17	17	48	24	39	32	80	44	39	56	69	69	69	85	52	97	93	115	07	128	87	180	68
10. Façon des joints, épreuve par la mise en charge de la conduite, responsabilité de la casse de l'emboîtement, et garantie pendant un an, estimés moitié de la mise en place.	7	08	8	74	12	19	16	40	22	20	28	35	34	84	41	76	48	97	56	54	64	44	90	34
11. Barrières, étrésillonnements et ponts de service.	8	»	9	»	10	»	15	»	20	»	25	»	30	»	35	»	40	»	45	»	50	»	60	»
12. Épuisement des eaux des pluies et de celles qui sortent des maisons particulières.	8	»	9	»	10	»	11	»	12	»	13	»	14	»	15	»	16	»	17	»	18	»	20	»
13. Gardiens invalides et éclairage.	40	»	45	»	50	»	55	»	60	»	65	»	70	»	75	»	80	»	85	»	90	»	100	»
14. Pavage, à 2 fr. 55 c. le mètre superficiel.	255	»	267	75	344	25	357	»	374	85	387	60	400	35	413	10	430	95	443	70	456	45	499	80
Prix pour 100 mètres. . . .	506	26	536	15	642	12	704	08	784	13	862	62	946	63	1034	05	1131	02	1225	13	1322	72	1620	23

6. TABLEAU

indiquant les prix des conduites de fonte.

1° LORSQUE LES JOINTS D'ASSEMBLAGE SONT A EMBOÎTEMENT.

PRIX PAR MÈTRE COURANT DE CONDUITE, AYANT DE DIAMÈTRE INTÉRIEUR

DÉSIGNATION des OUVRAGES.	0m,06	0m,081	0m,108	0m,15	0m,20	0m,25	0m,30	0m,35	0m,40	0m,45	0m,50	0m,65
	fr. c.	fr. c.	fr. c.	fr. c.	fr. c.	fr. c.	fr. c.	fr. c.	fr. c.	fr. c.	fr. c.	fr. c.
Main-d'œuvre, d'après le tableau n° 5.	5 06	5 56	6 42	7 04	7 84	8 65	9 47	10 54	11 51	12 25	13 25	16 20
Fonte, d'après le tableau n° 3, à 40 fr. les 100 kilogrammes.	8 10	9 99	13 94	18 74	25 57	32 40	39 82	47 75	55 96	64 61	75 64	105 24
Plomb, d'après le tableau n° 3, à 1 fr. le kilogramme.	1 19	1 17	1 55	1 65	2 19	2 78	3 40	4 08	4 78	5 55	6 52	8 92
Corde goudronnée, d'après le tableau n° 3, à 1 fr. le kilogramme.	» 12	» 12	» 15	» 16	» 22	» 28	» 34	» 41	» 48	» 55	» 65	» 89
Total par mètre courant.	14 47	16 64	22 04	27 57	33 62	44 09	53 03	62 56	72 55	82 94	95 82	129 25
2° LORSQUE LES JOINTS D'ASSEMBLAGE SONT A BRIDES.												
Main-d'œuvre, d'après le tableau n° 5.	5 06	5 56	6 42	7 04	7 84	8 65	9 47	10 54	11 51	12 25	13 25	16 20
Fonte, d'après le tableau n° 4, à 40 fr. les 100 kilogrammes.	8 10	9 99	13 94	18 74	25 57	32 40	39 82	47 75	55 96	64 61	75 64	105 24
Rondelle en plomb, d'après le tableau n° 4, à 0 fr. 80 c. le kilogramme.	» 42	» 66	1 45	2 58	3 28	4 30	6 20	7 61	8 57	9 54	10 50	15 58
Deux cuirs gras, d'après les tableaux n°s 1 et 4.	» 60	» 90	1 50	1 90	2 40	2 90	3 90	4 50	5 »	5 60	6 20	7 90
Boulons, d'après le tableau n° 4, à 2 fr. le kilogramme.	» 12	1 15	1 13	2 47	2 47	5 69	5 69	10 99	10 99	19 16	19 16	50 96
Total par mètre courant.	14 50	18 04	24 24	32 53	41 56	53 92	65 68	81 17	91 85	111 16	122 75	171 68

7. TABLEAU

indiquant le poids d'un mètre courant de tuyaux de plomb, depuis le diamètre de $0^m,01$ jusqu'à celui de $0^m,50$.

DIAMÈTRE INTÉRIEUR.	ÉPAISSEUR du TUYAU.	POIDS.	DIAMÈTRE INTÉRIEUR.	ÉPAISSEUR du TUYAU.	POIDS.
m.	m.	kil.	m.	m.	kil.
0,01	0,0050	2,67	0,26	0,0175	173,19
0,02	0,0055	5, »	0,27	0,0180	184,89
0,03	0,0060	7,70	0,28	0,0185	196,95
0,04	0,0065	10,78	0,29	0,0190	209,38
0,05	0,0070	14,23	0,30	0,0195	222,19
0,06	0,0075	18,05	0,31	0,0200	235,37
0,07	0,0080	22,25	0,32	0,0205	248,94
0,08	0,0085	26,83	0,33	0,0210	262,91
0,09	0,0090	31,78	0,34	0,0215	277,19
0,10	0,0095	37,10	0,35	0,0220	291,84
0,11	0,0100	42,79	0,36	0,0225	306,98
0,12	0,0105	48,86	0,37	0,0230	322,40
0,13	0,0110	55,32	0,38	0,0235	238,18
0,14	0,0115	62,13	0,39	0,0240	354,41
0,15	0,0120	69,33	0,40	0,0245	370,87
0,16	0,0125	76,89	0,41	0,0250	387,78
0,17	0,0130	84,84	0,42	0,0255	405,04
0,18	0,0135	93,16	0,43	0,0260	422,86
0,19	0,0140	101,86	0,44	0,0265	440,80
0,20	0,0145	110,92	0,45	0,0270	459,30
0,21	0,0150	120,36	0,46	0,0275	478,15
0,22	0,0155	130,18	0,47	0,0280	497,22
0,23	0,0160	147,37	0,48	0,0285	516,74
0,24	0,0165	150,94	0,49	0,0290	536,72
0,25	0,0170	161,87	0,50	0,0295	557,04

317. Pour établir le prix des conduites en plomb, il faut avoir égard, 1° au poids du plomb; 2° au poids de la soudure employée à la boutique, si les tuyaux sont soudés de long; 3° au poids de la soudure qui entre dans les nœuds d'assemblage.

Lorsque le diamètre des tuyaux est de plus de 32 centimètres, on les réunit au moyen de brides mobiles en fer qui glissent sur le corps du tuyau qu'elles embrassent. Pour cela, on forme un rebord à l'extrémité de chaque tuyau et l'on pose bout à bout les deux tuyaux contigus, en laissant entre eux un intervalle pour recevoir une rondelle de cuir gras.

Les boulons étant introduits dans les trous correspondants des brides mobiles qui s'appliquent contre les rebords ou collets, on serre graduellement les écrous les uns après les autres, et à diverses reprises, jusqu'à ce que la rondelle de cuir gras remplisse toutes les irrégularités de la surface des rebords. Dans ce cas, pour établir le prix des joints, il faut évaluer le poids des brides, des boulons et du cuir gras.

Le tableau suivant renferme tous ces éléments pour les conduites de différents diamètres.

8. TABLEAU

servant à évaluer le prix des conduites en plomb, lorsque les joints d'assemblage sont formés par des nœuds de soudure ou par des brides mobiles.

DIAMÈTRE des tuyaux.	POIDS PAR MÈTRE COURANT.		Nombre de nœuds ou de joints par cent mètres.	Poids de la soudure pour un nœud.	BRIDES MOBILES.		BOULONS.		Nombre de cuirs gras.	OBSERVATIONS.
	Plomb.	Soudure.			Nombre par joint.	Poids d'une bride.	Nombre par joint.	Poids d'un boulon.		
m.	k.	k.		k.		k.		k.		
0,01	2,67	»	25	1,00	»	»	»	»	»	
0,02	5,00	»	25	1,20	»	»	»	»	»	
0,03	7,70	»	25	1,50	»	»	»	»	»	
0,04	10,78	»	25	1,90	»	»	»	»	»	
0,05	14,23	»	25	2,40	»	»	»	»	»	
0,06	18,05	»	25	3,00	2	0,50	3	0,020	1	Pour les diamètres de 0^m,06 à 0^m,50, on peut assembler les tuyaux, ou par des nœuds de soudure, ou par des brides mobiles.
0,081	26,83	»	25	4,50	2	0,76	3	0,188	1	
0,108	42,79	»	25	6,00	2	1,09	3	0,188	1	
0,15	65,33	6,00	25	8,00	2	1,80	4	0,309	1	
0,20	103,42	7,50	25	13,00	2	2,69	4	0,309	1	
0,25	152,57	9,50	25	18,00	2	3,79	6	0,474	1	
0,30	210,19	12,00	25	14,00	2	5,12	6	0,474	1	
0,35	276,84	15,00	25	»	2	6,68	8	0,687	1	
0,40	352,87	18,00	25	»	2	8,51	8	0,687	1	
0,45	458,30	21,00	25	»	2	10,63	10	0,958	1	
0,50	535,04	24,00	25	»	2	13,05	10	0,958	1	

318. Il sera facile, d'après l'inspection des tableaux qui précèdent, d'établir le prix des différentes espèces de conduites ; mais pour mettre chacun à même de faire la comparaison entre ces prix, nous présenterons en parallèle les devis estimatifs d'une conduite d'eau à établir suivant chacun des modes que nous venons d'indiquer, en supposant que l'on fait abstraction des dépenses mentionnées dans les articles 1, 5, 11, 12, 13 et 14 du tableau n° 5, parce qu'elles s'appliquent plus particulièrement aux distributions faites dans les villes populeuses, comme Paris.

PREMIER MODE.

TUYAUX DE FONTE DE 108 MILLIMÈTRES DE DIAMÈTRE INTÉRIEUR.

Les tuyaux sont d'un seul modèle et de la forme de ceux dessinés (pl. XIV, fig. 11 e 12) ; l'emboîtement a 10 centimètres de profondeur, et $0^m,150$ de largeur. L'épaisseur est de $0^m,011$; l'intervalle entre le tuyau mâle et le tuyau femelle est rempli, moitié en corde goudronnée, mattée avec soin, moitié en plomb coulé également matté.

Chaque tuyau, compris l'emboîtement, a $2^m,10$ de longueur, et peut peser $69^{kil},34$.

DÉTAIL DU PRIX POUR 100 MÈTRES DE LONGUEUR DE CONDUITE.

1° MAIN-D'ŒUVRE.

Terrassements.	94 fr.	45 c.
7. Essai des tuyaux, à 3 fr. 50 c. les 1000 kilogrammes.	12	10
8. Transport, charge, décharge et calage, à 4 fr. les 1000 kilogrammes.	13	94
9. Bardage et mise en place, à 7 fr. les 1000 kilogrammes.	24	39
10. Façon des joints, épreuve et garantie.	12	19

2° FOURNITURES.

3484 kilogrammes de fonte, à 40 fr. les 100 kilogrammes.	1394	»
153 kilogrammes de plomb pour les joints, à 1 fr.	153	»
15 kilogrammes de corde goudronnée, à 1 fr.	15	»
Total pour 100 mètres.	1719	14
Et pour 1 mètre.	17	19

DEUXIÈME MODE.

TUYAUX EN PLOMB DE 108 MILLIMÈTRES DE DIAMÈTRE INTÉRIEUR.

Les tuyaux de plomb ont 4 mètres de longueur et 1 centimètre d'épaisseur ; ils peuvent peser chacun $171^{kil},16^c$.

Les tuyaux sont réunis par un nœud de soudure.

DÉTAIL DU PRIX POUR 100 MÈTRES DE LONGUEUR DE CONDUITE.

1° MAIN-D'ŒUVRE.

Terrassements. . . . . 94 fr. 13 c.
7. Essai des tuyaux, à 3 fr. 50 c. les 1000 kilogrammes. . .   14   98
8. Transport, charge et décharge, à 4 fr. les 1000 kilogram.   17   12
9. Bardage et mise en place, à 7 fr. les 1000 kilogrammes. .   29   95
10. Façon des joints , épreuve et garantie.   12   19

2° FOURNITURES.

4279 kilogrammes de plomb , à 0 fr. 80 c. 3423   20
150 kilogrammes de soudure pour 25 joints , à 2 fr. 50 c.   375   »

Total pour 100 mètres. . . . 3966   87

Et pour 1 mètre.   39   67

TROISIÈME MODE.

TUYAUX EN BOIS DE 108 MILLIMÈTRES DE DIAMÈTRE INTÉRIEUR.

Les tuyaux seront en bois , et on leur donnera 0^m,20 d'équarrissage.
La longueur du tuyau compris le joint sera de 4 mètres, et non compris
le joint de 3^m,80^c.

Le mètre courant de bois de 0^m,20 équarri cube, ci. . . .   0,04
Chaque tuyau.   0,16
Pour 100 mètres de longueur il faudra 26,32 tuyaux. Ce
qui fait un cube de 4^m,21^c et un poids de. . . . . 3915^k, »

DÉTAIL DU PRIX POUR 100 MÈTRES DE LONGUEUR DE CONDUITE.

1° MAIN-D'ŒUVRE.

Terrassements. . . . . 94 fr. 43 c.
7. Essai des tuyaux.   13   70
8. Transport, charge et décharge.   15   66
9. Bardage et mise en place.   27   40
10. Façon des joints, calfatage et pose de 26, à 0 fr. 50 c. .   13   »
Évidement de tuyaux, 105 mètres, à 0 fr. 50 c.   52   50
Ajustage des bouts, 52 , à 0 fr. 20 c.   10   40

2° FOURNITURES.

Bois équarris, à pied-d'œuvre, à 100 fr.   421   »
26 frettes de fer, à 1 fr. 10 c.   28   60

Total pour 100 mètres . . . 676   69

Et pour 1 mètre.   6   77

QUATRIÈME MODE.

TUYAUX DE POTERIE REVÊTUS DE MAÇONNERIE.

Les tuyaux sont en terre cuite de tuileaux, posés bout à bout et enve‑
loppés d'une bonne maçonnerie de mortier hydraulique. Les tuyaux de
poterie n'ont pour objet que de revêtir l'intérieur de la conduite et d'évi‑
ter les aspérités qui nuiraient au cours de l'eau.

L'épaisseur à donner au massif sera de $0^m,80^c$; ce qui donne par mètre
courant un cube de $0^{mc},64$.

DÉTAIL DU PRIX POUR 100 MÈTRES DE LONGUEUR DE CONDUITE.

Terrassements.	94 fr. 43 c.
100 tuyaux de poterie, de 108 millimètres de diamètre,	
à 0 fr. 50 c..	50 »
64 mètres cubes de maçonnerie en mortier hydraulique,	
à 22 fr. 70 c.	1452 80
Total pour 100 mètres. . . .	1597 23
Et pour 1 mètre.	15 97

CINQUIÈME MODE.

TUYAUX EN PIERRE ARTIFICIELLE OU FACTICE.

Nous prendrons pour exemple une conduite posée à Paris en 1817 et
composée de tuyaux envoyés par madame veuve Fleuret.

Les tuyaux avaient 108 millimètres de diamètre, $1^m,25^c$ de longueur y
compris l'emboîtement, et $0^m,21^c$ de largeur et de hauteur mesurée exté‑
rieurement. Chaque tuyau pesait 68 kilogrammes.

DÉTAIL DU PRIX POUR 100 MÈTRES DE LONGUEUR DE CONDUITE.

100 tuyaux formant 115 mètres, à 6 fr. le mètre. . . .	690 fr. » c.
Transport de Pont-à-Mousson à Paris, à 5 fr. 75 c. . . , .	661 25
Essai des tuyaux.	27 37
Transport, charge et décharge.	31 28
Bardage et mise en place.	54 74
Façon des joints, etc., 100, à 0 fr. 50 c.	50 »
Terrassements.	94 43
Total pour 100 mètres. . . .	1609 09
Et pour 1 mètre.	16 09

RÉCAPITULATION DU PRIX DU MÈTRE COURANT DE CHACUNE DES CINQ ESPÈCES
DES CONDUITES CI-DESSUS.

En fonte. . . . . 17 fr. 19 c.
En plomb. 39   67
En bois.   6   77
En poterie. 15   97
En pierre artificielle. 16   09

On doit en conclure naturellement que les conduites en fonte sont celles qui offrent le plus d'avantages, si l'on fait entrer surtout en considération la durée du métal, la facilité de remplacer les tuyaux, de faire les prises d'eau, etc.

319. L'objet que l'on se propose en employant les robinets, c'est de se rendre maître du cours de l'eau, et de procurer au besoin l'évacuation de celle qui serait contenue dans toute la longueur ou sur une portion seulement d'une conduite, afin de procéder aux réparations des dégradations qui peuvent survenir, ou de pourvoir momentanément à des services extraordinaires.

On sent d'après cela qu'on ne saurait trop multiplier les robinets. On les distingue, suivant les fonctions qu'ils ont à remplir, en robinets d'*arrêt* et robinets de *décharge*.

On ne peut pas mettre moins de deux robinets d'*arrêt* sur une conduite, le premier immédiatement au-dessous de la *prise d'eau*, qui établit ou intercepte, à volonté, la communication entre le réservoir et la conduite ; le second au-dessus du château d'eau ou de la fontaine à laquelle la conduite devra se terminer.

Comme aussi on ne peut pas mettre moins d'un robinet de décharge dans la partie la plus basse de la conduite, pour ouvrir ou fermer une communication de l'intérieur à l'extérieur, et procurer au besoin l'évacuation des eaux qui y seraient contenues. Si la conduite a plusieurs inflexions dans le sens vertical, on conçoit qu'il faudra placer, autant qu'il sera possible, un robinet à chaque pli inférieur. On profite, pour donner un écoulement aux eaux, de tous les égoûts que l'on rencontre ; et s'il n'en existe pas dans les points convenables, on construit des puisards où l'eau se rassemble et s'infiltre dans les terres.

320. Les conditions auxquelles il faut satisfaire dans l'établissement des robinets sont :

1° Que l'œil soit précisément de même diamètre que l'intérieur de la conduite, afin que la vitesse de l'eau, en le traversant, n'éprouve aucune altération ;

2° Que la fermeture s'opère lentement, afin que l'eau qui est renfermée dans la conduite ne puisse pas réagir sur les tuyaux et en opérer la rupture.

3° Qu'ils ferment hermétiquement pour ne laisser aucune issue à l'eau.

321. Plus la grosseur des robinets augmente, et plus il devient difficile de satisfaire à ces différentes conditions.

322. On a employé d'abord les robinets *coniques* dont la manœuvre s'opère à l'aide d'un levier. Chacun de ces robinets est composé d'une *clef* et d'un *boisseau* dans lequel elle est reçue (pl. XVI, fig. 1 et 2).

La clef présente la forme d'un cône tronqué surmonté, sur les deux plans qui le terminent, par un axe carré. L'axe supérieur est percé d'un trou destiné à recevoir le bout du levier au moyen duquel s'opère le mouvement ; l'axe inférieur est également percé d'un trou destiné à recevoir une clavette qui tend à rendre plus intime le contact de la clef et du boisseau et à s'opposer à toute fuite. Le cône tronqué est pénétré perpendiculairement à son axe, par un cylindre dont le diamètre est égal à celui de la conduite, et cet évidement forme l'œil de la clef.

Le boisseau offre en creux le cône tronqué que la clef présente en relief. Il est érigé perpendiculairement sur un bout de tuyau, avec lequel il fait corps, de même diamètre que la conduite, et qui porte à chacune de ses extrémités des brides en saillie, au moyen desquelles il est fixé à cette conduite. Une platine circulaire se place au-dessous du boisseau, et c'est en réagissant sur elle que la clavette opère le contact des surfaces.

On ne se sert de ces robinets que sur les petites conduites ; mais lorsque les diamètres sont de plus de 15 à 16 centimètres, le mouvement est difficile et les fuites fréquentes. M. Girard y a apporté des modifications pour l'appliquer aux conduites de 25 centimètres de diamètre (pl. XVI, fig. 3 et 4).

Elles consistent principalement à placer deux platines, l'une au-dessus, l'autre au-dessous du boisseau, fixées chacune au moyen de six vis

contre les extrémités inférieure et supérieure du boisseau, qui se retournent carrément sur la surface extérieure, et forment une espèce de
collet garni de six oreillons ;

A remplacer la clavette par deux vis de pression qui ont pour
objet de fixer la clef du robinet dans une position déterminée, et servent à l'enfoncer dans le boisseau ou à l'en retirer, suivant le besoin du
service ;

A substituer aux leviers que l'on emploie ordinairement à la manœuvre du robinet, un engrenage composé d'une roue dentée, ayant
le même centre que la clef du robinet, et d'un pignon dont l'axe porte
une manivelle à l'aide de laquelle la manœuvre se trouve naturellement régularisée.

Ces robinets sont très chers à cause de leur poids, et malgré toutes ces
améliorations, ils ne ferment qu'imparfaitement et sont sujets à beaucoup de réparations.

523. M. Egault leur en a substitué un autre auquel il donne le nom
de *robinet-coin* (pl. XVII).

Dans ce robinet, la clef, au lieu de tourner dans le boisseau, s'élève et
descend au moyen d'une vis qui la pénètre en glissant dans deux coulisses. La même force sert à la manœuvre proprement dite du robinet et à
opérer le contact immédiat des surfaces, c'est-à-dire qu'elle remplace
les leviers et roues d'engrenage d'une part, et de l'autre les clavettes et
vis de pression. Mais le point d'appui de cette force, la réaction qu'elle
produit, se manifestent sur le coffre en fonte du boisseau, et l'on a reconnu
la nécessité, pour empêcher les brides de casser, de relier les parties inférieures et supérieures par de forts boulons. Ce n'est qu'au moyen d'un
grand effort qu'on parvient à fermer hermétiquement ce robinet.

Un autre inconvénient, c'est qu'on ne peut sceller le boisseau dans le
coffre en fonte qu'au moyen de plomb coulé, de manière que l'eau s'introduit facilement dans la partie supérieure du coffre et passe même d'un
côté à l'autre du tuyau.

Au reste, comme on peut évider la clef, le poids de la matière et par
conséquent le prix diminuent beaucoup, et l'on doit préférer ce robinet
à celui de M. Girard, surtout lorsque le diamètre est considérable.

524. Enfin les Anglais emploient un *robinet à vanne* (pl. XVIII), dans
lequel on a supprimé le boisseau. La clef remplit la fonction d'une vanne

et intercepte l'écoulement en s'appliquant contre le tuyau : ce robinet est encore plus économique que le précédent. Il avait paru d'abord en France d'un mauvais service, mais M. Mallet en a fait exécuter qui ont parfaitement réussi, et ce sont ceux de cette espèce qu'on emploie maintenant.

L'eau agissant elle-même contre la vanne, opère, par la pression qu'elle exerce, le contact des surfaces et rend le robinet parfaitement étanche. Pour rendre ce contact plus intime, l'écrou, qui par son mouvement ascensionnel force la vanne à s'élever, ne fait pas corps avec cette vanne et lui permet un mouvement horizontal dont le jeu, quoique très petit, est néanmoins suffisant pour empêcher toute déformation. Dans l'établissement du premier robinet on n'avait pas eu égard à cette circonstance essentielle et sans laquelle on ne peut obtenir une fermeture exacte.

325. Nous terminerons cet article, ainsi que nous l'avons fait pour l'établissement des conduites, par réunir dans un tableau les prix de ces différents robinets, en supposant que le diamètre varie de grosseur.

TABLEAU

indiquant les prix des différentes espèces de robinets.

DÉSIGNATION.	PRIX.		OBSERVATIONS.
1. ROBINETS CONIQUES EN CUIVRE.			
Robinet à tête, de 0^m,0135, pesant environ 1 kilogramme. .	7 fr.	»	Les différents robinets dont nous indiquons le poids et le prix, ont été employés dans la distribution des eaux de Paris.
Id., de 0^m,02, pesant environ 1^k,50.	10	»	
Id., de 0^m,027, pesant environ 2 kilogrammes.	13	50	
Robinet de 0^m,054, à tête carrée, boisseau à heurtoir, pesant 4 à 5 kilogrammes.	28	»	
Robinet d'arrêt, de 0^m,054, pesant 24 kilogrammes.	144	»	
Id. — 0^m,081, — 36 kilogrammes.	216	»	
Id. — 0^m,108, — 92 kilogrammes.	552	»	
Id. — 0^m,14, — 140 kilogrammes.	820	»	
Robinet d'arrêt, de 0^m,25, à engrenage, du poids total de 671 kilogrammes, dont : En cuivre. . . . . 562 kilog. En fer. . . . . . . 82 En plomb. 17	4520	20	
2. ROBINETS A COIN.			
Robinet d'arrêt, de 0^m,25, du poids total de 604$^{kil.}$,40, dont : En fonte. . . . 377 kilog. En fer. . . . . 33 En cuivre. . . 149 En plomb. . . 45	1495	15	
3. ROBINETS A VANNE.			
Robinet de 0^m,108 de diamètre.	400	50	Ces robinets ont été fabriqués dans les ateliers de MM. Manby et Wilson, situés à Charenton, près Paris.
Id. — 0^m,14 —	517	50	
Id. — 0^m,162 —	598	50	
Id. — 0^m,25 —	1027	»	
Dans le cas où il s'agirait d'une grande fourniture, et où, par conséquent, les frais de modèles seraient peu considérables, les prix pourraient être fixés ainsi qu'il suit :			
Robinet à vanne, de 0^m,108 de diamètre.	300	»	
Id. — 0^m,14 —	400	»	
Id. — 0^m,16 —	450	»	
Id. — 0^m,20 —	550	»	
Id. — 0^m,25 —	700	»	
Id. — 0^m,30 —	900	»	
Id. — 0^m,35 —	1200	»	
Id. — 0^m,40 —	1500	»	
Id. — 0^m,50 —	2400	»	
Id. — 0^m,65 —	3600	»	
Id. — 1^m,00 —	9000	»	

326. Lorsque les conduites présentent des inflexions dans le sens ver- tical, l'air qui y est contenu à l'instant où on les met en charge, se porte au sommet de ces inflexions; et si le volume de cet air est assez considérable, il peut arriver qu'il occupe toute la capacité de la conduite et s'y trouve comprimé de manière que la pression due à la charge d'eau ne soit pas assez forte pour surmonter la force d'élasticité de l'air; alors l'écoulement est suspendu. En général la présence de l'air dans une conduite gêne le mouvement de l'eau et diminue le produit de l'écoulement; il est donc important d'avoir un moyen de le faire sortir.

327. L'on emploie en Italie les constructions dites *sfiatatore*, qui ne sont autre chose que des espèces de cheminées placées sur le sommet des inflexions, et dont l'extrémité supérieure s'élève jusqu'au niveau de la source.

Ce moyen, tout simple qu'il est, présente de si grands embarras, surtout dans l'intérieur d'une ville, lorsque les sinuosités se multiplient et que le réservoir de prise d'eau est très élevé par rapport au coude de la conduite qu'il s'agit d'évacuer, qu'il a reçu peu d'application.

328. On se sert à Paris, ou d'un robinet (pl. XIX, fig. 2) qu'on laisse ouvert pendant que l'on met l'eau dans la conduite, jusqu'à ce que l'air se soit échappé et que l'eau commence à jaillir; ou d'une soupape (pl. XIX, fig. 3, 4 et 5) tellement disposée qu'elle puisse laisser l'air s'échapper librement et se fermer d'elle-même lorsque l'eau vient prendre sa place et remplir la capacité du tuyau.

329. Voici la description que M. Girard a donnée de cette dernière espèce de ventouse, dont l'idée est due à M. le chevalier de Bettancourt (1).

Elle est composée d'un vase cylindrique en fonte de cuivre de 20 centimètres de diamètre extérieur et de 35 centimètres de hauteur, communiquant avec le tuyau de conduite par un cylindre vertical de 10 centimètres de diamètre, boulonné sur une tubulure.

Ce vase porte intérieurement deux traverses percées chacune d'un

---

(ı) *Recherches sur les eaux publiques de Paris*, page ı68; *Description générale des différents ouvrages à exécuter pour la distribution des eaux du canal de l'Ourcq dans l'intérieur de Paris*, page ıa5.

trou dans lequel coule librement une tige de métal formant l'axe matériel d'un globe creux de laiton destiné à servir de flotteur.

Cet axe du flotteur est terminé à son extrémité supérieure par une
portion de cône, laquelle sert d'obturateur à un orifice de même forme
pratiqué dans le fond horizontal du vase cylindrique ou boite de la ventouse, lorsque le flotteur y est soutenu par l'action de l'eau dont elle est
remplie.

Lorsque l'air de la conduite a pénétré dans la boîte de la ventouse et
y a acquis assez de densité pour faire descendre convenablement le niveau de l'eau, le flotteur s'abaisse avec le fluide, entraine l'obturateur
que porte son axe, et laisse ouvert l'orifice de la ventouse par lequel l'air
qu'elle contient s'échappe graduellement.

330. L'eau pesant sous le même volume à $+$ 4° et à $0^m,76,770$ fois
plus que l'air, il s'ensuit que quelle que soit la densité de l'air dans la
ventouse, elle ne peut jamais être telle que le poids du volume déplacé
par le globe soit égal à celui d'un même volume du liquide ; par conséquent, si le niveau de l'eau baisse et qu'une partie du globe surnage, le
poids du flotteur augmente, ce qui détermine son abaissement et l'ouverture de la soupape supérieure.

Il n'y a que l'action de l'air comprimé contre la partie inférieure de
l'obturateur qui s'oppose à ce mouvement, mais elle est trop faible pour
pouvoir détruire l'effet dû à l'abaissement du niveau de l'eau.

Ce moyen de se débarrasser de l'air a l'avantage de n'exiger aucune
surveillance.

La dépense pour une ventouse est de 325 francs.

331. Il est probable qu'on a senti depuis long-temps qu'il ne suffisait
pas, pour que l'eau coulât dans une conduite, que l'orifice d'arrivée fût
plus bas que l'orifice de départ ; mais on n'en a trouvé la véritable explication que long-temps après la découverte de la pesanteur de l'air.
M. Couplet est, je crois, le premier qui, dans un mémoire sur le mouvement des eaux, publié en 1752, ait montré que dans les conduites qui
ont des pentes et des contrepentes, l'air se réunit dans les parties supérieures, diminue le produit de l'écoulement, et peut dans certaines circonstances l'intercepter entièrement. Voici ce qu'on lit dans l'histoire de
l'Académie des sciences.

» M. Couplet a vu qu'en lâchant l'eau à l'embouchure d'une conduite,

» il se passait près de dix jours avant qu'il en parût une goutte à son bout
» de sortie. Dans la conduite des eaux qui vont à Versailles, on remédia
» à cet inconvénient en mettant aux angles les plus élevés des *ventouses*.
» Après cela, l'eau venait au bout de douze heures, précédée de bouffées
» de vent, de flocons d'air et d'eau, de filets d'eau interrompus, et tout
» cela prenait presque la moitié des douze heures d'attente. »

332. Cette remarque, quoique très importante, frappa peu les esprits,
et M. de Parcieux pensa qu'un mémoire plus détaillé sur cet objet pourrait être utile. Il le publia en 1750.

L'auteur y montre comment l'air peut se disposer avec l'eau dans une
conduite ; dans quel cas la présence de cet air intercepte l'écoulement
de l'eau, ou en gêne simplement le mouvement : il y combat l'opinion
que l'air contenu dans une conduite n'a pour résultat que d'augmenter
la pression dans les parties où il est renfermé, et qu'on peut suppléer
aux ventouses en donnant plus d'épaisseur aux parois des tuyaux dans
les inflexions, ou en augmentant la charge motrice, etc.

III. DÉGORGEMENT.

333. Les eaux d'une conduite peuvent être versées dans un réservoir
pour y rester en réserve ou servir à de nouvelles distributions.

Elles peuvent alimenter des fontaines monumentales pour l'embellissement des places et des promenades ;

Ou des bornes-fontaines pour le lavage des rues et des égouts.

Enfin elles peuvent être recueillies dans l'intérieur d'une maison pour
servir à l'usage de ses habitants.

334. Les grands réservoirs se font ordinairement en maçonnerie à bain
de mortier, avec tant de soin, qu'il en résulte des pièces imperméables à
l'eau, comme le marbre ou la terre cuite.

Après avoir donné aux murs les dimensions convenables pour résister
aux efforts qu'ils doivent supporter, on recouvre les parements qui doivent être mouillés par un enduit formé de plusieurs couches. La première
se pose immédiatement sur le parement en moellon ou en briques du
mur, après avoir bien nettoyé les joints et arrosé la superficie pour donner plus de prise au mortier. Cette couche, que l'on appelle *crépi*, se fait

avec du mortier de chaux hydraulique, bien broyé, un peu plus gras que
pour la maçonnerie ordinaire, c'est-à-dire qu'on y met plus de chaux.
Elle se jette sur le mur avec la truelle ; on l'étend en ôtant le superflu
avec le tranchant, pour le rejeter où il en manque, ce qui produit une
surface extrêmement rude.

Lorsque le crépi est bien sec, on applique la seconde couche, qu'on
appelle proprement *enduit*. Elle se fait avec un mortier plus maigre que
le précédent, c'est-à-dire qu'on y ajoute du sable. On étend cette seconde
couche avec le dos de la truelle, en l'unissant le plus qu'on peut.

Il faut effacer tous les angles rentrants, par des arrondissements de
15 centimètres au moins de rayon ; donner au fond une pente générale
vers la décharge; n'appliquer les enduits que sur des constructions bien
sèches qui aient éprouvé tous les effets dont elles étaient susceptibles ;
prendre surtout un soin particulier de bien lisser la dernière couche
pour en rendre la superficie extrêmement dure et imperméable à l'eau.

335. Pour donner encore plus de consistance aux enduits, les garantir
des impressions de l'air et de l'eau, les soustraire aux effets de la gelée,
on devrait les recouvrir, suivant le procédé de MM. Darcet et Thenard,
d'un mastic composé d'une partie d'huile de lin cuite avec $\frac{1}{10}$ de son
poids de litharge et de deux parties de résine. On commence par sécher
les murs avec le fourneau de doreur, et l'on applique ensuite le mastic
en fusion parfaite par couches successives jusqu'à ce que l'enduit refuse
de s'en imprégner. Il pénètre ordinairement de 3 à 4 millimètres.

Ce mastic de résine et d'huile peut s'appliquer sur le plâtre, comme
sur la pierre et le mortier, le durcir, le conserver, et lui donner la faculté
de résister à l'eau.

Ce procédé pourrait être employé avec économie pour les réservoirs
des particuliers, que l'on fait ordinairement en bois recouvert d'une
lame de plomb.

336. Le réservoir que l'on a construit dans la rue Saint-Victor, sur
l'axe de la Halle aux vins, peut être cité comme un modèle. Il est composé de deux parties (pl. XX) : l'une rectangulaire, qu'on appelle le
réservoir de l'Entrepôt, a 32 mètres 75 centimètres de largeur sur 22 mètres 25 centimètres de longueur ; l'autre, composée d'un rectangle et d'un
demi-cercle, qu'on appelle le réservoir du service public, a la même
largeur que le premier, et 16 mètres 25 centimètres de longueur : le

demi-cercle placé au milieu de la largeur a 11 mètres 125 millimètres de rayon. La profondeur des deux réservoirs est de 4 mètres, et ils peuvent contenir ensemble 5,821 kilolitres.

L'épaisseur des murs est 1 mètre 75 centimètres à la base, réduite à 1 mètre au sommet ; ils sont construits en maçonnerie de meulière avec mortier de chaux et sable. Le fond est formé par un massif de maçonnerie de béton de 75 centimètres d'épaisseur. Toutes les surfaces mouillées sont recouvertes d'un enduit à deux couches en mortier hydraulique formé avec du sable et de la chaux de Sénonches.

Le réservoir est alimenté par une conduite de 25 centimètres de diamètre, qui prend son origine dans la bâche Saint-Laurent, et a 4750 mètres de longueur ; la différence de niveau entre le niveau légal de l'eau au bassin de la Villette et la tablette du couronnement des réservoirs est de 3 mètres 943 millimètres. Le produit est de 100 pouces ou 1919 kilolitres en vingt-quatre heures.

Le système hydraulique, placé dans une galerie voûtée, comprend, outre la conduite alimentaire, une conduite de 32 centimètres pour le service de l'Entrepôt, une conduite de distribution de 25 centimètres de diamètre dans les quartiers Saint-Victor et Saint-Marcel, une conduite de décharge, et sept robinets pour intercepter ou rétablir la communication entre ces différentes conduites et les réservoirs.

337. On creuse quelquefois de grands réservoirs dans le terrain naturel ; et pour les rendre imperméables, l'on étend sur le fond et sur les talus, auxquels on donne une inclinaison considérable, un corroi général en glaise, sans aucune rupture de continuité, recouvert d'une couche de terre et d'une couche de gravier.

338. Les bassins des jardins se construisent ordinairement en maçonnerie, à laquelle on donne 25 centimètres d'épaisseur, tant pour le mur de revêtement que pour le fond. On revêt ensuite le tout d'une chemise de ciment à gros cailloux, puis d'un lit de mortier plus fin, formé de briques ou tuiles broyées et passées au sas.

339. On est obligé de vider le bassin, soit pour le nettoyer des saletés que le vent y apporte, soit pour y faire les réparations que le temps a rendues nécessaires. A cet effet, on donne au fond horizontal du bassin une légère pente vers une partie de son contour, où l'on fait aboutir un tuyau de plomb ou de grès. Ce tuyau communique avec un puisard où

les eaux vont se perdre. Cette conduite de décharge, d'un calibre pro-
portionné au volume des eaux qu'elle doit laisser écouler, est bouchée
dans l'intérieur du bassin, soit par un cylindre de chêne entouré d'é-
toupes et entré à force dans le tuyau, soit par une soupape en cuivre
qui clôt juste un bout de tuyau conique du même métal, et que la pression des eaux maintient fermée ; ou, ce qui est encore préférable, par
un robinet placé sur la conduite dans un regard extérieur.

340. M. Lacordaire, ingénieur des ponts et chaussées, a découvert un
ciment qu'on peut employer avec avantage dans la construction des
bassins. On le mélange avec moitié de sable et on le gâche par *truellées*
comme le plâtre. Il durcit promptement à l'air et dans l'eau.

On commence par former une maçonnerie de briques, en l'employant
comme mortier. Celles du fond sont posées à plat, à joints recouverts :
celles formant le pourtour sont posées de champ. On recouvre ensuite
le parement intérieur d'un enduit de $0,027^{mil.}$ (1°) d'épaisseur, et l'on
forme le couronnement au moyen d'un moule qu'on fait courir horizontalement.

Nous avons assisté à la construction d'un bassin de cette espèce placé
dans le jardin de l'École des Mines à Paris. Il a 4 mètres de diamètre et
1 mètre de profondeur, la maçonnerie du fond a l'épaisseur de deux briques, et celle du mur circulaire la longueur d'une brique seulement.

On fit d'abord l'enduit de la partie verticale, en le prolongeant jusqu'à
15 centimètres du fond, pour qu'il n'y eût pas de joint dans l'angle. La
surface inférieure de ce joint n'était pas horizontale, mais en biseau :
l'arête apparente disparut entièrement en lissant le parement avec une
truelle en bois, qui ramenait à la surface la silice entrant dans la composition du mortier.

Enfin, on peut construire des réservoirs en pierre de taille, en ayant
soin de garnir tous les joints avec du mastic d'Aquin ; il prend sur toutes
les pierres, excepté sur celles qui sont spongieuses. Il peut être employé
dans tous les travaux d'art solides, exposés à toutes les injures des saisons.

341. Nous distinguerons dans les fontaines publiques l'ouvrage d'architecture et le système hydraulique.

L'architecture peut varier à l'infini la forme et la décoration de ces monuments, aussi les fontaines ont-elles pris différents noms suivant leur forme et leur situation ; mais, soit qu'on élève des fontaines à bassin, à coupe, à cascade, soit qu'on ne présente qu'un simple jet, on ne doit pas perdre de vue que le premier ornement est une quantité d'eau considérable, à laquelle on donne le plus grand développement possible. Il faut que l'eau se divise en bulles, qu'elle réfléchisse et disperse la lumière, que ses effets se reproduisent sans cesse par le mouvement. Telles sont les fontaines de Rome, de Versailles, que l'on ne peut se lasser d'admirer.

Le système hydraulique a pour objet de distribuer l'eau suivant la forme de la fontaine, et de la faire jeter par des statues, par des conques marines, des urnes, des ajutages; de la faire sortir de l'ouverture d'un mur ou d'une masse de rochers. Les moyens qu'on emploie sont toujours semblables et se réduisent à brancher des tuyaux de plomb sur une conduite principale, et à les faire aboutir par des inflexions aux divers orifices par où les eaux doivent être versées.

342. Lorsqu'on veut former un jet d'eau, il faut que l'eau ait à la sortie de l'orifice une vitesse due à la hauteur à laquelle elle doit s'élever en vertu de la charge motrice. Il faut donc réduire l'orifice à une grandeur telle, qu'en multipliant cette vitesse par la superficie de l'ouverture on ait une dépense égale à celle de la conduite.

Lorsque l'eau doit se répandre en nappe, alors la colonne montante peut conserver la même grosseur que la conduite alimentaire, et s'élever jusqu'à la hauteur à laquelle l'eau peut naturellement monter en conservant la vitesse ordinaire.

Les planches XXI, XXII, XXIII, XXIV, XXV, XXVI, XXVII et XXVIII représentent plusieurs espèces de fontaines, et l'explication qui les précède suffira pour en faire connaître tous les détails de construction.

343. Le lavage des rues se fait, à Paris, au moyen de bouches d'eau placées au-dessus du sol des rues. On détermine la position de ces bouches d'eau d'après la condition que chacune d'elles puisse arroser la plus grande superficie possible de terrain. Or, pour atteindre ce but, il est évident qu'elles doivent être érigées sur les points les plus élevés de chaque rue, c'est-à-dire, à la limite commune de deux bassins d'égouts contigus. La surface du pavé de Paris se trouve en effet divisée en plusieurs

régions ou compartiments distincts, sur chacun desquels les eaux pluviales et domestiques s'écoulent en différents sens, pour se rendre, soit directement à la rivière, soit dans l'égout le plus voisin.

344. Les robinets des bouches d'eau sont enfermés dans des bornes creuses, en fonte, de forme prismatique (pl. XXIX, fig. 1, 2, 3 et 4).

L'orifice de la bouche d'eau porte un pas de vis destiné à recevoir, en cas d'accident, un tuyau de cuir qui alimente une ou plusieurs pompes d'incendie.

Les bornes ont un mètre de hauteur ; leur base rectangulaire a ses deux côtés inégaux, l'un de 38 centimètres, l'autre de 19 centimètres : on les adosse contre les murs de face des maisons, sur lesquelles elles forment saillie.

345. Cette disposition n'avait donné lieu à aucune plainte ; mais depuis l'établissement des trottoirs, on a senti qu'il y aurait de l'inconvénient à conserver une saillie sur les façades, et surtout à gêner la circulation par un jet continu, qui forcerait à chaque instant les piétons à se détourner pour reprendre le pavé des rues.

346. On a proposé d'abord de placer les bornes-fontaines en dehors des trottoirs, et de les défendre par deux bornes en pierre.

Ce moyen a paru peu satisfaisant, parcequ'en mettant les bornes-fontaines à l'abri du choc des voitures, on créait pour celles-ci des causes d'embarras et de destruction qui pourraient donner lieu à de graves accidents dans les rues étroites et populeuses.

Comme la saillie des bornes-fontaines sur les façades est peu considérable, nous pensons qu'il suffirait de supprimer l'écoulement au-dessus du pavé. On conserverait toutefois la bouche d'eau pour y adapter le pas de vis d'un tuyau de cuir en cas d'incendie, et on placerait une seconde bouche d'eau au niveau du pavé, sous le trottoir, dont l'écoulement serait réglé par un robinet d'arrêt situé sur le branchement alimentaire dans la cuvette de la borne-fontaine, à côté de l'origine de la colonne montante.

Enfin on peut employer l'appareil suivant dans lequel la saillie de la borne se trouve entièrement supprimée (pl. XXIX, fig. 5 et 6).

Il se compose d'un seul robinet, portant deux clefs à têtes carrées, séparées par une bouche verticale d'incendie, et deux brides de raccordement aux extrémités : la première servant à fixer l'ajutage qui versera l'eau de lavage, la seconde, le tuyau de branchement sur la conduite alimentaire.

La bouche d'incendie est terminée par un pas de vis destiné à recevoir, soit un chapeau couvert, lorsque l'eau servira au lavage, soit la virole du tuyau de cuir qui alimentera les pompes à incendie, lorsqu'on aura intercepté le premier écoulement.

Ce robinet se fixe dans une cuvette de 45 centimètres en carré, placée dans l'épaisseur du trottoir et fermée par le moyen d'un couvercle en fer battu.

347. Le service des bornes-fontaines se fait deux fois par jour, à six heures du matin et à midi. On laisse couler les eaux pendant une heure. Leur volume n'est pas assez considérable pour qu'elles servent à nettoyer le pavé des rues et les ruisseaux ; aussi ne remplissent-elles qu'imparfaitement leur destination. Si l'on veut réellement maintenir la propreté dans les rues de Paris, il faut faire concourir vers ce but le *lavage* et le *balayage* des rues. Il ne suffit pas de les faire parcourir par des voitures dans lesquelles on charge les tas d'immondices qui ont été déposés sur le devant des façades. Outre qu'on ne choisit que celles qui peuvent fournir un bon engrais, il est impossible que des propriétaires ou locataires de maisons aient le soin de relever les boues. On devrait donc former des brigades de balayeurs qui précéderaient les voitures et nettoieraient le pavé et les ruisseaux des rues, au moment où les eaux couleraient. Mais pour ôter aux passants le spectacle dégoûtant de leur costume, et diminuer les embarras, il serait convenable, surtout en été, de ne procéder que la nuit à cette opération. Ceci s'accorderait d'ailleurs parfaitement avec le système de distribution des eaux que nous proposons, et qui consiste à faire pendant le jour le service des concessions particulières et celui des fontaines monumentales, et pendant la nuit le service des bornes-fontaines. Dans l'intérieur des marchés seulement, on pourrait faire un second lavage au milieu de la journée.

348. Depuis que les constructions se sont multipliées dans Paris, et que l'on a reconnu la nécessité de rejeter hors de l'enceinte des murs extérieurs les voiries où l'on déposait toutes les boues, le transport des immondices donne lieu à des dépenses très considérables. La matière propre aux engrais ne s'y trouve pas en assez grande abondance pour que les cultivateurs des environs viennent les ramasser, ou que leur en-

lèvement puisse donner lieu à une spéculation lucrative. Il faut donc
autant que possible chercher à diminuer les frais de transport.

On y parviendra en balayant les rues au moment où les bornes-fontaines couleront, et en faisant ainsi entraîner aux eaux presque toutes
les matières liquides. Les chasses produites par les 4,000 pouces d'eau
de l'Ourcq jetés dans les égouts suffiront ensuite pour entraîner les dépôts. Ce n'est qu'en combinant ces différents moyens qu'on pourra obtenir un résultat satisfaisant.

Distribution dans
les maisons des par-
ticuliers.

349. Les petits tuyaux de distribution dans les maisons particulières
n'ont qu'un diamètre de un à deux pouces. Il est important de s'assurer, avant de les mettre en place, qu'ils n'ont aucune fuite : on les essaie en les emplissant sous une charge convenable, et observant si aucune partie ne se mouille à l'extérieur.

350. Les ouvriers chargés de la pose des tuyaux doivent éviter de les
placer dans un espace libre trop grand, tel, par exemple, que l'intervalle entre un plafond et un plancher, de peur qu'une fuite ayant lieu,
l'eau puisse se répandre en abondance et produire de grands dégâts.
On fera bien en général de renfermer le tuyau conducteur dans une rainure qui n'ait aucune communication avec une cavité trop considérable.

351. On doit aussi tenir compte des variations de température, et soustraire, autant que possible, les tuyaux au contact de l'air. Si le froid est
de quelques degrés au-dessous de zéro, l'eau pourrait se geler et produire
la rupture des tuyaux. Si l'air en contact est au contraire plus échauffé
que l'eau, il se refroidit, la vapeur qu'il contient se refroidit également ;
par conséquent l'air est amené plus près du point de saturation, et peut,
en abandonnant son eau, causer de l'humidité.

Il faut donc envelopper les tuyaux de substances peu conductrices de
la chaleur, comme de la bourre ou du charbon pilé, qu'on placerait
dans une double enveloppe en cuir. On peut encore mastiquer les tuyaux
avec de l'asphalte ou goudron minéral.

352. Lorsqu'on établit des conduites d'eau en tuyaux de plomb, on
doit donner la préférence à ceux qui sont tirés à la filière, car ils ont
le grand avantage sur les tuyaux soudés de se dilater également, et de
pouvoir, dans de certaines limites, céder sans rompre.

353. L'eau qui alimente les concessions particulières est ordinairement reçue dans chaque maison dans un réservoir en charpente recouvert à l'intérieur d'une lame de plomb.

La caisse est formée par des pièces horizontales reliées par des montants verticaux, dont les intervalles sont occupés par des traverses en diagonale. L'intérieur est planchéié sur toutes les faces avant d'y mettre les tables de plomb, qui, sans cet appui, pourraient céder au poids du volume d'eau qu'elles sont destinées à porter. Enfin, la caisse est posée à la hauteur convenable sur des piliers de charpente, élevés sur des dés en maçonnerie.

Le robinet placé à la partie inférieure de la conduite alimentaire porte ordinairement un *flotteur*, qui tend à fermer ou à ouvrir le robinet selon que l'eau monte ou s'abaisse dans le réservoir (pl. XXX , fig. 1 et 2). Par ce moyen on évite la pose du tuyau de *trop plein*, et il n'y a pas de perte d'eau. Mais il faut toujours un tuyau de décharge pour vider à volonté le réservoir et le nettoyer.

On peut faire également des réservoirs en maçonnerie, mais ils ont le désavantage de ne pas laisser apercevoir aussi facilement les fuites.

354. Lorsqu'on fait des fournitures d'eau par attachement, le concessionnaire est libre alors de puiser à discrétion dans le réservoir. Mais on ajoute un appareil appelé *compteur* (pl. XXX, fig. 3 et 4), qui a pour résultat de tenir en réserve une fraction de l'eau qui s'écoule, la millième partie par exemple ; et comme la fermeture est telle qu'elle exige la présence du concessionnaire et de l'agent de l'administration , on peut évaluer à chaque instant du jour la quantité d'eau dépensée.

FIN.

DESCRIPTION

DES PLANCHES.

PLANCHE I.

Ce canal est destiné principalement à amener à Paris les eaux de la rivière d'Ourcq. Sa longueur, depuis la prise d'eau à Mareuil jusqu'au bassin de la Villette, est de 93,922 mètres, sa largeur est de 3^m,50 au plafond et de 8^m,00 à la surface de l'eau, en supposant une profondeur de 1^m,50. Une partie du canal est creusée sur une pente de 0^m,0000625 par mètre, et l'autre sur une pente de 0^m,0001236. Il peut fournir un écoulement à un volume d'eau de 2^{mc}999 par seconde.

La Cunette, tant dans la partie recouverte par des dalles que dans la partie voûtée, est en pierre de taille refouillée sur 32 centimètres de largeur, et 27 centimètres de hauteur pour former le canal dans lequel l'eau s'écoule.

Les pierres s'assemblent par emboîture à ressaut, et quoique l'eau ne puisse s'échapper que par ces joints, il est cependant plus difficile de s'opposer aux infiltrations, en suivant ce mode de construction, qu'en formant une simple maçonnerie en petits moellons, recouverte à l'intérieur par un enduit. (Voyez pl. II l'élévation de la partie hors de terre de cet aqueduc.)

Cet aqueduc a 4079^{m}50 de longueur. Il contourne la partie septentrionale de Paris, depuis le bassin de la Villette jusqu'à la plaine de Monceaux, en conservant toujours le même niveau. L'eau coule dans la cunette en vertu de la pente qui s'établit à la superficie.

La paroi intérieure qui peut être baignée par l'eau, est construite, sur une épaisseur de 30 centimètres, en maçonnerie de meulière à mor-

"

tier de chaux et ciment. Tous les autres massifs sont en maçonnerie de meulière avec mortier de chaux, sable et mâchefer.

On s'était d'abord contenté d'établir un pavé dans le fond de la cunette et de rejointoyer les murs latéraux ; mais des infiltrations s'étant manifestées, on supprima le pavé, qu'on remplaça par une aire en béton, et l'on forma un enduit sur toute la partie mouillée.

On peut évaluer à 590 fr. oo la dépense par mètre courant, non compris l'achat des terrains. (Voy. pl. IX le plan de cet aqueduc.)

Fig. 6 . . . . Profil du pont du Gard.

On désigne ainsi la partie de l'aqueduc de Nîmes qui traverse la vallée profonde dans laquelle coule le Gardon.

Ce pont est composé de trois rangs d'arcades superposés.

Fig. 7 . . . . Elle représente sur une plus grande échelle le détail de la construction du troisième rang et du canal dans lequel les eaux coulaient. On y voit les parements en moellon esmillé (a) ; les deux assises en pierre de taille forment plinthe (b) ; le milieu de la construction en maçonnerie de petits moellons et mortier (c) ; le canal (d), dont le fond est creusé en portion de cercle et qui est en partie obstrué par les dépôts ou concrétions pierreuses (e) ; enfin, les grandes dalles de recouvrement (f).

On a désigné par la lettre A les constructions modernes ajoutées par Pitot.

PLANCHE II.

Plan, coupe et élévation de la partie de l'aqueduc de Montpellier, supporté par des arcades, à son extrémité, du côté de la promenade du
Peyrou.

Cet aqueduc a été construit en 1752 par Pitot, ingénieur et membre de
l'académie des sciences.

Depuis son origine, à Saint-Clément, jusqu'au Peyrou, il parcourt un
espace de 13904 mètres, dont 8772 mètres au-dessous du niveau du
sol et 4752 au-dessus.

Il se termine, sur une longueur de 880 mètres, par deux rangs d'arcades superposés. Le premier rang est formé par 53 arches de 8 mètres d'ouverture ; l'épaisseur des piles est de 4 mètres ; les soubasse-
ments varient de hauteur, vu l'inégalité du terrain. Le second rang est
formé par 133 arches de $2^m,78$ d'ouverture ; l'épaisseur des piles est
de $1^m,36$; la hauteur moyenne de l'aqueduc en arrivant au Peyrou
est de $21^m,68$. Le canal est supporté, dans cette partie, par trois grandes arches. L'ouverture de celle du milieu est de $19^m,50$; celle des
deux autres est de 10 mètres.

On peut circuler au-dessus des arcades inférieures à travers des ouvertures cintrées ménagées dans l'épaisseur des piles du rang supérieur.

De nombreuses filtrations que les gelées rendaient désastreuses pour la
conservation de ce monument ont engagé l'administration à faire revêtir en lames de plomb le canal dans lequel l'eau s'écoule.

La construction de l'aqueduc a coûté 950,000 livres environ.

PLANCHE III.

Fig. 1 . . . . . Élévation du pont à siphon de Gênes, dit *delle Arcate*, qui traverse la vallée du torrent *Geivato*, portant les eaux de la colline de *Mollassana* à celle de *Pino*.

On a supposé dans cette élévation qu'on avait enlevé le parapet afin de montrer la conduite qui suit la courbure du pont, sur lequel elle est couchée. Son embouchure se trouve dans le réservoir qui termine la première partie de l'aqueduc et son extrémité dans le réservoir qui forme l'origine de la deuxième partie de l'aqueduc.

Fig. 2 . 3 . 4. Détail de l'assemblage des tuyaux en fonte de fer.

Le tuyau à tubulure A, placé dans la partie inférieure de la conduite, est destiné à donner une issue aux eaux lorsqu'on veut vider le siphon.

Le tuyau à tubulure B, placé dans la partie supérieure près de l'embouchure , facilite l'introduction de l'eau en donnant une issue à l'air.

Fig. 5 . . . . Plan d'une pile.

Fig. 6 . . . . Profil en travers de l'aqueduc.

Fig. 7 . . . . Appareil de jauge pour la distribution des eaux dans l'intérieur de la ville de Gênes.

A canal de l'aqueduc.

B tuyau de jauge.

C bassin.

D tuyau en plomb qui conduit l'eau dans la maison du concessionnaire.

Nous allons donner à cet égard quelques détails intéressants extraits d'un mémoire rédigé par le chevalier Barabino, architecte hydraulique et civil, et qui nous a été communiqué par M. Mallet, ingénieur en chef du service de la distribution des eaux de l'Ourcq à Paris.

On a adopté à Gênes pour unité de mesure, l'ouverture ronde d'un tuyau de cuivre jaune fondu, de la longueur de 0^m,10 et du diamètre de la vingtième partie du *Palmo* qui correspond au diamètre de 0^m,01238. Cette unité est appelée *bronzino d'acqua*, et vulgairement *oncia d'acqua*.

Ce tuyau est formé avec un rebord à une de ses extrémités, et il est plombé dans un cube en marbre de 0^m,08 de côté, au moyen d'un trou qu'on a percé dans son centre, comme on voit dans la fig. . Le cube en marbre avec son *bronzino*, au centre, est scellé dans une des

parois de l'aqueduc et presque sur le fond avec son rebord en dehors.
Il verse continuellement son eau dans un petit bassin dit *troglietto*.

Au fond de ce bassin se trouve soudé le tuyau de conduite en plomb ;
il descend dans la rue la plus voisine à 0^m,40 de profondeur sous le
pavé, et on le dirige par le plus court trajet, et le long des rues, à la
maison du propriétaire de l'eau, ou au réservoir auquel l'eau est destinée. La même méthode est pratiquée pour les fontaines et les lavoirs publics, dans lesquels l'eau se verse continuellement.

Ce réservoir ou bassin en plomb qui a la forme d'un cube de 0^m,50 à
0^m,75 de côté, est placé ordinairement au niveau du toit de la maison. Dans la partie supérieure est adapté un autre tuyau, appelé
spandente (reversoir), qui porte l'eau dans quelque citerne, ou chez
quelque voisin, tandis qu'un autre tuyau principal est attaché presque sur le fond du même bassin et porte l'eau par autant d'embranchements particuliers, dans presque toutes les chambres de la maison et
particulièrement dans les cuisines, lavoirs, terrasses, jardins, latrines
etc., l'extrémité de chaque embranchement étant pourvue d'un robinet qu'on ferme et ouvre à volonté.

Il n'y a point de prix fixe pour l'unité de mesure de l'eau ou *bronzino*.

La première vente qui en a été faite par les édiles, aux divers particuliers,
se rapporte à des temps antérieurs, où ce prix était très bas, et aujourd'hui ce sont les particuliers propriétaires qui les vendent à
d'autres particuliers au prix courant, qui varie de 800 à 1800 francs,
suivant les localités dans les parois de l'aqueduc ; et comme il arrive
toujours que les *bronzini* inférieurs se trouvent sous une moindre
pression d'eau, ceux-ci sont naturellement moins chers, et il n'est
pas rare qu'un *bronzino* dans l'été ne fournisse régulièrement que
pendant quelques heures, malgré la distribution alternative qu'on
fait dans l'aqueduc, et dans la journée même où le tour de ce *bronzino* tombe.

Dès que les propriétaires des *bronzini* les ont achetés, soit la première
fois des édiles, soit de quelque particulier qui en était propriétaire,
le *bronzino* est considéré comme une propriété dont le maître dispose à son gré ; ainsi le *bronzino* est vendu et revendu comme objet
de commerce, et le propriétaire n'a d'autre dépense à faire que celle
de l'entretien de ses tuyaux en plomb, depuis le bassin *Troglietto*,
qui part de l'aqueduc, tandis que l'administration des édiles est
chargée des dépenses qui regardent l'entretien de l'aqueduc, depuis
sa première source jusqu'à la dernière de ses branches.

PLANCHE IV.

Fig. 1 . . . . . Coupe longitudinale d'un tuyau de conduite d'eau.

         M, M , M', M'. Tranche infiniment petite du courant.

         θ. Angle formé par la tangente au point que l'on considère avec la verticale.

Fig. 2 . . . . . Coupe longitudinale d'une conduite d'eau à *souterazi*.

         R. Réservoir à l'extrémité de la première partie de l'aqueduc.

         r'. Réservoir à l'origine de la deuxième partie de l'aqueduc.

         B, B'. Bassins intermédiaires placés au sommet des piles.

La distance entre les piles est ordinairement de 90 toises, et la différence entre les niveaux des bassins de 7 pouces.

Fig. 3, 4 . . . Coupe d'un *souterazi*, indiquant la forme du bassin, l'arrivée et le départ de la conduite, le coude formé dans le dé inférieur.

Fig. 5, 6, 7. Appareil de jauge dont chaque ajutage fournit le double module d'eau ou 20 mètres en 24 heures.

M. de Prony a proposé cette unité de mesure des eaux courantes.

Fig. 5 . . . . Plan de l'appareil.

         R. Réservoir qui environne la caisse de jaugeage et reçoit l'eau de la source.

         C. Caisse de jaugeage dont un des bords, de $0^m,017$ d'épaisseur, est percé de trous de $0^m,020$ de diamètre, dont les centres sont sur une ligne placée à $0^m,050$ en contre-bas du niveau constant de l'eau dans la caisse.

Fig. 6. . . . . Coupe de l'appareil.

Fig. 7. . . . . Coupe sur une plus grande échelle de la paroi dans laquelle sont percés les trous.

Fig. 8. . . . . Appareil d'écoulement à niveau constant.

         afcb. Cuve dont on veut faire écouler l'eau sans que le niveau supérieur change.

Cette cuve est divisée en trois parties, E', E, E'', par deux diaphragmes, *sr, ut*, dont la hauteur est un peu moindre que celle du niveau qu'on veut conserver.

         F, F'. Flotteurs situés dans les deux caisses latérales E', E''.

Ces deux flotteurs supportent une caisse inférieure G par un système de tringles *p', q'*,

L'eau qui s'écoule de la cuve *rstu*, par l'un des orifices *y, y*, est reçue dans un tuyau qui la conduit dans cette caisse G.

Il suit de cette disposition que le niveau reste constant dans la cuve, puisque autant il s'abaisserait par la perte d'eau que fait le vase, autant il s'élève par l'enfoncement dû à la charge que reçoivent les flotteurs.

PLANCHE V.

PLANCHE VI.

Fig. 1. . . . Élévation d'une machine à vapeur à double effet, pour élever de l'eau,
d'après le système de Watt.

La vapeur de la chaudière entre par le tuyau à vapeur s, passe par l'ouverture supérieure a, agit sur le piston p, et le force à descendre.

Lorsque le piston est arrivé au fond du cylindre, la cheville supérieure de
la tige R se trouve en contact avec un levier, ferme les ouvertures a et b,
et ouvre celles c et d, qui étaient fermées; alors la vapeur continue son
mouvement dans le tuyau s par l'ouverture d, presse sur le dessous du
piston p, et le force à monter dans le haut du cylindre.

Ce mouvement n'éprouve pas d'obstacle, attendu que pendant qu'il s'o-
père, la capacité supérieure du cylindre est en communication avec le
condenseur B, au moyen d'un tuyau qui aboutit à l'ouverture b. Dès
que le piston est monté tout-à-fait, la cheville inférieure de la tige R re-
met les choses au même point où elles étaient auparavant. Alors, la vapeur que fournit la chaudière ne peut aller qu'au-dessus du piston,
qu'elle doit faire descendre, et la vapeur cumulée dans la capacité inférieure du cylindre va se liquéfier dans le condenseur, avec lequel elle
est à son tour en libre communication. La machine marche ainsi indéfiniment avec une puissance à peu près égale, soit que le piston monte,
soit qu'il descende.

La vapeur qui est passée dans le condenseur B est mise en contact avec un
jet d'eau froide par l'injection du robinet I, et la plus grande partie est
ramenée à l'état liquide.

La tige R met en mouvement la pompe à air qui élève l'eau injectée, l'air
et la vapeur condensés dans un réservoir K, d'où une portion de l'eau
est ramenée dans la chaudière par une pompe L, et le reste est rejeté.

Mais, en même temps, à un autre point du grand balancier est attachée la
tige d'une pompe à eau froide N, avec laquelle on remplit le réservoir
du condenseur, et c'est par cette source que le robinet d'injection est
alimenté.

Le régulateur à force centrifuge Q est mis en mouvement par des roues
d'angles attachées à l'axe du volant P; les oscillations ascendantes et
descendantes des boules se communiquent par des leviers à la manivelle
de la soupape tournante du tuyau qui fournit la vapeur, et tout changement trop considérable dans la vitesse de la machine se trouve ainsi
prévenu.

L'appareil pour élever l'eau se compose d'une tige M, qui fait mouvoir un

30.

piston dans un corps de pompe. Lorsque la tige descend, l'eau est forcée de passer par G dans le réservoir supérieur d'air E, d'où elle se rend, par un mouvement continu, dans un réservoir dont la hauteur est proportionnée à la force de la machine.

Le corps de pompe D a une double communication avec le tuyau d'aspiration F et avec le tuyau d'ascension G. Lorsque le piston monte, l'eau de la source entre dans le corps de pompe par la soupape inférieure, et celle élevée par le piston pénètre dans le tuyau d'ascension par la soupape supérieure ; l'inverse a lieu lorsque le piston descend.

Le réservoir d'air inférieur H maintient l'uniformité du mouvement dans la colonne aspirée.

Fig. 2. . . . Élévation d'une machine à vapeur d'après le système de Woolf.

a, *b*. Enveloppes des cylindres dans lesquels se meuvent les pistons.

c. Balancier.

d. Volant.

e. Chaise sur laquelle sont établis les supports des collets du balancier.

e'. Colonne servant à supporter la chaise *e*.

f. Tuyau conduisant la vapeur dans l'enveloppe des cylindres.

g. Tuyau destiné à reporter dans la chaudière l'eau provenant de la condensation.

h. Boîtes renfermant les soupapes à vapeur.

h'. Colonnes creuses, soutenant les boîtes *h*, et servant à l'introduction de la vapeur et à la communication avec le condenseur.

i. Excentrique destiné à mouvoir les soupapes.

k. Parallélogramme destiné à communiquer le mouvement de l'excentrique aux tiges des soupapes.

l. Tiges verticales, imprimant le mouvement aux soupapes.

m. Parallélogramme destiné à maintenir verticales les tiges des pistons.

n. Colonne servant de point d'appui au parallélogramme.

o. Tiges des pistons.

p. Pompe à eau chaude et à air du condenseur.

q. Bâche.

r. Robinet de la bâche au condenseur.

s. Pompe alimentaire d'eau froide pour la bâche.

t. Modérateur à force centrifuge.

u. Levier communiquant du modérateur au robinet d'introduction de la vapeur.

v. Robinet d'introduction de la vapeur.

x. Poulie montée sur l'arbre du volant.

1. Corde destinée à communiquer le mouvement de l'arbre du volant au modérateur.
2. Poulie de renvoi.
1. Manivelle fixée à l'arbre du volant.
2. Bielle destinée à communiquer le mouvement du balancier à l'arbre du volant.
3. Supports des collets du balancier.
4. Boîtes à calfat, ou stufembox.
Nota. Le dessin de cette machine m'a été communiqué par M. Mallet.

PLANCHE VII.

Fig. 1 , 2. Prise d'eau au moyen d'un tuyau recourbé fermé par une bonde.

> *a.* Réservoir.
>
> *b.* Puisard circulaire de prise d'eau.
>
> *c.* Aqueduc.
>
> *e.* Tuyau de fonte de fer, recourbé à angle droit, et incrusté dans le massif de maçonnerie du puisard.

Ce tuyau a 25 centimètres de diamètre et 18 millimètres d'épaisseur. Les deux branches se raccordent par un quart de circonférence de 70 centimètres de rayon.

La branche extérieure a 60 centimètres de long; elle s'élève verticalement de 20 centimètres au-dessus du fond du réservoir , afin de prévenir, par cette disposition , l'entrée dans le puisard des matières pesantes que le courant pourrait y entraîner.

La surface intérieure de l'orifice vertical est dressée en forme de cône tronqué , pour recevoir l'extrémité de la bonde en fer de même forme , au moyen de laquelle cet orifice est tenu , à volonté, ouvert ou fermé.

Cette bonde *f* est composée d'un tuyau de cuivre laminé , monté sur un châssis de trois barreaux de fer verticaux , assemblés à leurs extrémités dans des croisillons de même métal.

Les barreaux de fer s'élèvent au-dessus du croisillon supérieur , en s'inclinant les uns sur les autres , et présentent ainsi les trois arêtes d'une pyramide triangulaire, qui se réunissent, à leur sommet, dans une portion d'anneau de fer forgé.

On manœuvre cette bonde par une chaîne de fer qui est fixée au centre du croisillon supérieur, et qui forme l'axe matériel de la pyramide mentionnée ci-dessus.

Cette chaîne s'enroule dans une gorge circulaire adaptée à l'extrémité d'un levier *g*, qui a son axe de rotation au centre même de cet arc de cercle.

Le bras de levier à l'aide duquel la bonde est manœuvrée est introduit dans l'intérieur du regard par une embrasure pratiquée à cet effet dans le mur circulaire de ce regard.

Fig. 3 , 4. Prise d'eau au moyen d'un siphon.

> *r. r.* Robinets d'arrêt que l'on ferme pour amorcer le siphon.
>
> *t.* Tubulure qui sert à remplir le siphon.
>
> *v.* Tuyau-ventouse destiné à donner une issue à l'air de la conduite lorsqu'on y introduit l'eau.

La différence de niveau entre les extrémités des deux branches verticales du siphon est de 30 centimètres.

Pour amorcer le siphon, on ferme les deux robinets d'arrêt placés à ses extrémités, et, au lieu de faire le vide, on le remplit d'eau par l'ouverture pratiquée dans la partie supérieure; on ferme cette ouverture; on débouche ensuite les deux extrémités en ouvrant les robinets, et l'écoulement s'établit.

La construction de ce siphon peut être évaluée à la somme de 1,270 fr. 55 c.

SAVOIR :

Regard de prise d'eau.	400 fr.	» c.
Fourniture du siphon, en tuyaux de plomb de 0,081 mill. de diamètre, garni de ses robinets, brides et boulons, dont		
En plomb. . 206^k,30, à 0 fr. 80 c. .	165	04
Soudure. . . 65^k,00, à 2 » . .	130	»
Cuivre. . . . 59^k,30, à 5 » . .	296	50
Façon du siphon, tracé des épures, déchet dans les plombs.	100	»
34 boulons avec écrous en cuivre, à 1 fr. 75 c.	59	50
Une clef en fer pour manœuvrer les robinets, pesant. . . . . 11 kil. »		
Une bride en fer pour raccorder le tuyau de fonte scellé dans la maçonnerie. 3 70		
Deux supports à scellements. . . . 4 20		
Ensemble. 18 90		
A 1 fr. 50 c., ci.	28	35
Un tuyau en plomb étiré, de 0^m,054 de diamètre pour former la ventouse du siphon, pesant 15^k,20, à 0 fr. 80 c.	12	16
4 kilogrammes de soudure, à 2 fr.	8	»
18 rondelles de cuir gras, de 0^m,20 de diamètre, à 1 fr.	18	»
Raccordement de 9 joints, à 2 fr.	18	»
Descente du siphon dans l'aqueduc au moyen d'un équipage exprès, la mise en place, qui a obligé les ouvriers à se mettre dans l'eau; essai en le remplissant d'eau et le vidant plusieurs fois, fourniture de lumière, etc.	35	»
Total. . . . 1,270		55

PLANCHE VIII.

Fig. 1. 2. Dessin d'une prise d'eau au moyen d'une tubulure.
> C. Conduite principale alimentaire.
> T. Tubulure à bride, ayant le même diamètre que le branchement.
> R. Robinet d'arrêt sur la conduite secondaire ou branchement.
> D. Branchement.
> E. E, E ,E. Murs du regard renfermant le robinet de prise d'eau.
> F, F. Châssis en pierre qui recouvre le regard.
> G, G. Châssis et tampon en fonte pour la fermeture du regard.

Fig. 3. 4. 5. Dessin d'une prise d'eau à collier, au moyen d'un percement.
> A. Conduite sur laquelle est fait le percement.
> B. Tuyau de plomb de prise d'eau, à l'extrémité duquel on forme un rebord qu'on applique contre la conduite principale, après avoir interposé un cuir gras.
> C. Collier de fer en deux parties demi-circulaires, portant chacune deux oreilles percées d'un trou pour placer une vis D. Ce collier est pénétré par le tuyau de plomb, dont il presse le rebord contre la paroi de la conduite, lorsqu'on tourne la vis et qu'on rapproche les deux parties de collier.

Fig. 6. . . . Prise d'eau à vis.
> A. Conduite sur laquelle est fait le branchement.
> B. Tuyau de prise d'eau. Il est en fer, et porte à son extrémité un pas de vis qu'on fait tourner dans l'écrou formé sur l'épaisseur du tuyau de fonte, au point où l'on a ménagé un renfort.
> C. Prolongement en plomb du tuyau de prise d'eau.
> D. Nœud de soudure formant l'assemblage des deux tuyaux.

Fig. 7. . . . Instrument propre à mesurer les différences de pression que l'eau exerce sur les parois de deux conduites qui se pénètrent.

Cet instrument se compose d'un tube recourbé, dont les deux branches aa sont graduées. On les fait communiquer avec l'intérieur des deux conduites au moyen de tubes en plomb bc. L'eau pénètre dans ces tubes et se rend dans l'instrument en comprimant l'air qu'il renferme. Un petit trou percé au sommet, et recouvert par une tige d, qui tourne dans un écrou, permet de faire sortir un peu d'air, s'il est nécessaire, pour que l'eau paraisse dans les deux branches graduées et que les lignes de niveau soient visibles à travers le verre.

L'instrument est porté par un pied de graphomètre e, et on le place de

manière que les divisions correspondantes des deux tubes soient sur une
même ligne de niveau.

Un robinet est placé sur chaque conduite, au-delà de la réunion avec le
tube en plomb, afin de faire varier les vitesses, et, par suite, les pressions
contre les parois. La différence de ces pressions est mesurée par les différences des hauteurs du niveau de l'eau dans les deux branches de
l'instrument.

Fig. 8. . . Cette figure représente les données du problème relatif au mouvement de
l'eau dans un système de conduites qui s'embranchent sur une conduite
principale.

PLANCHE IX.

Cette planche présente le plan de la distribution de 4000 pouces d'eau de l'Ourcq aux différentes fontaines existantes ou que l'on se propose d'établir dans l'intérieur de Paris.

On a suivi le système proposé en 1810 par M. Girard, et qui consiste à dériver, soit du bassin de la Villette, soit de l'aqueduc de ceinture qui, partant de ce bassin, et se soutenant à la même hauteur, contourne la partie septentrionale de Paris jusqu'à la plaine de Mouceaux, le volume d'eau que l'on destine à chaque fontaine, et à l'y porter par une conduite particulière.

Le bassin inférieur de la fontaine ou château-d'eau devient une cuvette de distribution pour le service des bornes d'arrosement établies dans les rues environnantes ; et lorsque les points culminants de ces rues se trouvent placés à une distance trop considérable, on forme des branchements sur la conduite alimentaire.

Nous avons placé sur un plan de grande dimension toutes ces conduites secondaires, de manière qu'il y eût une bouche d'eau à chaque point culminant de rue.

Il en est résulté qu'il fallait 955 bornes-fontaines, dont 214 sont déjà posées, pour arroser le sol de Paris.

Quant aux diamètres des conduites principales, on les a déterminés après avoir évalué le volume d'eau qui doit alimenter chaque fontaine, la longueur de la conduite et la différence de niveau entre les deux points extrêmes, d'où résulte la charge motrice.

M. Girard avait proposé de renfermer les conduites sous des galeries voûtées depuis leur origine jusqu'à leur extrémité inférieure, en profitant de tous les anciens égouts où elles pourraient être placées sans inconvénient.

Deux galeries, susceptibles de contenir quatre conduites, ont été construites d'après ce système (voyez pl. XV); mais nous pensons qu'il doit être abandonné, parcequ'il entraînerait dans de trop grandes dépenses, et que l'on doit se contenter de poser les conduites sous terre, en assemblant les tuyaux par emboîtement. Nous n'en admettrons qu'aux prises d'eau et dans les parties où le sol naturel est plus élevé que les eaux dans le bassin de la Villette ou dans l'aqueduc de ceinture.

Le montant des dépenses faites peut s'élever à. . . . . 9,500,000 fr. » c.

Celles restant à faire à. . . . . 5,500,000 »

Total. . . . . 15,000,000 »

PLANCHES X ET XI.

Le système de conduites dont la pl. X représente les dispositions principales est destiné à opérer une distribution d'eau de la Seine dans les différentes maisons de Paris.

On a divisé le service en *bas service*, ou service des quartiers placés au-dessous d'un plan horizontal situé à 16^{m}239 au-dessous du zéro de l'échelle du pont de la Tournelle ; et en *haut service*, ou service des quartiers placés au-dessus de ce plan.

Des machines à vapeur élèveront, dans des réservoirs placés à 25 mètres au-dessus des eaux de la Seine, celles qui sont destinées au bas service, et leur distribution s'opérera par la pression naturelle due à la hauteur de l'eau dans les réservoirs.

Le *haut service* sera fait également à l'aide de machines à vapeur, mais sans l'intermédiaire des réservoirs. Ces machines pousseront directement l'eau dans les tuyaux de conduite avec une force qui serait capable de l'élever à une hauteur verticale de 40 à 45 mètres au-dessus de l'étiage de la Seine.

Sur la rive droite, la *prise d'eau* sera faite vis-à-vis le parc de Bercy. Un aqueduc A, B, portera les eaux jusqu'à l'établissement des machines à vapeur, et elles seront ensuite élevées verticalement dans les réservoirs.

Une *conduite principale*, de 0^m,90 de diamètre, partira de ces réservoirs, et suivra la rue de Charenton jusqu'à la place Saint-Antoine. A ce point, elle se divisera en deux branches de 0^m,65 de diamètre ; l'une suivra les boulevards intérieurs, l'autre les rues Saint-Antoine et Saint-Honoré, et elles viendront se réunir à la rue du faubourg Saint-Honoré, en une seule conduite de 0^m,65 , qui se prolongera jusqu'à la rue du faubourg du Roule.

De cette conduite partiront les *répartiteurs* ou conduites secondaires. Ils suivront la direction du nord au sud, et la plupart d'entre eux relieront les deux branches de la conduite principale, ce qui rendra plus facile la distribution et offrira l'avantage de pouvoir exécuter facilement les réparations des tuyaux.

Les répartiteurs auront de 0,50 c. à 0,162 mil. de diamètre.

Les tuyaux dits de *service* de 0,14 c. à 0,108 mil. de diamètre, seront branchés sur les répartiteurs et se ramifieront dans toutes les rues, ainsi que l'indique la planche XI pour l'un des quartiers de Paris.

Enfin, de ces tuyaux partiront les tuyaux des particuliers, de 0,027 mil. environ, qui iront aboutir dans des réservoirs placés aux différents étages des maisons suivant les désirs des propriétaires. Ces tuyaux sont toujours terminés par un robinet, dont une clef mobile est placée horizontalement et qui s'ouvre ou se ferme au moyen d'un flotteur.

Sur la rive gauche, *la prise d'eau* sera faite au-dessus de la barrière de la Gare. dans la plaine d'Ivry. Un aqueduc CD portera également les eaux jusqu'à l'établissement des machines à vapeur formé près des réservoirs.

La conduite *principale*, partant de ces réservoirs, entrera dans Paris par la barrière

31.

d'Ivry, suivra les rues Saint-Victor et de Grenelle, et ira se joindre avec la conduite principale de la rive droite, en traversant le pont Louis XVI. Elle aura 0,65 c. de diamètre.

On adoptera une disposition semblable à celle que nous avons déjà décrite, pour l'emplacement des répartiteurs et des tuyaux de service.

Le haut service de la rive droite sera fait, 1° par un tuyau de 0,35 c. qui suivra la rue Saint-Maur, pour les quartiers situés à droite du canal Saint-Martin, sur le revers de Ménil-Montant ; 2° par les tuyaux du *bas service* pour les quartiers situés sur le revers de Montmartre.

Le haut service de la rive gauche sera fait par un tuyau de 0,35 c., qui suivra le boulevard Saint-Jacques et la rue Saint-Jacques, et sur lequel se brancheront des répartiteurs et tuyaux de service.

La dépense qu'entraînerait l'exécution de ce projet est évaluée à la somme de 16,000,000 francs.

M. Mallet a proposé le premier d'appliquer à la distribution des eaux de Paris, le système que nous venons de décrire.

PLANCHES XII et XIII.

POMPE DE PRESSION POUR L'ESSAI DES TUYAUX DE FONTE.

a. Petit coffre en fonte contenant l'eau d'épreuve et servant de support à la pompe et à ses accessoires.

b. Corps de pompe en cuivre jaune.

c. Piston plongeur de la pompe.

c′ Tige prolongée du piston plongeur.

dd′. Balancier à bras de rechange et à centres de mouvement variables $ee′$.

ff. Bielles de la chappe à deux articulations $c″c‴$ et liées avec le balancier et le piston.

g. Obturateur à vis qui se détourne lorsque l'épreuve est faite.

g′. Obturateur du trou ouvert pour le placement de la soupape d'arrêt.

h. Tuyau pour l'évacuation de l'eau de compression.

i. Obturateur du trou pratiqué pour le passage de l'eau de compression.

k. Tube d'aspiration.

l. Soupape d'épreuve dont l'aire doit être égale à un centimètre carré.

1, 2, 3, 4, 5, 6, 7, 8, 9, 10, 11, 12, 13, 14. Disques en plomb devant peser chacun 1^ko33, le dernier divisé en six parties dont quatre représentant chacune $^1/_{5o}$ d'atmosphère et deux chacune $^1/_{1oo}$.

m. Tige formant corps avec la soupape d'épreuve.

n. Plateau destiné à recevoir un poids représentant celui d'un certain nombre d'atmosphères.

Nota. Le poids de la tige, du plateau et de la soupape sera réglé de manière qu'il ne soit que de 1^k,o33.

o,o,o. Galet de friction destiné à maintenir l'axe de la tige de la soupape dans une ligne verticale.

OBSERVATIONS.

Les distances entre les points d'appui $e,c′$ et $c′, c″$ sont de 6 et 9 centimètres, d'où celle totale entre les points c et $c″$ est de 0,15 centimètres.

La longueur totale du balancier entre le centre de mouvement c et celui d'application $d′$ de la puissance, est de 1^m,5o.

Le diamètre du piston plongeur c de la pompe est de 0,o5 centimètres.

En appliquant le calcul à ces données, et en partant de celle que le poids d'une atmosphère sur une surface de un centimètre carré est de 1^k,o33, on trouvera que le centre de mouvement étant en c si l'on opérait en $d′$ une pression de 4o kilogrammes, elle ferait équilibre à une colonne d'eau représentant par son poids celui de 20,36 atmosphères, qui tendrait à soulever le piston plongeur en le pressant par sa base inférieure, et que le centre de mouvement étant fixé en e' la même pression ferait équilibre à une colonne d'eau représentant le poids de 3 atmosphères qui agiraient comme il vient d'être dit.

On suppose qu'un ouvrier de force ordinaire peut momentanément exercer cette pression de 40 kilogrammes ; d'un autre côté on n'aura jamais à faire subir aux tuyaux des épreuves qui exigent l'application d'une pression de plus de 40 kilogrammes, ainsi un seul homme suffira à l'extrémité du balancier de la pompe.

Quant à la manière d'en faire usage, elle est simple et facile ainsi qu'on va le voir.

On commencera par emplir d'eau le plus complètement possible le tuyau à soumettre à l'épreuve ; on ajustera ensuite sur un orifice ménagé dans le plateau qui s'applique contre une des extrémités, la bouche d'un tuyau flexible G, qui viendra s'appliquer à son extrémité opposée sur celui Q de la pompe qui porte la soupape d'épreuve l, et on les assujettira ensemble au moyen de l'écrou P.

Le tout étant ainsi préparé, on chargera la soupape l en proportion de la pression à laquelle la pièce en épreuve devra être soumise, en ayant soin de tenir compte du poids de la tige et du plateau qui termine cette pièce, et après s'être assuré que cette tige est bien mobile on s'occupera de faire jouer le piston de la pompe en continuant ainsi jusqu'au moment où l'on verra l'eau s'échapper avec sifflement par-dessous la soupape d'arrêt n.

Alors l'opération étant terminée, on détournera la vis g, et l'eau de compression rentrera dans la cuvette de fonte.

La pompe dont nous avons présenté la description coûte la somme de. .   636 fr. oo c.

Le chariot en fonte, celle de. 980   64

Total. 1616   64

Cette pompe a été exécutée sur les dessins et sous la direction de M. Mallet.

PLANCHE XIV.

Fig. 1, 2, 3, 4, 5. Tuyaux en bois naturel.

> Il y a trois modes d'assemblage pour les tuyaux en bois naturel : le premier (fig. 1), généralement employé, consiste à agrandir le diamètre intérieur a du tuyau en forme de cône, et à diminuer le diamètre extérieur du tuyau b, également en cône, pour le faire entrer dans celui a. On consolide le tuyau a par une frette en fer c, en même temps qu'on calfate les joints des deux cônes avec de la filasse goudronnée.
>
> Le second assemblage s'opère en introduisant dans les tuyaux a et b. fig. 2, une virole en fer p, d'un diamètre moyen entre celui intérieur et celui extérieur du tuyau.
>
> Le troisième assemblage, fig. 3, a lieu par une emboîture cylindrique à mi-bois.
>
> La fig. 4 représente la virole ou bague d dans son état primitif, en plan et en coupe.
>
> La fig. 5 la fait voir toute préparée. A partir de la saillie e, l'anneau s'amincit en forme de cône, de façon que les bords deviennent tranchants.

Fig. 6, 7, 8. . . Tuyaux en pierre factice ou ciment.

> La fig. 6 représente un tuyau fabriqué d'avance et portant une emboîture à ressaut, que l'on scelle avec du ciment.
>
> Les fig. 7 et 8 représentent le plan et la coupe de tuyaux de conduites faites sur place, soit en formant le passage de l'eau au centre du ciment avec un noyau cylindrique, du diamètre donné, soit après avoir établi le fond et les côtés en ciment, en recouvrant le dessus de grandes dalles, tuiles etc., recouvertes d'une couche de ciment.

Fig. 9, 10, 11, 12. Tuyaux en fonte de fer.

> Les tuyaux peuvent être à brides ou à emboîtement (fig. 9 et 10). Pour réunir les joints à brides, on passe dans les trous correspondants percés dans les brides a (fig. 9 et 10), des boulons à tête et à écrou, que l'on serre fortement, après avoir placé avec soin une rondelle en plomb, mise elle-même entre deux cuirs.
>
> La rondelle en plomb permet de rendre le joint imperméable en

ajoutant à la pression opérée par le serrage des boulons le soin de
la matter à l'extérieur.

Pour remédier à l'inconvénient des trous percés dans les brides et
destinés à recevoir les boulons, on peut les remplacer par une bague creusée de manière à recevoir les deux brides : elle est représentée, fig. 13, vue en coupe longitudinale et transversale sur le
tuyau. Cette bague est en deux parties demi-circulaires k,l : portant chacune deux oreilles mm percées d'un trou, pour placer une
vis n. On rapproche nécessairement les deux brides oo qui se terminent en biseau, et on obtient un joint très solide, facile à faire
et à réparer.

Dans l'assemblage de tuyaux à emboîtement, on enfonce le tuyau
mâle f (fig. 12), jusqu'au fond, et on remplit le joint, moitié avec
de la corde goudronnée g, bien mattée, moitié avec du plomb
coulé h de la meilleure qualité, plomb que l'on matte également
à l'extérieur.

La profondeur de l'emboîtement e varie entre 16 et 9 centimètres,
depuis les plus grandes dimensions jusqu'aux plus petites ; l'épaisseur du joint est ordinairement de 1 centimètre.

Fig. 14, 15, et 16. Compensateurs.

Dans un cours de tuyaux à brides en métal, posés dans une galerie,
il convient de placer, de 100 mètres en 100 mètres, des tuyaux
qui puissent céder aux influences atmosphériques, afin d'éviter
les ruptures qui auraient lieu sans ce moyen.

La fig. 14 représente le compensateur proposé par **M. Girard**. Il
se compose de trois parties : d'un tuyau p terminé par un renflement cylindrique qui porte une bride fixe en saillie de 6 à 8 centimètres sur le nu du renflement ; d'un tuyau q, dégarni de bride
à l'une de ses extrémités, que l'on arrondit autour, pour être
introduite dans le manchon ou renflement qui vient d'être décrit ;
et d'une bride mobile s destinée à prévenir les pertes d'eau qui
pourraient avoir lieu pendant le jeu du compensateur. Pour cela
on garnit l'intervalle r entre la bride fixe et la bride mobile par
de la filasse goudronnée, et l'on rapproche fortement ces deux
brides au moyen de boulons.

L'intervalle qui doit contenir la filasse n'est pas assez grand pour
rendre le tuyau parfaitement étanche, et le tuyau qui doit glisser, étant en fonte, peut souffrir quelque résistance soit de la
rouille, soit des aspérités.

La fig. 16 représente le compensateur proposé par M. Hachette et
qui a servi de modèle pour ceux de la conduite de Marly. L'espace r où la filasse est renfermée, se trouve entre le tuyau mâle

et le tuyau femelle, et un cylindre *s* taillé en biseau qui fait corps avec la bride mobile la comprime fortement.

La fig. 15 représente un compensateur exécuté par M. Talabot, qui n'est que la copie du précédent, seulement le tuyau *q*, qui est destiné à se mouvoir, est en cuivre. Chaque tuyau se réunit aux autres par des brides d'équerre *t*, avec boulons.

Ces compensateurs sont inutiles lorsque les assemblages des conduites sont à emboîtement.

PLANCHE XV.

Fig. 1. . . . Profil d'une galerie contenant quatre conduites en fonte, de 25 centimètres
de diamètre.

On a construit à Paris deux galeries d'après ce profil : la galerie Saint-
Laurent, de 566^m,45^c de longueur ; et la galerie des Martyrs, de
787^m,40 c.

La largeur dans œuvre est de 3 mètres, la hauteur varie de 2^m,50 c. à
1^m,80 c. Les piédroits du mur ont 0^m,80 c. d'épaisseur ; la voûte 0^m,50 c.
d'épaisseur à la clef, avec des rampants, qui vont rencontrer le derrière
des piédroits à 0^m,50 c. au-dessous de l'extrados de la clef.

Trois rangs de consoles sont posés au fond de la galerie, un le long de chacun des piédroits et un au milieu. Les consoles des côtés ont 0^m,50 c. de
longueur, 0^m,50 c. de hauteur et 0^m,15 c. d'épaisseur. Celles du milieu
ont la même hauteur et la même épaisseur et une longueur d'un
mètre.

Ces consoles sont espacées de 1^m,25 c. dans le sens de l'axe de la galerie.

Les piédroits et les massifs qui portent les consoles sont construits en meulière ; la voûte est en moellons piqués ; le tout en mortier de chaux et
sable.

On a établi de 20 mètres en 20 mètres des chaînes en pierre de taille.

La voûte est couverte d'une chape de 0^m,08 c. d'épaisseur ; une autre chape
a été faite au fond de la galerie sur l'épaisseur de 10 centimètres.

La dépense s'est élevée à 484 fr. 00 le mètre courant, ce qui augmente le
prix d'établissement de conduites de 121 fr. 00 pour chacune d'elles.

Fig. 2. . . . Profil d'une galerie contenant une seule conduite.

On a construit d'après ce profil la galerie qui aboutit au jet d'eau du Palais
Royal.

Elle a 1 mètre de largeur dans œuvre et 2 mètres de hauteur.

Les piédroits du mur ont 0^m,60 c. d'épaisseur ; la voûte 0^m,40 d'épaisseur à
la clef, avec des rampants qui vont rencontrer le derrière des piédroits à
0^m,20 c. au-dessous de l'extrados de la clef.

Un rang de consoles est encastré dans lesdits piédroits à 0^m,50 c. au-dessus
du radier. Elles ont chacune 0^m,95 c. de longueur, dont 0^m,40 c. pour
la saillie sur le mur ; 0^m,40 c. de hauteur et 0^m,20 c. de largeur. L'espa-
cement est de 1^m,25.

Le mode de construction étant le même que dans le cas précédent, la dépense s'est élevée à 257 fr. le mètre courant.

Fig. 3, 4. Profil d'un égout contenant une conduite.

On a profité, pour la pose de quelques conduites dans Paris, des anciens égouts où elles pouvaient être placées sans inconvénient.

Les conduites y sont supportées par des chevalets ou tréteaux de fer fondu, formés d'une tablette de 18 centimètres de long, de 12 centimètres de largeur, et de 3 centimètres d'épaisseur. Cette tablette est supportée sur deux jambes de force de 0^m,50 centimètres de hauteur mesurée verticalement, et qui s'écartent de 0^m.40 centimètres l'une de l'autre, au niveau du plafond de l'égout.

Les jambes de force ont la forme de prismes triangulaires dont une arête est opposée à la direction des eaux dans l'égout.

La base inférieure de ces prismes triangulaires porte sur un empatement transversal dressé horizontalement par-dessous ; cet empatement a 320 millimètres de longueur, 52 de largeur et 28 d'épaisseur.

La tablette, les jambes de force et leurs embases sont fondues d'une seule pièce.

Les chevalets sont espacés de 1^m,25 c. les uns des autres, cette distance étant mesurée de milieu en milieu de la tablette, afin que chaque tuyau de conduite porte toujours sur deux chevalets consécutifs.

Il a été pratiqué sur le dallage des égouts, des entailles de 8 centimètres de profondeur pour recevoir les empatements des chevalets. Ces empatements y sont scellés en mastic.

La fourniture d'un chevalet a coûté. . . . .   7 fr. 27 c.

Pose, tout compris.   10   25

Total.   17   52

Les chevalets sont à 1^m,25 c. l'un de l'autre, ce qui établit la dépense par mètre courant de conduite à 14 fr. 01 centime.

Fig. 6. . . Profil d'une rigole contenant une conduite.

Pour une conduite de 0^m,25 c. de diamètre on a donné 0^m,30 c. de largeur dans œuvre. Les piédroits en brique ont 0^m,11 c. d'épaisseur chacun, et 0^m,3 c. de hauteur.

Le madrier qui recouvre la rigole a 0^m,50 c. de largeur, et 0^m,04 d'épaisseur.

La dépense a été de 13 fr. 40 c. le mètre courant.

Fig. 7. . . Profil d'une conduite posée sous terre.

On place la conduite à un mètre au-dessous du pavé pour que le métal dont elle est formée ne soit pas soumis à une variation de température et que l'eau qu'elle contient ne puisse pas se geler et produire par son expansion, en passant à l'état de glace, la rupture des tuyaux.

PLANCHE XVI.

ROBINET CONIQUE, DE 0^m,108 DE DIAMÈTRE.

Fig. 1. . . . Elle représente d'un côté l'élévation, et de l'autre la coupe du robinet sur la moitié de la longueur.

Fig. 2. . . . Elle représente d'un côté le plan du boisseau avec sa clef, et de l'autre le plan du boisseau, en supposant qu'on a retiré la clef.

Le boisseau b a la forme d'un cylindre creux qu'on aurait évidé perpendiculairement à son axe, de manière à pouvoir être pénétré par un cône tronqué.

Il porte à chaque extrémité une bride en saillie d, au moyen desquelles il est fixé à la conduite.

La clef a a la forme d'un cône tronqué, évidé perpendiculairement à son axe, de manière à présenter une ouverture cylindrique du même diamètre que celle du boisseau.

Ce cône est surmonté, sur les deux plans qui le terminent, par un axe carré. L'axe supérieur h est percé d'un trou destiné à recevoir le bout d'un levier p, au moyen duquel s'opère le mouvement; l'axe inférieur h' est également percé d'un trou destiné à recevoir une clavette q, qui tend à faire descendre la clef et à opérer le contact des surfaces avec le boisseau. Une rondelle ou platine g se place au-dessous du boisseau, et c'est sur elle que la clavette réagit.

ROBINET CONIQUE, A ENGRENAGE, DE 0^m,25 DE DIAMÈTRE, PROPOSÉ PAR M. GIRARD.

Ce robinet se compose, comme le précédent, d'une clef et d'un boisseau dans lequel elle est reçue.

La clef a présente la forme d'un cône tronqué, dont la plus grande base a 49 centimètres de diamètre, et la moindre 45 centimètres. La hauteur de la clef comprise entre les deux bases est de 375 millimètres.

Ce cône tronqué est pénétré perpendiculairement à son axe par un cylindre de 25 centimètres de diamètre, dont l'évidement forme l'œil de la clef.

Le boisseau b, dans lequel la clef est reçue a 23 millimètres d'épaisseur.

Il est érigé perpendiculairement sur un bout de tuyau de fonte de cuivre c, de 73 centimètres de long, de même diamètre intérieur que la conduite, et qui porte, à chacune de ses extrémités, des brides en saillie d, au moyen desquelles il est fixé à cette conduite.

Les extrémités inférieure et supérieure du boisseau se retournent carrément sur sa surface extérieure, et forment une espèce de collet *e* garni de six oreillons *f*, dont chacun est percé d'un trou de 20 millimètres de diamètre.

Le dessus de ces deux collets est dressé perpendiculairement à l'axe du boisseau, pour recevoir deux platines *g* de cuivre, dont la circonférence porte également six oreillons de la même forme que ceux mentionnés en l'article précédent.

L'axe *h* de la clef du robinet surmonte de 12 centimètres la surface supérieure de cette clef. Cet axe est cylindrique sur 6 centimètres de hauteur; il se termine au-dessus par un prisme hexaèdre inscrit dans le cylindre, dont la base a 5 centimètres de rayon.

Cet axe traverse la platine supérieure du robinet, qui est percée à cet effet et garnie d'une boîte à cuir pour prévenir les pertes d'eau.

Les deux platines du robinet sont fixées sur les deux collets du boisseau, chacune au moyen de six vis *i*, qui traversent les oreillons.

Il est posé entre les collets du boisseau et les platines du robinet un ou plusieurs cuirs gras, afin de rendre étanche le joint qui sépare ces deux pièces.

On réserve, à la partie supérieure du tuyau de cuivre qui porte le robinet, deux saillies prismatiques *k*, de 40 millimètres de hauteur et de 80 millimètres de large; elles s'étendent sur 10 centimètres de longueur, depuis la surface extérieure du boisseau jusqu'à la bride du tuyau de cuivre.

La bride elle-même, en prolongement de ces saillies, porte un tenon *l* de 80 millimètres de haut et de même épaisseur que la bride.

Ce tenon est percé d'un trou qui reçoit un boulon horizontal destiné à fixer sur les brides les deux branches verticales d'un châssis de fer forgé *m*, composé de ces deux branches et d'une traverse de 6 millimètres d'épaisseur et de 6 millimètres de large.

Cette traverse, de 70 centimètres de longueur, est percée, à 60 millimètres de distance de la surface postérieure des brides, de deux trous circulaires, dans lesquels passent les axes de deux pignons *n* de fer fondu, ayant 40 millimètres de rayon, et dont les ailes sont au nombre de six.

Les axes des pignons roulent, à leurs extrémités inférieures, dans des crapaudines pratiquées sur les renforts *k* du tuyau de cuivre.

Ces pignons s'engrènent avec une roue dentée *o* de fer fondu, de 28 centimètres de rayon; cette roue est percée à son centre d'un trou hexagonal pour recevoir le prisme *h*, formant la partie supérieure du robinet.

Par cette disposition, la clef est mise en jeu au moyen d'une ou de deux manivelles coudées *p*, dont l'œil s'applique sur l'axe des pignons, qui s'engrènent avec la roue dentée fixée à la clef.

La platine inférieure g du boisseau et la traverse de fer forgé du châssis m sont percées, chacune en leur milieu, c'est-à-dire suivant l'axe même du robinet, d'un trou taraudé, de 35 millimètres de diamètre, destiné à recevoir une vis de pression q, que l'on peut faire monter ou descendre à volonté.

Ces deux vis de pression ont pour objet de fixer la clef du robinet dans une position déterminée, et servent à l'enfoncer dans le boisseau ou à l'en dégager, suivant les besoins du service.

L'engrenage à l'aide duquel se fait le mouvement du robinet que nous venons de décrire permet d'opérer graduellement cette manœuvre, et de régler à volonté la dépense d'eau de la conduite.

PLANCHE XVII.

ROBINET A COIN, D'APRÈS M. ÉGAULT.

Ce robinet se compose de deux parties principales, du robinet à coin proprement dit, et de la caisse ou boîte dans laquelle il est enfermé.

Le *robinet* est formé de deux coins opposés, qui se pénètrent; l'un remplace le *boisseau*, et l'autre la *clef* des robinets ordinaires : ils sont tous les deux en cuivre.

La boîte est en fonte, et est composée de quatre parties : le coffre, le fond, le chapeau et le stufingbox, qui se fixe sur la pièce avec des boulons.

Une vis, terminée par un renfort qui vient prendre appui contre un arrêt pratiqué dans le stufingbox, et qui pénètre la clef du robinet dans toute sa hauteur, élève et descend cette pièce, en la tenant serrée contre le boisseau ou écartée de cette dernière.

On est obligé de sceller le robinet dans son coffre, et il résulte de cette disposition que, malgré toutes les précautions que l'on prend, l'eau passe par la soudure entre la caisse en fonte et le robinet.

Ce n'est qu'avec beaucoup de temps et, par conséquent, de dépenses, que l'on obtient la juste et simultanée opposition des deux faces du robinet avec celles correspondantes du boisseau.

Le coin mâle ou la clef du robinet étant solidaire avec la vis, cette partie ne cède pas à la pression de l'eau dans le sens horizontal, et l'effort fait contre lui par l'eau, en se décomposant, se transforme en un effort vertical, qui tend à séparer le *chapeau* du *fond* de la boîte.

PLANCHE XVIII.

DESSIN D'UN ROBINET A DOUBLE FACE, A VANNE, DE 0ᵐ,25 DE DIAMÈTRE,
EXÉCUTÉ D'APRÈS LES DESSINS DE M. MALLET.

Ce robinet se compose :

1° D'une boîte en fonte, formant le boisseau, composée de deux parties réunies par des boulons ; les deux faces inférieures qui doivent recevoir la vanne sont garnies chacune d'un anneau en cuivre, suivant lequel le contact des surfaces a lieu.

2° D'une vanne formant la clef, garnie également sur les deux faces d'un anneau en cuivre du même diamètre que celui que porte la boîte. Cette vanne a deux talons dans la partie supérieure, dans chacun desquels on a pratiqué une rainure.

3° D'une vis dont le mouvement fait monter ou descendre la vanne, suivant qu'il s'opère dans l'une ou l'autre direction.

Cette vis ne fait pas corps avec la vanne ; elle y est simplement liée par l'intermédiaire d'un coussinet en cuivre, pénétré par la vis, qui porte un tenon sur chacune des faces situées dans un plan perpendiculaire à celui de la vanne. Ces tenons entrent dans la rainure des deux talons de la vanne, et lui permettent d'obéir à deux mouvements à la fois : celui d'ascension ou de descente, imprimé directement par la vis ; et celui de translation horizontale, imprimé par la pression de l'eau contre la face antérieure de la vanne.

Par cette disposition ingénieuse, la vanne ne tend jamais à se déformer, et le contact des surfaces s'opère de la manière la plus parfaite.

4° D'un stufingbox ou boîte à étoupe, pour empêcher l'eau de s'échapper en suivant la tige de la vis.

Ce robinet réunit le double avantage de fermer hermétiquement et d'être peu dispendieux.

PLANCHE XIX.

Fig. 1 . . . . . Ventouse à tuyau.

> Cette ventouse est formée par un tube vertical implanté sur le sommet du coude que forme la conduite, et s'élevant jusqu'au niveau du réservoir. Ce tube se remplit d'eau jusqu'à une certaine hauteur ; mais, en vertu de sa légèreté spécifique, l'air, parvenu à la base de ce tube, s'élève à travers l'eau qu'il contient, et s'échappe par son extrémité supérieure, qui reste ouverte.

> Ce moyen ne peut être employé que lorsque le réservoir de prise d'eau est peu élevé au-dessus du coude de la conduite qu'il s'agit d'évacuer.

Fig. 2 . . . . . Ventouse à robinet.

> Cette ventouse est formée par un tube très court a, garni d'un robinet b, au moyen duquel on peut tenir ce tube ouvert ou fermé. Pendant que l'on met l'eau dans la conduite, on laisse ce robinet ouvert jusqu'à ce que l'air qu'elle renferme se soit échappé, et que l'eau commence à jaillir. On ferme ensuite le robinet ; mais comme l'eau peut, dans son mouvement, entraîner de nouvel air qui viendrait se loger dans la sommité du coude, il faut l'ouvrir de temps en temps.

> On a supposé, dans le dessin, que la ventouse est placée sous le trottoir d'un pont.

Fig. 3, 4, 5. Ventouse à flotteur.

> Cette ventouse est composée d'un vase cylindrique a, de fonte de cuivre, de 20 centimètres de diamètre, extérieur, et de 35 centimètres de hauteur, communiquant avec le tuyau de conduite c par un tuyau vertical b, de 10 centimètres de diamètre, boulonné sur une tubulure d.

> Ce vase porte intérieurement deux traverses e, percées chacune d'un trou dans lequel coule librement une tige de métal f, formant l'axe matériel d'un globe creux g, de laiton, destiné à servir de flotteur.

> Cet axe du flotteur est terminé, à son extrémité supérieure, par une portion de cône h, laquelle sert d'obturateur à un orifice de même forme i, pratiqué dans le fond horizontal du vase cylindrique ou boîte de la ventouse, lorsque le flotteur y sera soutenu par l'action de l'eau dont elle est remplie.

Lorsque l'air de la conduite aura pénétré dans la boîte de la ventouse, et y aura acquis assez de densité pour faire descendre convenablement le niveau de l'eau, le flotteur s'abaissera avec le fluide, entraînera l'obturateur que porte son axe, et laissera ouvert l'orifice de la ventouse, par lequel l'air qu'elle contient s'échappera graduellement.

PLANCHE XX.

Les réservoirs de la rue Saint-Victor sont destinés à fournir de l'eau, soit au quartier Saint-Marcel, pour le service de la distribution; soit à l'Entrepôt des vins, en cas d'incendie.

Ils sont alimentés par une conduite de 4750 mètres de longueur, et 0^m,25 centimètres de diamètre, qui prend son origine dans le regard construit en tête de la galerie Saint-Laurent, et reçoit les eaux du bassin de la Villette au moyen de l'aqueduc de ceinture.

La différence de niveau entre la surface de l'eau dans le bassin de la Villette et la tablette de couronnement des réservoirs est de 3^m,95 centimètres.

Cette conduite fournit environ 70 pouces.

Les réservoirs ont 4 mètres de profondeur, et peuvent contenir ensemble 6000 kilolitres d'eau.

Ils ont coûté,

SAVOIR :

Maçonnerie des bassins et partie du regard contenant le système hydraulique.	95,876 fr.	58 c.
Galerie d'entrée.	23,114	06
Fournitures de tuyaux de fonte pour les différentes conduites posées dans le regard et dans la rue Saint-Victor, sur une longueur de 30 mètres.	11,522	40
Fontainerie et plomberie, non compris la fourniture des robinets.	12,921	58
Six robinets à vanne.	6,000	00
Un robinet à coin.	1,500	00
Total.	150,934	62

A. Robinet d'arrêt, de 0^m,25 de diamètre, sur la conduite d'arrivée, pour alimenter le réservoir destiné au service public.

B. Robinet d'arrêt, de 0^m,25 de diamètre, sur la conduite d'arrivée, pour alimenter le réservoir destiné au service de l'Entrepôt des vins.

C. Robinet de prise d'eau sur la conduite de distribution dans le quartier Saint-Marcel.

D. Robinet de prise d'eau sur la conduite de l'Entrepôt de vins.

EE. Deux robinets destinés à alimenter les conduites de distribution de l'Entrepôt, sans le secours des réservoirs, en fermant les robinets ABCD.

33.

F. Robinet qui sert à faire entrer l'eau du réservoir destiné au service public dans la conduite de l'Entrepôt, en fermant les robinets **ABDEE**, et réciproquement à faire entrer l'eau du réservoir destiné à l'**Entrepôt** dans la conduite de distribution, en fermant les robinets **ABCEE**.

GG. Deux robinets d'arrêt, qui servent à mettre en décharge l'un ou l'autre des réservoirs.

H. Conduite de décharge.

PLANCHE XXI.

GERBE D'EAU DU PALAIS-ROYAL.

La conduite qui alimente la gerbe d'eau du Palais-Royal part du regard construit en tête de la galerie des Martyrs, et parcourt cette galerie jusqu'au grand égout. Elle remonte ensuite l'égout Montmartre jusqu'à la hauteur de la rue du Mail, passe dans le nouvel aqueduc construit sous les rues du Mail, des Petits-Pères, et Neuve-des-Petits-Champs, jusqu'au perron du Palais-Royal, et se retourne successivement dans l'égout de la rue Montpensier et dans celui du jardin du Palais-Royal, jusque sous le bassin.

La longueur totale est de . . . . 2661^m,

Le diamètre de . . . . 0^m, 25

La différence de niveau entre la surface de l'eau, dans l'aqueduc de ceinture et le dessus de la crapaudine de la gerbe d'eau, est de 17^m,09.

Le volume d'eau qui s'écoule en 24 heures, de 85 pouces environ.

Le bassin a 25^m,00 de diamètre, et 0^m.45 de profondeur en contre-bas de l'arête intérieure de la bordure.

Le fond se compose, 1° d'une couche de glaise de 0^m.20 d'épaisseur posée sur le terrain naturel; 2° d'un lit de caillou et de gravier de 0^m,05 d'épaisseur; 3° d'un massif ne maçonnerie de meulière avec mortier de chaux et sable de 0^m,30 d'épaisseur; 4° enfin d'une chape en béton de 0^m,05 d'épaisseur, recouverte d'un enduit en mortier de ciment de même épaisseur.

Un cours de dalles de 1 mètre de largeur et 20 centimètres d'épaisseur, règne sous la bordure, qui est faite en deux assises de 0^m,45 de largeur, et 45 centimètres de hauteur.

La crapaudine ou champignon du centre est en cuivre, et pèse 160 kilogrammes.

La bonde du trop-plein est également en cuivre, du poids de 40 kilogrammes.

Cette bonde est posée sur le tuyau de décharge du fond, et couverte par une grille à barreaux de fer, du poids de 100 kilogrammes.

La construction du bassin a coûté . . . . 33,164 fr. 00 c.

La crapaudine et la bonde du trop-plein 1,260   36

La galerie souterraine 300 fr. 00 c. le mètre courant.

    a. Crapaudine ou champignon.

    b. Conduite alimentaire.

    t. Tuyau pour le trop-plein et pour vider le fond du bassin.

    r. Robinet d'arrêt du diamètre de la conduite alimentaire.

    c. Trou de service pour descendre dans la galerie souterraine

PLANCHES XXII et XXIII.

FONTAINES DE LA PLACE ROYALE.

La conduite qui alimente les quatre fontaines de la Place Royale est branchée sur celle des Réservoirs Saint-Victor. Elle a 25 centimètres de diamètre. Dans un regard placé à l'entrée de la place, elle se divise en deux branches de 162 millimètres de diamètre jusqu'à la première fontaine, et de 0^m,108 jusqu'à la deuxième. On leur a donné une légère inclinaison afin de pouvoir les mettre en décharge.

Chaque branchement porte à son origine un robinet de 0,108 millimètres d'ouverture, et une décharge qui jette les eaux dans la galerie qui renferme la conduite alimentaire.

Un autre robinet de même ouverture est placé sous chaque fontaine dans un regard, pour intercepter à volonté l'écoulement de l'eau et mettre en décharge la colonne montante.

Enfin une conduite de décharge règne parallèlement aux deux branches qui aboutissent aux fontaines, et reçoit les eaux qui tombent des vasques dans le bassin inférieur.

L'ouverture des robinets est réglée de manière à ce que le volume d'eau qui s'écoule en 24 heures à chaque fontaine soit de 6 à 7 pouces environ.

La dépense pour la construction des quatre fontaines peut être évaluée à 68 mille francs;

SAVOIR :

Construction du regard, des massifs sous les bassins, etc . . . . . 20,000 fr. 00 c.

Fourniture et pose des vasques et des bassins en lave d'Auvergne dite pierre de Volvic. 36,000 00

Achat de tuyaux en fonte pour les branchements, à partir de la conduite alimentaire, et les décharges 4,500 00

Pose des tuyaux, et ouvrages de fontainerie 7,500 00

Total . . . 68,000 fr. 00 c.

LÉGENDE.

a. Conduite alimentaire.

b. 2 robinets de prise d'eau sur les branchements qui portent l'eau aux quatre fontaines.

c. Robinet de décharge d'un branchement.

d. Colonne montante.

e. Robinet d'arrêt qui sert à régler l'écoulement de chaque fontaine.

f. Robinet de décharge de la colonne ascendante.

g. Conduite de décharge pour le trop-plein et le fond du bassin.

h. Entrée du regard.

PLANCHES XXIV, XXV ET XXVI.

CHATEAU-D'EAU DE BONDI.

La conduite qui alimente le château-d'eau de Bondi part du regard en tête de la galerie Saint-Laurent, parcourt cette galerie, et se retourne ensuite dans le grand égout, qu'elle suit jusqu'à la rencontre de la galerie du château-d'eau.

La longueur de la conduite est de . . . . 1329 mètr. »

Son diamètre de . . . . 0 25 c.

La différence de niveau entre la surface de l'eau, dans le bassin de la Villette, et l'orifice de la conduite de la colonne montante 6 243

Le volume d'eau qui s'écoule en 24 heures . . . . . . 135 pouces

La dépense de construction du château-d'eau, non compris l'établissement de la conduite, peut s'élever à la somme de 250,000 fr. environ;

SAVOIR :

Terrassements	10,602 fr.	28 c.
Maçonnerie.	155,500	98
Charpente	18,073	79
Serrurerie	2,500	50
Pavage	8,377	89
Fourniture et confection de divers objets en fonte, tels que lions, vasques, colonnes, mascarons, etc.	41,266	98
Fontainerie et Plomberie	12,616	10
Peinture.	201	40
Total. . .	249,138	92

LÉGENDE.

a. Conduite alimentaire.

b. Robinet d'arrêt pour régler l'écoulement de la colonne ascendante.

c. Quatre conduites qui alimentent les huit lions.

d. Quatre robinets d'arrêt à l'origine des conduites qui alimentent les huit lions *e.* 4 robinets de décharge sur ces mêmes conduites.

f. Ventouse.

g. Tuyau de décharge du trop-plein.

h. Tuyau de décharge du fond du bassin.

i. Robinet d'arrêt sur la conduite de décharge du fond.

k. Tuyaux qui alimentent les deux mascarons de la rue de Bondi.

l. deux robinets d'arrêt pour régler l'écoulement des deux mascarrons.

PLANCHE XXVII.

FONTAINE GAILLON.

Cette fontaine offre l'exemple d'une distribution d'eau à domicile au moyen d'une cuvette de jauge qui alimente les conduites des concessionnaires.

Fig. 1. . . . Plan de la fontaine et du regard contenant la cuvette de concession et le
réservoir alimentaire.
Fig. 2. . . . Élévation générale de la fontaine et de la façade de la maison contre la-
quelle elle est adossée.
Fig. 3. . . . Coupe indiquant la manière dont les eaux sont distribuées.
Fig. 4, 5. Plan et coupe sur une plus grande échelle de la cuvette de concession.

La cuvette de concession M est composée de trois parties a, b, c, séparées
par des cloisons.

La première partie a, reçoit les eaux portées par la conduite d. Ces eaux
coulent dans la deuxième partie b par des orifices circulaires percés
dans la cloison transversale ; elles doivent s'y maintenir à un niveau
constant, fixé à 7 *lignes* au-dessus du centre des orifices percés dans la
cloison qui sépare la deuxième partie de la troisième. Pour cela, on a posé
un tuyau de trop-plein e, dont l'orifice supérieur correspond à ce niveau,
et qui porte dans le réservoir N l'excédant des eaux fournies par la conduite principale sur le volume destiné aux concessionnaires.

Dans cette deuxième partie, il existe également une cloison x, qu'on appelle *cloison de calme*, parcequ'elle a pour objet d'empêcher la fluctua-
tion de l'eau, en la forçant à passer par des ouvertures ménagées à la
jonction avec le fond du réservoir.

La troisième partie b est divisée en autant de compartiments 1-2-3-4, etc.,
qu'il y a de concessionnaires.

La quantité d'eau qui coule dans chacun d'eux dépend de la grandeur de
l'orifice percé dans la cloison qui sépare la deuxième partie de la troisième,
dont le diamètre se fixe en raison de la quantité d'eau concédée. Elle est
ensuite portée par un branchement particulier dans la maison d'habitation.

Le réservoir N reçoit, ainsi qu'il a été dit ci-dessus, le trop-plein du réservoir de concession ; mais il peut aussi être alimenté par une conduite f
branchée sur la conduite principale. Ce branchement porte à son extrémité un robinet flotteur qui diminue l'orifice d'écoulement à mesure que

les eaux s'élèvent dans le réservoir, et le ferme entièrement lorsque le réservoir est plein.

Un tuyau g conduit les eaux de ce réservoir au dauphin qui domine la vasque supérieure : de là elles retombent dans la grande vasque, et se rendent, par le tuyau h, à une borne-fontaine destinée à l'usage du public.

Cette fontaine, qui se distingue par l'élégance de ses proportions et la richesse de ses ornements, a été construite d'après les dessins et sous la direction de **M.** Visconti, architecte.

PLANCHE XXVIII.

Cette planche présente les dessins de plusieurs fontaines de Paris qui par la simplicité de leurs formes nous ont paru susceptibles d'être offertes comme modèle.

PLANCHE XXIX.

BORNES-FONTAINES, BOUCHES D'EAU SOUS LES TROTTOIRS DES RUES.

Le lavage des rues de Paris s'opère au moyen de bornes-fontaines ou de bouches d'eau placées sur les points culminants.

Les *bornes-fontaines a* (fig. 1, 2, 3), de forme prismatique, ont un mètre de hauteur : leur base, rectangulaire, a ses deux côtés inégaux, l'un de 38, et l'autre de 19 centimètres ; le plan de cette base se prolonge en saillie de 15 et 20 centimètres sur les faces antérieures et latérales du prisme ; cet empatement est percé, à son pourtour, de huit trous qui reçoivent autant de boulons, au moyen desquels la borne est fixée sur le rebord d'une cuvette de fer fondu, laquelle est enterrée sous le sol.

Le tuyau de branchement est introduit dans cette cuvette par une ouverture circulaire *c*, pratiquée sur la face latérale, à 12 centimètres au-dessous du pied de la borne. Ce tuyau *d*, prolongé jusqu'au milieu de cette borne, et coudé à angle droit, s'élève verticalement de 95 centimètres jusqu'à la hauteur de la bouche d'eau.

La tête de ce tuyau est composée d'une tubulure de cuivre, arrondie en quart de cercle, dont la branche horizontale forme le boisseau d'un robinet vertical *e*. L'orifice de cette branche sort de la borne par une ouverture circulaire qui est pratiquée sur la face antérieure, à o centimètres au-dessus de son empatement.

Cette branche horizontale de la tête du tuyau porte, extérieurement, un pas de vis destiné à recevoir soit l'ajutage qui verse l'eau au pied de la borne, soit la virole d'un tuyau de cuivre qui alimente une ou plusieurs pompes d'incendie en cas d'accident.

Le poids d'une borne-fontaine et de sa cuvette en fonte est de 300 kilogrammes.

Le prix d'établissement peut être évalué à 750 francs ;

SAVOIR :

Percement sur une conduite de 0^m,108, y compris la fourniture et pose d'une douille en cuivre, calibrée suivant le diamètre du trou . .	30 fr.	00 c.
Raccordement du branchement, comprenant la fourniture et pose d'un tuyau en plomb moulé de 0,054 mill. de diamètre, et de 8 mètres de longueur, un robinet de 0^m,027 mill. de diamètre portant heurtoir et décharge, et placé sous bouche à clef, etc.	280	00
Fourniture de la borne-fontaine en fonte.	120	00
Serrurerie pour fixer la borne à la cuvette, placer une porte en forte tôle cintrée, etc.	50	00
A reporter.	480	00

Report. 480 00

Établissement de la borne-fontaine, comprenant la fourniture et pose du robinet en cuivre, de son pas de vis à boyau d'incendie, de la bouche d'eau en fonte, de la dalle en pierre de roche pour recevoir la chute d'eau, etc. 170 00

2 bornes en pierre de roche 100 00

Total . . . 750 fr. 00 c.

Les *bouches d'eau* établies dans l'épaisseur des trottoirs se composent d'un robinet de 41 millimètres de diamètre (fig. 4, 5), portant deux clefs à têtes carrées, séparées par une bouche verticale d'incendie, et deux brides de raccordement aux extrémités : la première, servant à fixer l'ajutage qui verse l'eau de lavage; la seconde, le tuyau de branchement sur la conduite alimentaire.

La bouche d'incendie est terminée par un pas de vis destiné à recevoir, soit un chapeau couvert, soit la virole du tuyau de cuir qui alimente les pompes à incendie.

Ce robinet se place dans une boîte en fonte fermée au moyen d'un couvercle en fer battu.

Le prix d'établissement s'élève à la somme de 600 francs environ.

PLANCHE XXX.

COMPTEUR HYDRAULIQUE, OU APPAREIL PROPRE A JAUGER LA QUANTITÉ D'EAU FOURNIE
POUR L'USAGE D'UN ÉTABLISSEMENT INDUSTRIEL.

La conduite alimentaire a (fig. 1, 2), verse ses eaux dans un vase cylindrique b, dont
la paroi verticale est percée de dix trous circulaires de même diamètre, et placés à la
même hauteur.

L'eau qui s'écoule par l'un des orifices tombe dans un second vase c, qui reçoit par
conséquent le $\frac{1}{10}$ du produit total. Ce second vase laisse également l'eau s'échapper
par dix orifices, et le produit de l'un d'eux, ou le $\frac{1}{100}$ du produit total, est recueilli
dans un troisième vase d.

Enfin ce vase est percé de dix orifices dont chacun débite le $\frac{1}{1000}$ du produit de la conduite alimentaire.

Cette fraction est reçue dans un réservoir e, hermétiquement fermé.

Un flotteur f est attaché à un fil qui s'enroule sur une poulie, et porte à l'autre extrémité un contre-poids garni d'une pointe horizontale.

Ce contre-poids se meut, à mesure que l'eau monte dans le réservoir, le long d'une
échelle graduée dont les divisions indiquent les volumes d'eau reçue correspondants
aux différentes hauteurs du flotteur; l'inspection de la pointe suffit par conséquent
pour faire connaître à chaque instant le produit de l'écoulement par la conduite alimentaire.

Fig. 3. Robinet flotteur.

      g. Robinet d'arrêt horizontal placé à l'extrémité d'une conduite qui verse ses
           eaux dans un réservoir.

      h. Flotteur fixé au carré du robinet, au moyen d'une tige en fer, pour le faire
           ouvrir ou fermer suivant que le niveau de l'eau s'abaisse ou s'élève.

      i. Réservoir sur lequel est fixé le robinet.

Au lieu de terminer la conduite par un robinet, on peut placer une soupape (fig. 4),
qui, également mue par un flotteur, diminue ou augmente la grandeur de l'orifice,
et par conséquent le produit de l'écoulement.

TABLE

DES MATIÈRES.

SECTION PREMIÈRE.

DE LA CONDUITE DES EAUX.

I. THÉORIE GÉNÉRALE DU MOUVEMENT DES EAUX COURANTES.

II. DE L'ÉTABLISSEMENT DES CANAUX DE DÉRIVATION.

III. DE L'ÉTABLISSEMENT DES AQUEDUCS.

IV. DE L'ÉTABLISSEMENT DES CONDUITES D'EAU.

V. DU JAUGEAGE DES EAUX.

SECTION DEUXIÈME.

DE L'ÉLÉVATION DES EAUX.

I. DES POMPES.

II. DES MACHINES A VAPEUR.

DE LA FORMATION DE LA VAPEUR.

DE LA PUISSANCE MÉCANIQUE DE LA VAPEUR.

III. COMPARAISON ENTRE LES DIFFÉRENTS MOYENS QUE L'ON PEUT EMPLOYER POUR FOURNIR DE L'EAU A UNE VILLE.

SECTION TROISIÈME

DE LA DISTRIBUTION DES EAUX.

I. PRISE D'EAU.

II. CONDUITE.

III. DÉGORGEMENT.

ERRATA.

Page 13, ligne 21, $a = 0,000444499$, *lisez* $a = 0,0000444499$.

Idem, ligne 27, $a = 0,000242651$, *lisez* $a = 0,0000242651$.

Page 15, ligne 23 de la deuxième colonne du tableau, $3,0000195$, *lisez* $0,0000195$.

Page 16, ligne 6 de la troisième colonne du tableau, $8,0002670$, *lisez* $0,00026700$.

Page 17, ligne 24 de la dernière colonne du tableau, $7,0016516$, *lisez* $0,0016516$.

Page 18, ligne 28 de la troisième colonne du tableau, $9,0023407$, *lisez* $0,0023407$.

Idem, ligne 1 de la dernière colonne du tableau, $8,0023921$, *lisez* $0,0023921$.

Page 31, ligne 5 de la première colonne du tableau, *id.* à Bamaire, *lisez* *id.* à Baucaire.

Page 35, ligne 25, est d'après la table que nous rapporterons (art. 122), *lisez* (art. 124).

Page 42, ligne 14, $0,0000173314\ v + 0,0003482590\ v^2 = \frac{1}{4} D\ \dfrac{\zeta - H + H}{\lambda}$

lisez $= \frac{1}{4} D\ \dfrac{\zeta - H' + H}{\lambda}$

Page 48, ligne 2, d'après les principes de Torricelli (voyez l'art. 104 ci-après), *lisez* (voyez l'art. 106 ci-après).

Page 48, ligne 9, nous verrons également plus loin (art. 105), *lisez* (art. 110.)

Page 57, ligne 14 de la quatrième colonne du tableau, $2,4275$, *lisez* $3,4275$.

Page 65, ligne 9 de la deuxième colonne du tableau, $00,6068$, *lisez* $0,06068$.

Page 84, ligne 7, dans les équations de l'art. 138, *lisez* art. 140.

Page 84, ligne 19, la valeur de x' de l'art. 138, *lisez* art. 140.

Page 85, ligne 19, car en faisant dans la dernière équation de l'art. 138, *lisez* art. 140.

Page 119, n° 2 du tableau,
$\left\{\begin{array}{c}\text{Basses pressions}\\\text{avec condensation}\\\text{et avec détente}\\\text{jusqu'à }\frac{1}{2}\text{ atmosphère}\end{array}\right\}$, *lisez* $\left\{\begin{array}{c}\text{Basses pressions}\\\text{avec condensation}\\\text{et avec détente}\\\text{jusqu'à }\frac{1}{2}\text{ atmosphère}\end{array}\right\}$

Page 153, ligne 6, $h = \dfrac{v^2}{2g} = 0,050973602$, *lisez* $= 0,0509736\ v^2$.

Page 164, ligne 9, que nous avons tracé (art. 275) à $16^m,139$, *lisez* $16^m,239$.